KB165642

홍차 애호가의
보물상자

홍차 애호가의 보물상자

THE ULTIMATE TEA LOVER'S TREASURY

제임스 노우드 프랫 지음
문기영 옮김

글항아리

들어가며

문명인이 누려온 가장 오래된 즐거움

잉글리시 애프터눈 티는 영국이 수출한 가장 사랑받는 차 가운데 하나다. 어디에서나 그 가치를 인정받는 것은 아니지만 사람들이 이 차를 즐기고 있다는 사실만은 분명하다. 일례로 내가 묵었던 도쿄의 한 호텔에는 "오후 5시 차는 언제든 제공됩니다Five O'clock Tea Served at All Hours"라는 안내문이 붙어 있었다. 확실히 영국 차는 중국을 어리둥절하게 만들었다. 나이 지긋한 한 중국 작가는 다음과 같이 쓰기도 했다.

"커다란 찻주전자로 여기저기 차를 계속 따른 뒤, 단번에 마셔버리고는 조금 있다가 찻주전자를 다시 데우는 것, 그러고도 진한 맛을 바라는 것은 농부나 노동자가 중노동을 한 뒤 주린 배를 채우려 차를 마시는 행위와 같다. 그러면서도 차의 맛과 향에 대해 탁월함을 논하고 올바른 평

| 페데리코 안드레오티, 「애프터눈 티」.

가를 한다는 건 말도 안 된다."

영국과 중국의 차 문화는 확연히 다른데, 그 이유는 중국의 차 문화에선 손님 수가 적기 때문이다. 이 노작가는 글에서 "손님이 많으면 소란스러운데, 이 소란함은 차의 세련된 매력과는 거리가 멀다. (…) 차는 혼자서 마시면 쓸쓸하고, 둘이서 마시면 편안하며, 셋이나 넷이 마시면 근사하다. 하지만 일고여덟 사람과 마시는 차는 (모욕적으로 말해) 자선을 베푸는 것에 불과하다"라고 썼다.

중국과 영국의 차 마시는 방법은 얼마나 다른가! 헨리 제임스는 자신의 작품 『여인의 초상』에서 "애프터눈 티라는 티타임보다 더 아늑한 순간은 삶에서 그다지 많지 않다"고 적었다. 새뮤얼 존슨은 자신의 책 『영어사전』에서 "하루 중 언제라도 차는 마실 수 있다"고 밝히기도 했다. 이렇듯 처음엔 차를 늘 즐길 수 있었다. 하지만 한 계관시인은 티타임을 두고 "음란한 이성異性이 아침에 함께 있도록 하는 좋은 구실"이라고 말했다. 이는 18세기 상류사회 여인들의 관행을 비꼰 것이다. 프랑스 비평가이자 소설가였던 마담 드스탈이 침대에서 가슴을 드러낸 채 아침 차를 마시며 방문객을 맞이한 오래전 이야기를 두고 하는 말이다.

수십 년 후 애프터눈 티는 응접실에서도 마시는 차가 되었는데, 이는 베드퍼드 공작부인인 애나 덕분이었다. 차에 대해서 전혀 모르는 사람이라도 공작부인과 애프터눈 티 의식, 그리고 일본의 다도에 대해서는 들어보았을 것이다. 따라서 이러한 이야기를 언급하는 것도 그리 이상하지는 않을 것이다.

1800년대 초 영국 귀족들은 관습적으로 아침을 많이 먹고, 점심은 간단히, 그리고 8시 이후에 엄청난 양의 저녁 식사를 했다. 그러니 애나가 오후 5시경에 그녀의 표현대로 항상 "축 가라앉는 느낌"이 들었던 것도 이상하지 않다. 출출함을 달래기 위해 애나는 사람들과 함께 차와 케이크를 먹었다. 빅토리아 여왕의 비서였던 애나의 이런 습관은 곧 동료 귀족들 사이에서 하나의 유행이 되었다. 그것은 당시 매우 시의적절한 것이기도 했다. 곧 애프터눈 티와 샌드위치, 페이스트리 등을 간단히 먹는 습관이 상류사회에서 관습처럼 자리 잡았고, 얼마 지나지 않아 티 타임이 하루 중 가장 즐거운 시간으로 여겨지게 되었다. 애프터눈 티 타임에서 형식은 그다지 중요하지 않다. 그러나 일상생활에서 영국인의 천재성이 애프터눈 티 의식에서처럼 분명히 드러난 경우는 없다. 사실 애프터눈 티는 원래 여성들의 의식이었지만, 시간이 지나며 두 가지 다른 '차'로 발전했다.

귀족 가문에서는 오후에 과한 음식보다 오이 샌드위치 같은 고급스럽고 가벼운 음식과 함께 차를 내왔다. 이를 '로 티low tea'라고 불렀으며, 로 티를 낼 때는 사교적인 분위기와 갖춤새에 신경을 썼다. 반면 '하이 티high tea'는 중산층이 즐기던 것으로, 저녁 식사와 함께 제공되었다. '하이 티'든 '로 티'든 분명한 것은 차 마시는 시간이 아늑한 휴식의 순간이었다는 점이다.

오늘날 다소 부당하게 저평가되는 시인 윌리엄 쿠퍼는 이 모든 것을 다음과 같이 정리했다.

> 이제 화롯불을 지피고, 재빨리 덧문을 닫고
> 커튼을 드리우고, 소파는 둥글게 돌려놓아야지
> 주전자에서는 보글보글 힘찬 소리가 새어 나오고
> 하얀 김이 기둥처럼 솟구쳐 오르니

| 로 티가 있는 풍경.

저마다 취하지 않고도 기분이 좋아지는 차 한 잔씩을 앞에 두면
이윽고 평화로운 저녁이 시작되리라

중국인에게 차 의식의 핵심은 차 자체인 반면, 일본인이 가장 중시하는 것은 의례다. 그 유명한 일본인의 다도茶道는 의심의 여지 없이 세상에서 가장 의례화된 차 마시기다. 일본의 열성 애호가들은 자신의 삶을 다도에 바치기도 하며, 다도에 관련된 책도 매우 다양하다. 그러니 다도가 단지 차를 마시는 행위만을 뜻하는 게 아님은 분명하다. 그렇다고 다도가

| 전형적인 중국의 다기 세트.

무엇인지를 정확히 정의하기도 어렵다.

다도 절차는 센노 리큐千利休(1521~1591)가 확립했는데, 그는 중국 송나라의 차 문화를 기반으로 옛 전통을 정교하게 가다듬었다. 송나라 때 최고급 차는 단병차團餅茶 형태로 가공되었고, 마실 때는 그것을 가루로 만들었다. 가루차는 우리는 것이 아니라 뜨거운 물을 붓고 대나무로 만든 다선茶筅으로 휘저었다. 그렇게 해서 물속에 떠다니는 찻가루와 물을 한꺼번에 마셨다. 이 방법으로는 오직 한 사람이 한 번에 한 잔만 준비할 수 있었다.

송나라의 '말차末茶'는 특권 귀족층과 불교 사원에서 즐겼다. 몽골의 쿠빌라이 칸이 중국을 정복하고 송나라 귀족이 (전멸은 아니라도) 몰락하면서 귀족적인 차 전통도 사라졌다. 이 전통이 이미 자리 잡고 있었던 일본은 다행히 몽골의 침략을 받지 않았기에 가루차가 보존된 것이다.

리큐가 확립해 퍼뜨린 다도 의식(정해진 순서와 단계로 이루어진 차 준비 과정)은 수 세기 동안 일본 귀족들의 관습이 되었다. 일본 장군과 대상인들에게 다도 의식을 행한다는 것은 새로운 문화의 체득을 상징했다. 이들은 오래된 다구, 그림, 차와 관련된 공예품 들을 진열해놓고 서로 경쟁했다. 귀중품을 어떻게 두고 쓰는지 알고, 차를 준비해 대접하는 것과 관련된 예를 익히는 것은 굉장한 사회적 명예를 얻는 일이었다. '차의 길'이라는 의미의 다도는 사무라이들이 선호한 선불교와 밀접히 관련되며, 깨달음의 경지에 이를 수 있는 방법으로 여겨졌다. "다도는 유희가 아니다. 그렇다고 기술도 아니다. 깨달음을 통해 체득하는 만족의 즐거움이다"라고 리큐는 스승들의 말을 전했다.

물을 붓고, 차를 휘젓고, 찻사발을 손님에게 전달하고, 맛을 음미하기 전에 감상하고, 마신 후 감사를 표현하는 각각의 동작은 단순하고 자연스러우며 아름답게 이어진다. 하지만 거기에는 엄격한 법칙이 있다. 다실로 들어올 때 손님은 먼저 오른발로 문지방을 넘어야만 하고, 나갈 때는 왼발이 먼저 나간다. 명인 수준까지는 아니더라도 어느 정도 숙달된 다인茶人이 되려면 수년간의 연습이 필요하다.

나의 차 이력은 미국식이다. 가족 식사를 포함해 어린 시절부터 지금까지 찍은 사진을 보면 거의 아이스티가 등장한다. 차가 일상생활에 필요한 '일곱 가지 필수품' 중 하나라고 말한 중국의 현자는 노스캐롤라이나 출신일지도 모르겠다. 노스캐롤라이나 사람들은 그곳의 이름이 영국 왕위에 오른 첫 번째 차 음용자(찰스 2세)의 이름을 따서 지어졌다는 말을 굳이 기억할 필요가 없다. 왜냐하면 노스캐롤라이나 주가 생겨난 때부터 주민들은 거의 매일 그가 한 행동을 기념하듯이 차를 마시고 있기 때문이다. 노스캐롤라이나 주의 역사에는 차와 관련된 특별한 이야기가 있다. 나는 이른바 '퍼넬러피 바커 다구茶具'라 불리는 유산을 누가 관리하느냐를 놓고 분쟁해온 수 세대에 걸친 여성들에 대해서도 알고 있다. 예쁘고 오래된 은으로 만든 찻주전자와 여기에 딸린 다기들은 한때 가장 악명 높았던 (반대편에서 본다면) 여성 선조의 소유물이었다. 그는 세 번 결혼하고 세 번 미망인이 된 바커 부인으로, 우리에게는 스칼릿 오하라의 실제 인물로 알려져 있다.

대서양 연안의 미국인들이 애국에 해가 될 수도 있는 차 음용을 자제해달라고 요청받았던 1773년 혁명 전야에, 퍼넬러피는 '에덴턴 티 파티 Edenton Tea Party'(영국 정부에 대항한 조세 저항운동—옮긴이)를 수행하기 위해 노스캐롤라이나 해안의 앨버말에서 자신의 사회적 명망을 이용했다.

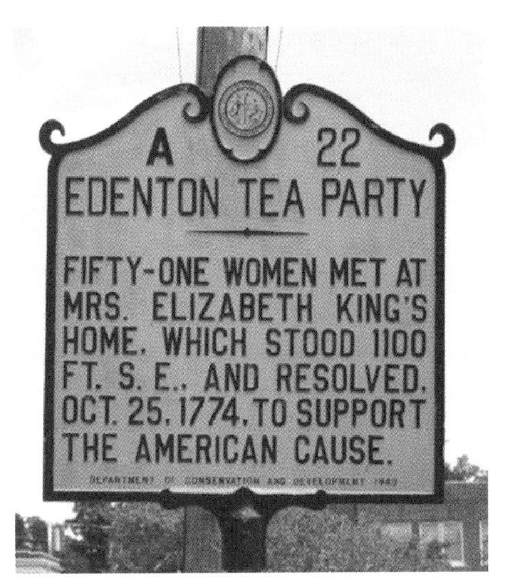

| 에덴턴 티 파티 안내판.

보스턴이 애국적인 티 파티를 벌인 유일한 도시가 아님에도 불구하고, 그해 가을과 겨울 필라델피아, 뉴욕, 아나폴리스, 그리니치, 뉴저지 등에서 벌어진 차와 관련된 저항 운동은 쉽게 잊혔다. 에덴턴에서 있었던 퍼넬러피 바커의 티 파티 이야기는 다행히 기억되어 당시의 바로 그 찻주전자와 함께 전해졌다.

오래전 인물들과 이야기를 떠올리면 이 책의 주제인 기적의 식물과 나의 특별한 관계는 과거로부터 물려받은 것이 아닌가 하는 생각이 들곤 한다. 나의 삶과 조상들의 삶이 얼마간 차에 녹아들어 있는 듯하다.

'아이스티'와 마찬가지로 '핫 티hot tea'도 남부에서는 항상 한 단어였다. 그냥 티가 아니라 반드시 아이스티 또는 핫 티로 불렸다. 잘 우린 핫 티는 우리 가족의 겨울철 필수품이었고, 누군가 열이 나서 누워 있거나, 어린 시절 뭔가에 놀랐을 때 반드시 마시는 음료였다. 그때는 뜨거운 차에 레몬과 설탕이 들어갔다. 누가 이것들 대신 우유를 넣어 마실 시도를 했는지는 알려지지 않았다. 하지만 가장 좋은 차가 어떤 것인지는 누구나 알았다. 캐롤라이나와 버지니아 주민들은 '퍼스트 콜로니'라는 회사가 만든 차를 몇 세대에 걸쳐 신뢰했다. 창업자인 제임스 길이 1870년경 노퍽에서 퍼스트 콜로니를 설립했을 때, 빅토리아 여왕을 기리면서 이름 붙인 블렌딩 제품을 여왕에게 실제로 바쳤다고 알려져 있다. 차를 통해 알 수 있는 한 가지 신기한 사실은 이처럼 차와 관련된 이야기나 전설이 차 맛에 영향을 미친다는 점이다.

'우롱'이나 '닐기리'처럼 뭔가 위대함이 느껴지는 이름의 시적인 차를 채플힐(노스캐롤라이나대학 채플힐 캠퍼스를 말함—옮긴이)에서 처음 만났다. 노스캐롤라이나대학은 아주 작았고, 당시엔 남학생이 압도적으로 많았다. 내가 신청했던 상급 코스는 '50명의 자살반'으로 알려져 있었는데, 이는 우리 50명이 소화해야 하는 엄청난 학습량 때문에 붙은 별칭이었다. 영국 예찬론자 교수들 중 가장 무서운 교수가 내게 "자네는 다르질링 출신인가?" 하고 물으면 나는 일말의 주저도 없이 "아닙니다. 포사이스 지방 출신입니다"라고 대답했다. 다르질링 홍차의 이름과 맛과 향을 연결하는 것이 그 교수님이 내게 가르친 첫 번째 주제였다. 그 때문인지 다르질링 홍차를 여전히 가장 잘 기억한다. 하지만 돌이켜보면 당시의 나는 그 훌륭한 교수님의 강의를 듣기에는 심히 무식했다. 어찌됐든 잊을 수 없는 다르질링 홍차 외에, 적어도 포모사 우롱, 그리고 아삼 같은 다른 차 이름들을 들어는 보고 학교를 나왔다. 그러고는 내키는 대로 대륙을 가로질러 샌프란시스코로 이주했는데 둘러보니 도시가 매우 마음에 들었다.

나는 캘리포니아를 사랑했고, 캘리포니아산 와인도 사랑했다. 그렇게 『와인 애호가의 바이블』이라는 책을 써서 큰 성공을 거뒀다. 하지만 새로 찾은 와인 비평가라는 직업에 대한 나의 열정과 행복한 삶에 대한 희망은 시간이 흐르면서 문제를 일으켰다. 항상 술에 취해 있어야 하는 생활을 감당할 수 없다는 사실이 명확해졌다. 그때부터 나 자신을 보호해야겠다는 생각에 차에 의지하게 되었다.

차는 고요하며, 스스로도 그다지 주목받기를 원치 않는다. 그런 차 자체를 평가하기 위해서는 조용한 미각만이 필요하다. 우선 차는 매우 많이 마셔도 안전한 음료이기에 나처럼 마구 마시는 사람에게 안성맞춤이었다. 차는 또한 내게 새로운 일거리를 주었고, 의식 따위에 호기심이 많은 나에게 만족스러운 분야였다. 와인 잔과 코르크 따개 대신 훨씬 더 흥미로운 물건을 손에 넣게 된 것이다.

내가 발견한 중요한 사실은, 차의 속성이 취하게는 하지 않지만 분명히 어떤 황홀경을 가져다준다는 점이었다. 즉, 정신이 깨어 있는 상태에서 느끼는 평온함, 걱정에서의 해방, 홍조, 재기 넘치는 대화 같은 것들 말이다.

차를 마시면 기분이 좋아진다. 차가 지닌 본연의 맛을 나는 아주 늦게 알게 된 듯하다. 느리게나마 깨달은 것은 이 세상에 적어도 와인만큼 많은 종류의 차가 있다는 것이었다. 와인을 마실 때처럼 나는 차도 하나하나 마셔가며 맛을 평가해보기 시작했다. 매우 집중해서 그리고 점점 더

몰두하면서. 그 과정에서 깨달은 또 하나는 차가 우리 미각이 감지할 수 있는 가장 섬세한 맛을 지닌다는 것이었다. 때로 차는 맛뿐 아니라 효능도 가지고 있다. 와인처럼.

인내심 많은 출판사 담당자는 주기적으로 내게 전화를 해서 뭘 쓰고 있는지 묻곤 했다. 나 또한 주기적으로 그녀에게 말했다. "사실 아무것도 안 썼어요. 그냥 차만 마시고 있어요." 참다못한 그녀가 "제발, 마시지만 말고 차에 대해서 좀 쓰세요"라고 쏘아붙이면 나는 대답만 그러겠다고 했다. 하지만 사실 와인과 차의 공통점은 이미 내 머릿속에 있었다. 둘 다 예술작품이 될 수 있는 음료인 것이다. 우리가 이 둘을 사랑하는 이유는 이것들이 우리에게 주는 다양한 느낌 때문이다. 차와 와인이 공통으로 지닌 상품성, 지리, 관습, 경제, 역사의 모든 특성은 말할 것도 없다.

지금까지 이 주제에 대해서는 좋은 책이 없었다. 1982년 『홍차 애호가의 보물상자』 초판이 출간되었고, 30년간의 경험을 더해 책을 새롭게 썼다. 여러분이 손에 들고 있는 이 책은 내가 이전에는 몰랐던 많은 사실, 그리고 생각해보면 여전히 나 외에는 아는 사람이 별로 없을 만한 내용을 담고 있다. 차 애호가들이 푹 빠져 있는 이 오래된 문화에서 동떨어진 사람들은 이 책에 나오는 대부분의 내용에 관심이 없을지도 모른다.

이 은밀한 의식 혹은 즐거움을 위해서는 어떠한 암호도 댈 필요가 없다. 다만 우리에게는 좋아하는 차 이름이 있다. 적어도 우리는 짧은 만족이 아니라 지속되는 즐거움을 추구한다. 하지만 대부분의 세상 사람에겐 이런 비밀스러움에 할애할 시간이 없다.

차 애호가들이 잘난 척하는 집단이 될 가능성은 없다. 하지만 잘난 척하지 않는 차 애호가는 대접을 받지 못한다. 그래서 우리는 매우 특별하고 까다로우며 젠체하는 사람들로 여겨지기도 한다. 맞다, 우리는 그렇다. 하지만 적어도 이 책은 즐거움에 관한 책이다. 그 즐거움이란 5000여 년간 문명인이 누려온 예술 중 하나에 관한 것이다.

나는 이제 중국식으로 개완에서 우린 용정차(내가 세상에서 가장 좋아하는 녹차)로 스스로에게 보상을 해주고자 한다. 중국의 정신은 우린 용정차에 깃들어 있고, 나는 감미로우면서도 풋풋한 용정차를 몇 번이나 우려 마실 것이다. 차를 마시면서 샌프란시스코 만을 감싸고 있는 안개 너머로 들려오는 뱃고동 소리를 듣기 위해 고개를 들고 잠시 밖을 쳐다보았다.

잠들기 전엔 항상 그랬듯이 중국 보이차를 한 잔 마실 것이다. 이 차는 의사의 처방만큼이나 건강에 좋다. 차를 마시면 나는 깊은 잠에 빠진다. 내일 일은 알 수 없지만, 내일도 차를 마실 거라는 점은 확실하다. 차의 매력이나 신비로움은 내가 쓴 것이든, 다른 사람이 쓴 것이든 글로 설명할 수 있는 정도를 넘어선다.

차례

2장 차, 동양과 서양을 잇다

3장 차나무를 찾아 모험을 떠나다

4장 차의 새 시대를 열다

제2부 차에 관한 모든 것

5장 중국차

6장 일본 차

7장 타이완 차

8장 인도 차

FORTNUM & MASON
RUSSIAN
CARAVAN

작은 잎이
일상의 동반자가 되기까지

1장 | 차의 기원

2장 | 차, 동양과 서양을 잇다

3장 | 차나무를 찾아 모험을 떠나다

4장 | 차의 새 시대를 열다

일러두기

- 인명, 지명 등의 외래어 표기는 국립국어원의 '외래어 표기법'을 따르되, 차 이름 및 관련 용어는 일반적으로 두루 쓰이는 표기를 택했다. 가령 중국 지명 푸얼普洱이 그대로 지명을 지칭할 때는 '푸얼'로, 차茶와 함께 쓰일 때는 '보이'로 적었고, 네덜란드어 '페쿠Pekoe' 역시 관례적으로 쓰이는 표현에 따라 '페코'로 표기했다. 그밖에 중국어권의 차 이름도 쓰임에 따라 중국어와 한국어 음차를 병용했다.
- 가독성을 위해 인명, 지명, 작품명 등은 본문에 원어를 병기하지 않고 찾아보기에 실었다.
- 옮긴이 주석은 괄호에 별도로 표시했다.

1장 | 차의 기원

"분명 모든 이가 겨울의 불가에서 얻을 수 있는 천상의 기쁨을 안다. 네 시의 촛불, 벽난로 앞의 따뜻한 러그, 차와 이에 어울리는 다구. 덧문은 내려지고, 두꺼운 커튼은 바닥까지 드리워지며, 밖에서는 거센 비바람 소리가 들린다."
— 토머스 드퀸시, 『어느 영국인 아편 중독자의 고백』

문명만큼 오래된 차의 역사

차는 세상의 보물이다. 의식意識을 변화시키는 매개로서 차는 식물계에서 가장 다감한 인간의 동반자다. "차는 그대가 추울 때 온기를 주고, 더울 때 시원하게 하리라. 낙담하고 있을 때는 용기를 주고, 들떠 있다면 차분하게 하리라." 한 영국인의 유명한 말이다. 이는 아시아에서 오랫동안 지녀온 차에 대한 단상을 되풀이한 말에 불과하다. 기원전 2700년경 중국의 신농神農 황제가 차에 처음 관심을 보였다는 설을 받아들인다면, 아시아에서 차를 마시기 시작한 시기는 이집트의 피라미드만큼이나 오래되었다. 역사상으로는, 기원전 1066년 윈난雲南 성에서 생산된 차를 황제에게 공물貢物로 바쳤다는 사실이 언급된다. 윈난은 차나무인 카멜리아 시넨시스Camellia sinensis 종의 원산지로 여겨진다. 차나무는 이곳에서부터

| 중국에서 신농은 농경의 신이다. 당연히 차의 기원도 신농의 시대로 거슬러 올라간다.

이웃한 아삼, 미얀마, 라오스, 중국 남부로 퍼져나갔을 것이다. 전 세계 380개 차 품종 가운데 260개가 윈난에서 발견되었고, 윈난에서 수많은 야생 차나무가 자라고 있다는 사실은 윈난이 차의 원산지임을 말해준다. 그곳의 어느 야생 차나무는 2000살이 넘었고, 인간이 재배한 가장 오래된 차나무는 800살이 넘었다.(정말 가장 오래 기른 식물이다!) 윈난에는 많은 소수민족이 살고 있는데, 이들은 매우 다양한 방법으로 차를 우리고 이용한다. 또 차 애호가의 선구자 격인 전설적인 고대 영웅 제갈량諸葛亮을 경애하는 듯하다.

동주 시절(기원전 770~기원전 221) 신과 교류하기 위해 차를 종교 의식에 이용하는 방법을 기술한 책에는 차가 처음에 '도荼, tú'로 알려졌다고 쓰여 있다. 기원후 725년 '차茶, chá'라는 독특한 표의문자가 한자에 처음 등장했다.('荼'와 영락없이 닮았지만 한 획이 빠져 있다.) 차는 그때까지 '도'라고 불리다가 해안지역의 방언에서 '테이tay'로 남았고, 나중에 유럽인들이 이를 '티tea'로 불렀다. 문자로 어떻게 쓰였든 간에 차는 기원전부터 중국에서 오랫동안 잘 알려져 있었고, 광범위하게 이용되었다.

음료로 발전하기 전에 차는 음식이자 약인 동시에 일종의 강장제였다. 이후 차는 점차 음료로 진화했는데, 이 과정은 매우 천천히 진행되었다. 수분 많은 차나무 잎으로 만든 음료는 차나무가 그랬던 것처럼 차츰 중국 내륙에서 양쯔 강을 따라 황해까지 퍼져나갔다.

도교와 불교 사원도 중국의 거대한 땅덩어리에서 차를 재배하기 시작했다. 마치 로마 가톨릭 수도사들이 유럽 어디에나 포도나무를 심었던 것처럼. 그렇게 유럽의 와인과 마찬가지로 차도 마침내 아시아 전역으로 전해졌다.

로마제국 말기에는 만리장성 너머의 오랑캐들조차 차에 푹 빠졌고 차를 얻기 위해 말까지 내줄 정도였다. 700년대 후반 유럽이 암흑기를 겪는 동안, 문화와 세력의 절정기를 구가하던 중국에는 차의 수호자이자 성인인 육우陸羽(733~804)라는 인물이 등장했다.

차의 성인, 육우

"차는 청량감을 주며, 따라서 음료로 가장 알맞다.
그중에서도 절제와 내적 가치를 추구하는 사람에게 적합하다." — 육우, 『다경』

차에 관한 첫번째 책을 쓸 운명이었던 육우는 고아였고, 후베이湖北 성에 사는 불교 승려의 손에 키워졌다. 그때가 700년대 중반 무렵이었다. 성격 밝고 근면한 청년이 된 육우는 양아버지인 지적선사智積禪師에게 차를 배웠다. 차를 사랑하고 더 잘 이해하기 위해 차나무를 기르고, 찻잎을 따고, 가공하고 우리는 법을 익혔다. 육우는 전문 지식을 얻으면서 정교한 평가 능력도 연마했다. 자라면서 좋은 차, 좋은 물이 있는 곳으로 친구들과 여행을 다녔다. 23세가 되었을 때는 차에 대한 열정과 지식을 전할 책을 쓰겠다는 영감으로 충만했다. 그의 여행과 조사는 매우 진지해졌다. 때로 차를 사랑하는 동료와 함께, 그러나 대개는 혼자서 가파른 산과 깊은 계곡을 다녔다.

다성茶聖으로 불리는 육우.

760년을 갓 넘겨 육우는 첫 책을 완성했다. 764년에 개정판을 내고, 775년에 또다시 개정판을 냈다. 780년에 마침내 총 7000자로 쓰인 『다경茶經』을 출간했다. 수십 년간 헌신한 결과였다. 『다경』은 즉시 큰 반향을 일으켰고 당대의 베스트셀러가 되었다. 학자, 관리, 상인은 물론 서민들도 이 책을 몹시 갖고 싶어했고, 심지어 티베트, 위구르, 일본 등 외국에서도 책을 구하기 위해 온갖 노력을 쏟았다.

"남쪽 지방에서 자라는 차나무는 이로울 뿐 아니라 아름답기까지 하다." 『다경』은 이렇게 시작한다.(『다경도설茶經圖說』은 이 문장을 "차나무는 남쪽 지방에서 자라는 상서로운 나무다"라고 적고 있다. 한문 원전을 번역한 데서 비롯된 표현상의 차이다.—옮긴이) 『다경』은 차나무 재배와 가공의 모든 면에 정통한 사람만이 쓸 수 있는 책이다. 지금까지도 이 책은 단순한 기술적 교과서 이상으로 읽힌다. 증기를 쐬고 보관을 위해 건조되는 덩이차의 가공과정은 다음과 같이 요약되어 있다. "차를 만들기 위해 찻잎을 따고, 증기에 찌고, 빻아서, 형태를 만든 뒤 건조하여 묶어서 밀봉한다."

육우의 표현은 처음부터 끝까지 문학적이며 심지어 영적이기까지 하다. 차의 의학적 효능을 강조할 때는 "차는 천상의 감로甘露와 같다"라고 불교 용어를 썼다. 육우는 의학적 장점만을 알리기 위해 차를 찬양한 것이 아니다. 차를 준비하는 데 필요한 스물네 가지 도구를 각자의 목적에 맞게 사용할 것을 역설했다. 1987년 시안西安 인근의 오래된 탑을 재건하는 과정에서 869년 당나라 황제 의종懿宗이 기증한 다기 세트가 들어 있는 비밀스러운 보관함이 발견되었다. 당나라 최고 장인들이 은도금으로 만든 다기였는데, 이는 육우가 묘사한 바로 그 도구들이었다.

육우는 당대 차 생산지의 순위를 매겼고, 다소 허황돼 보이는 전설을 곁들여 유명한 차 애호가들을 나열했으며, 그 외에도 차에 관한 모든 것을 믿을 수 없을 정도로 섬세하게 설명해나갔다. 그가 쓴 고대 중국어는 함축적이며 난해하다. "좋은 것은 입이 결정한다"라는 유명한 말은 "좋은 차와 나쁜 차의 구별은 은밀한 입소문으로 이뤄진다"고 번역될 수도 있을 것이다. 이렇게 한 육우의 의도는 분명하다. 그는 차를 마시면 마침내 알게 되는 삶으로 독자들을 직접 이끌고자 했다. 이 소박한 음료는 단지 갈증을 해소하고 입을 즐겁게 하는 차원이 아니라, 그런 감각적인 것을 초

월하는 세계로 우리를 인도한다.

육우는 차가 (와인과 마찬가지로) 잘 다루면 예술작품이 될 수 있는 더없이 훌륭한 농산물 중 하나라고 생각했다. 『다경』은 '최고의 차는 무엇인가'에 대해 이야기한다. 즉, 어디서 차나무를 구하고 재배해야 하는지, 차나무를 어떻게 알아보고 선택해야 하는지, 그리고 (가장 까다로운 문제인데) 최상의 즐거움을 위해 차를 어떻게 준비할 것인지를 이야기한다. 육우는 이런 '다양한 영역'을 시인의 섬세함으로 다뤘다. 육우는 차를 마시는 즐거움을 말하는 이 책으로 곧 유명해졌다. 이 모두가 당나라 때 나온 이야기다. 차 상인들은 육우를 본떠 만든 자기磁器 조각상을 모셔놓고, 차 수확이 늘어나고 장사가 잘되기를 기도했다. 그러나 장사가 잘 안 될 때는 아무 죄 없는 육우의 조각상에 끓는 물을 들이붓곤 했다. 육우는 당대에나 이후에나 지식인들의 존경을 받았다. 그에 관한 수많은 시와 이야기가 이를 증명한다. 일례로 육우를 키운 선불교 승려인 지적선사는 육우가 아닌 다른 사람이 만든 차는 결코 즐기지 못했다는 이야기가 전해진다. 심지어 지적선사는 황궁에 가서도 차를 사양했다. 황제는 입맛이 까다로워 잘난 체를 한다고 생각하고는, 지적선사 모르게 육우로 하여금 차를 준비하게 했다. 그러자 이 노선사는 "이제야 내 아들의 차와 똑같은 맛이 나는군요" 하면서 기쁘게 마셨다고 한다. 72세에 영면한 육우는 죽기 전에 차를 마시며 명상하기 위해 속세를 완전히 떠났다. 지적선사가 늘 자신에게 했던 말을 따른 것이다.

불교도들의 감로, 마음의 영약

"차의 풍미는 선禪의 정취와 같다." — 일본 속담

신농 황제뿐 아니라 많은 불교 승려도 차의 기원에 관한 공로를 인정받는다.

'농사의 신'이라는 의미를 지닌 신농은 선사시대에 백성에게 농업과 한의학을 가르쳤다고 전해진다. 신화적으로 볼 때 신농은 40~50세대에 걸쳐 찻잎을 정제해 사용한 중국의 도교 수행자와 본초가 들을 대표한다. 하지만 도교 수행자들이 차를 발명하고 세련되게 다듬었다면, 차를 대중화하고 널리 퍼뜨린 것은 불교 수행자들이었다. 피타고라스, 조로아스터, 공자와 동시대를 살았던 부처는 기원전 500년대 인도에 거주했다. 그가 열반한 후에도 부처의 가르침은 널리 퍼졌고, 수 세기 동안 실크로드를 따라 중국으로 전해졌다. 중국이 차 마시는 습관을 대중적으로 받아들인 이유를 한마디로 설명할 수는 없지만, 분명한 것은 중국인들이 차를 불교의 전파와 관련지어 생각한다는 것이다.

감로甘露라는 불교 승려가 1세기경 인도 순례를 마치고 중국으로 돌아오면서 차를 들여왔다는 설이 있다. 그가 심었다고 전해지는 '전설의 차나무' 일곱 그루는 지금도 쓰촨四川 성 멍딩蒙頂 산에 있다. 선불교를 창시한 달마達磨의 눈꺼풀에서 차나무가 자라났다는 설도 있다. 달마는 인도에서 중국으로 수행을 하러 와서는 소림사에 들어가 면벽구년했다. 기나긴 명상을 하는 동안 이 강직한 승려는 깜빡 졸았고, 눈이 감기는 찰나를 막지 못했다. 그는 주저 없이 눈꺼풀을 도려내 다시는 감기지 않도록, 자신이 깨어 있는 것을 방해하지 못하도록 했다. 그러자 자비로운 관음보살이 눈꺼풀이 떨어진 곳에 차나무가 자라게 하여, 달마대사와 그의 후계자들이 깨달음의 길을 가도록 도왔다. 물론 이런 이야기를 믿지 않는 사람들은 찻잎과 눈꺼풀을 나타내는 일본 글자가 비슷하기 때문에 이 같은 일화가 만들어졌다고 말한다.

야생 차나무의 고향인 윈난 성과, 인간이 차나무를 처음 재배한 곳으로 여겨지는 쓰촨 성은 인도에서 중국으로 가는 길목에 있다. 초기 불교도들이 그리스의 지배하에 있던 중앙아시아로 가는 도중에 불상 조각하

| 동 페리뇽.

는 법을 배웠듯이, 중국 서쪽 지방에서도 종교적인 이유로 차를 받아들인 듯하다. 실제 초기의 차 이름은 모두 큰 사원이 있는 산 이름을 따서 지어졌다. 아시아의 차 역사에서 불교의 역할은 유럽의 와인 역사에서 가톨릭의 역할과 정확하게 일치한다. 차와 와인은 종교적인 의미를 지녔고, 그 종교를 믿는 사람들이 헌신적인 소비자가 되었다. 유럽의 가톨릭 수도원이 포도 재배와 와인 주조의 중심지가 된 것처럼, 불교 승려들은 차나무를 재배하고 차 가공법을 점차 정교하게 발전시켰다. 동 페리뇽이라는 수도사가 처음 만든 새로운 와인이라 할 수 있는 샴페인은 중국의 이름 모를 불교 승려들이 발전시킨 백차, 녹차, 우롱차 등과 같은 맥락이다.

불교 사원은 부속 법당을 가진 종교 집단의 거주지일 뿐 아니라 학교이자 대학, 여관이자 피난처, 순례의 목적지이자 병원, 도서관, 출판사, 문화의 중심지, 사회의 중심지 역할을 했다. 온갖 유형의 세상 사람이 사원문으로 들어와 잠시 머물다 갔다. 이들 모두가 차 마시는 습관을 들였고, 불교도는 명상을 위해 차를 마셨다. 차는 술을 대신하기도 했다. 사원들에서 더 우수한 차를 생산하게 된 것과 더불어 찻잎을 가공하고 차를 준비하는 방법이 개선되면서 차 문화는 점차 확산됐다. 수십 그루를 키우는 소규모 재배자들과 달리, 사원의 소유지는 매우 넓었기에 충분한 다원을 확보할 수 있었다. 사원은 필요한 양을 사용하고 남은 차를 신자들에게 팔기도 했다.

당나라 시대의 중국에서는 불교가 융성했다. 그중 선불교는 차와 가장 친밀한 관계였다. 육우가 자란 곳이기도 한 후베이 성 우한武漢 인근의 한 절에서는 차를 재배하고 가공했다. 이곳 승려들은 선불교 승려인 백장대지百丈大智가 만든 규율을 따랐을 것이다. 백장은 모든 의식에 차를 사용할 것을 거듭 강조했다. 주지 스님의 임용과 은퇴, 분기별 행사, 승려들의 들고 남 등 모든 행사에서 공식적으로 차가 접대됐다. 이를 위해 궁중에서는 종종 고품질의 다구들을 하사하기도 했다. 승려들도 명상을 위해 일상적으로 차를 마셨다. 물론 차는 일종의 음료로 제공되었지만 불교도들이 보기에 차에는 육체적인 활력을 가져다주는 것 이상의 의미가 있었다. 절제와 평정심의 영약으로서 차는 정신적 활력을 얻는 수단이기도 했으며, 차를 준비하고 함께 마시는 의식은 정신적인 즐거움을 가져다주기도 했다. 말하자면 차는 이 세계 너머의 다른 세계로 들어가는 수단이었다. 차를 마시는 행위는 점점 영적 훈련으로 진화하면서 도를 닦는 일이 되었다. 육우는 속세에서 이러한 다도를 행한 최초의 사도였다.

당나라, 송나라, 몽골제국의 차

"차를 즐기는 일의 정수는 색, 향, 미味를 음미하는 것에 있다.
그리고 차를 준비할 때의 원칙은 순정, 건조, 청결이다." — 채양, 『다록』

차를 마시는 관습은 중국 남부에서 시작되어 북부 전체로 퍼져나갔고, 중국의 황금기인 당나라 때 외국으로 전해지기 시작했다. 당시 광저우廣州는 약 20만 명이 살아가는 도시였는데, 이곳에는 외국 상인과 선원, 대부업자 들도 살고 있었다. 이들 외국인 중 한 명이 『차에 관하여』를 아랍어로 썼다.

한국과 일본의 승려들은 저장浙江 성 톈타이天台 산에 있는 유명 사찰인 궈칭 사 순례를 마치고 귀국할 때면 차를 가지고 갔다. 궈칭國淸 사는 일본 천태종의 기원이 된 곳이기도 하다. 또한 차는 중국의 서쪽 경계인 쓰촨 성을 넘어 티베트 사람들의 식단에도 빠지지 않고 오르는 품목이 되었다. 당나라 황제는 처음으로 차에 세금을 부과했고, 매년 차를 공물로 바치도록 했다. 이는 중국의 특별한 관습으로 자리 잡아 1000년 동안 이어졌다. 771년 당나라 황제 대종代宗은 이싱宜興과 가까운 구주古株 산에 중국의 첫 번째 황실 다원을 조성했다. 200년 뒤에는 두 번째 황실 다원인 북원이 더 남쪽에 있는 푸젠福建 성에 만들어졌다.

동양에서 태양이 눈부신 빛을 발하며 솟아오를 때 유럽은 암흑의 시기를 벗어나지 못했다. 서기 1000년경에 쓰인 시 두 편을 비교해보자. 하나는 와인, 또 하나는 차에 관한 시다. 우선 라틴어 시집인 『카르미나 부라나Carmina Burana』(13세기 말 젊은 성직자들이 라틴어와 독일어로 쓴 시집. 라틴어로 '보이어른의 노래'라는 뜻으로 독일 베네딕트보이어른 수도원에서 발견되었다—옮긴이)에 담긴 술 노래다.

> 와인, 그것은 삶을 기쁘게 하네
> 하지만 한 잔으로는 의미가 없지
> 석 잔 정도는 마셔야 좋아져
> 넷째 잔은 부자처럼 우쭐하게 만들고
> 다섯째 잔은 정신을 뒤흔들고
> 여섯째 잔을 마시면 몸이 말을 듣지 않네

중세의 와인은 확실히 천한 음료였다. 사람을 우스운 꼴로 만들었기 때문이다. 하지만 시인들은 기꺼이 와인을 찬미했다. 한편 이들의 동료인 중국 시인들은 차를 마시며 높은 의식의 경지에 올랐다. 지금까지 쓰인 시 가운데 가장 잘 알려진 송시가 있다.

국가적 번영과 문화적 절정기에 있던 당나라 시대에 노동盧仝이라는 시인이 있었는데 그는 중국 북부 지방에 은거하는 도사로, '차 정신'을 옹호했다. 차에 '미친' 이 은둔자는 스스로를 '옥천자玉川子'라 불렀는데, 아주 맑고 깨끗한 물이 솟아나는 샘 옆에 살고 있다는 의미였다. 이 시는 존 블로펠드의 번역을 조금 다듬은 것이다.(이 시는 『고문진보古文眞寶』에 「칠완다가七椀茶歌」라는 제목으로 실려 있다.— 옮긴이)

해는 높기가 한 길 반인데, 졸음은 정녕 깊어져
군관이 문을 두드려 주공周公을 놀라게 하네
맹간의諫議가 서신을 보낸다 하여 보니
흰 비단에 비스듬히 삼도三道의 도장으로 봉하였네
봉함을 여니 글귀에서 완연히 그분이 느껴져
손으로 고르니 날 위해 준비한 월단차 삼백 편片이라
새해에 들으니 산속에 들어 숨은 벌레,
겨울잠 자던 벌레들이 놀라서 봄바람이 일어날 때라
천자는 모름지기 양선차를 맛보시고

백초는 감히 차를 앞질러 꽃을 피우지 못하네
어진 바람이 남몰래 구슬 같은 꽃봉오리를 맺히게 하고
이른 봄에 황금의 싹이 뽑혀 나오는데,
싱싱하게 딴 싹에 불을 쬐어 향기를 도로 봉하였구나
지극히 정갈하고 아름답고 또한 화사하지 않아 지존께 족하고,
주공에게 합당한데 무슨 일로 문득 (보잘것없는) 산인山人의 집에 이르렀나
사립문은 도리어 닫혀 있고 속세의 나그네도 없으니
사모를 머리에 쓰고 (홀로) 우려 마시네
푸른 구름 같은 차는 끊임없이 바람을 부르고
흰 꽃은 떠서 찻사발의 탕면에 엉기어 있네
첫째 잔은 목구멍과 입술을 적시고
둘째 잔은 고독과 번민을 씻어주네
셋째 잔은 메마른 창자를 찾나니
생각나는 글자가 오천 권이나 되고
넷째 잔에 가벼운 땀이 솟아 평생의 불평이
모두 털구멍으로 흩어지네
다섯째 잔에 기골이 맑아지고
여섯째 잔에는 신령과 통하였네
일곱째 잔을 채 마시지도 않았건만
양쪽 겨드랑이에서 맑은 바람이 솔솔 일어나는 것을 느끼네

봉래산이 어드메뇨,

옥천자는 이 맑은 바람을 타고 돌아가고 싶다

산상의 여러 선인은 아래 땅을 맡아 다스리는데

지위는 맑고 높아 비바람을 막네

어찌 알손가? 억조창생億兆蒼生의 목숨이

낭떠러지의 정수리에서 떨어져 천신만고 겪음을

문득 간의를 좇아 물을거나?

그들이 끝내 소생할 수 있는가 없는가를

문명을 의식을 변화시키는 주된 양식으로 정의한다면 중국의 그것보다 더 탁월한 세련미를 가진 것은 없으리라. 이는 바로 차 덕분이다.

당나라 멸망 이후 혼란기에 15명 이상의 황제가 집권했다 물러난 다음에야 마침내 제 기능을 하는 중앙정부가 들어섰는데, 바로 960년 건국된 송나라다. 당나라 이후의 중국인들은 바깥 세계에 대해선 거의 알려고 하지 않았다. 당시 중국인들은 외부 세계를 야만족이 거주하는 곳으로 여겼다. 야만족은 비록 문화의 혜택을 입지 못했지만 중국 황제를 천자天子로, 또는 하늘 아래 존재하는 모든 것의 지배자로 받아들여야 한다고 생각했다. 이런 사상이 지배했던 시기, 중국인들은 의심의 여지 없이 세계에서 가장 위대한 문화를 향유하며 부족함 없이 살아갔다.

송나라는 당나라 시대에 이룬 그 화려한 영광을 재현하지 못함을 아

채양.

쉬워하면서도 자신들만의 위대한 번영을 이루어냈다. 서기 1000년경에는 의학적으로 천연두 예방접종이 실시되고, 상업적으로 지폐를 사용하게 되었으며, 군사적으로는 화약을 발명했다. 그런 송나라 사람들이 차를 가공하고 즐기는 새로운 방법을 발명했다는 사실은 전혀 놀랍지 않다.

당나라 차 애호가들은 작은 덩어리나 벽돌 모양으로 압축해 만든 차에 익숙했다. 차를 준비할 때는 육우의 조언대로 '아기의 팔처럼 부드러워질 때까지' 덩이차를 굽고 미세하게 분쇄했다. 그렇게 해야 차를 끓일 준비가 된 것이다. 송나라는 차를 준비하는 새로운 과정들을 발전시켰다. 시간이 흘러 육우의 『다경』을 잇는 새로운 책이 송대의 차 안내서로 등장했다. 걸출한 관료였던 채양蔡襄(1012~1067)이 황제를 위해 쓴 『다록茶錄』이다.

채양은 『다경』과의 차별화를 꾀하며 글을 시작한다. "육우는 『다경』에서 건안建安의 차에 순위를 매기지 않았다……." 푸젠 성에서 생산된 차의 우수성을 강조하는 것이 채양의 목적 중 하나였다. 그가 푸젠 성에서 생산된 공물 차 운송의 공식 책임자였기 때문이다. 당나라 조정은 저장 성에서 생산된 차를 선호한 반면, 송나라는 공물 차 41종 전부를 해안가 근방의 푸젠 성에서 생산된 것으로 받았다. 『다록』은 찻잎을 가공하고 차를 준비하는 새로운 방법들을 적고 있다. 즉, 차를 끓이는 대신 대나무를 가늘게 쪼개어 만든 섬세한 다선을 이용해 뜨거운 물에 탄 차를 휘젓는 것이다. 이는 분말로 만든 찻잎 전체를 마시는 것이고, 또한 한 번에 한 잔 또는 한 사발만 준비해야 함을 의미한다. 따라서 다선과 함께 찻사발이 차 준비에 가장 중요한 도구가 되었고, 새로운 형태와 색상을 지닌 찻사발이 계속 개발되었다. 육우가 선호했던 당나라 시대의 청자 대신 송나라의 도예가들은 매우 아름다운 검은색, 짙은 갈색, 짙은 자주색의 유약을 칠한 찻사발을 생산하여, 말차의 녹색 빛이 더욱 선명하게 보이도록 했다. 장시江西 성 징더전景德鎭에 있는 송나라 시대 자기 공방들은 주요 명소가 되었고, 수 세기가 지나면서 유럽으로 수출되는 자기 대부분을 공급하게 된다.

송나라 문화는 '시인 황제'인 휘종徽宗(재위 1100~1126) 치하에서 절정에 이른다. 황제 치하에는 약 2000만 명의 학식 있는 시민이 있었고(전체 인구는 1억 명이 넘었다), 이들은 제국 곳곳에서 생산되는 차를 소비했다. 이들 차 음용자들은 제국 어디에나 있는 찻집에서 차를 즐겼다. 당시의 선도적인 차 애호가는 바로 휘종 황제 자신이었다.

황제는 차나무 재배와 차 가공에 대해 상당한 식견을 드러낸 책을 쓰기도 했다. 휘종이 좋아하는 차는 백차白茶(현재 우리가 알고 있는 백차와는 달랐다—옮긴이)였는데, "나무로 덮인 절벽에서 야생으로 자라고" 푸젠 성 우이 산武夷山에서 네다섯 가구가 이를 채취하며 "기껏해야 1년에 2~3자루 정도가 수확된다"고 썼다. 천자이면서 타고난 화가, 시인, 미식가였고 3912명이나 되는 후궁을 거느렸던 휘종은 불행하게도 유배지에서의 슬픔을 담은 유명한 시를 남겼다.

옥처럼 아름다운 내 수도의 화려함을 여전히 기억한다
무한한 영토를 통치하는 나의 고향
산호 숲과 옥의 주랑들
아침의 나뭇잎과 저녁의 음악……

통치자이기보다 예술가였던 휘종 휘하의 대규모 군사는 발전된 무기와 화약으로 무장했음에도 불구하고, 만주에서 온 야만의 기마족 앞에서는 무기력했다. 휘종의 후계자는 항저우杭州로 도피했고, 항저우는 1279년까지 남송의 수도이자 중국 문화의 중심지가 된다. 하지만 남송도 결국 중국 전체를 장악한 칭기즈칸의 후손들이 이끄는 몽골에 굴복한다. 여기서 굉장히 흥미로운 대목은, 항저우 총독이 되어 몽골을 섬겼다고 알려진 마르코 폴로가 송나라의 존재는 물론 차에 대해 전혀 언급하지 않았다는 점이다. 항저우 전역에서 차가 재배되었는데도 불구하고 말이다.

일부 역사가들은 몽골의 통치자들처럼 마르코 폴로도 지배당하는 백성의 일상생활에는 전혀 관심이 없었다고 추정한다.(어떤 이들은 그가 중국을 가기나 했는지 의심하기도 한다.) 어찌 됐건 몽골제국이 중국 인구 3분의 1을 감소시켰고, 중국 문화 대부분을 파괴했다는 데에는 모든 역사가의 의견이 일치한다. 그 후 몽골, 즉 원나라는 한족의 대규모 봉기로 전복되었다. 봉기는 중추절 때 만드는 월병 속에 숨긴 전갈을 통해 조직되었다고 한다. 이 문서가 1368년 가을 어느 찻집에서 배포되었고, 결국 한족의 명나라(1368~1644)가 세워졌다. 명나라 황제들은 당송이 이룬 문화유산을 거의 물려받지 않았다. 풍속과 관습은 급격히 달라졌고, 이전 시대의 흔적은 거의 남지 않았다. 20세기 고전으로 평가받는 『차에 관한 책』(1906)의 저자 오카쿠라 가쿠조岡倉覺三는 다음과 같이 말했다.

> 우리는 명나라 논평가가 송나라의 고전에서 언급된 다선의 모양을 복기해내기 어려워하는 것을 보았다. 오늘날 차는 사발이나 잔에 담긴 뜨거운 물에 찻잎을 우리는 방식으로 만든다. 서구인

오카쿠라 가쿠조의 『차에 관한 책』.

들이 차 음용의 옛 방법을 모르는 것은 유럽이 명나라 말기에서야 차를 알게 되었기 때문이다.

혁신가들, 아마도 쓰촨 성의 도교 신자나 불교도 들이 오늘날 우리가 마시는 잎차를 발명했을 것이다. 명 왕조가 세워진 지 20년도 안 되어 새로 유행하는 차를 설명하는 책이 쓰였는데, 이는 과거의 전통을 이어 받은 것이었다. 이 책은 잎차의 가공법과 함께 찻잎을 개완에서 제대로 우리는 방법을 설명하고 있다. 중국인들은 곧 이 책에 소개된 간단한 방법을 좋아하게 되었는데, 훗날 미국인들이 티백을 좋아하게 되는 것과 비슷하다.

이 시기에 중국차가 어떻게 그토록 빠르게 발전할 수 있었는지는 명확히 밝혀지지 않았다. 쌀, 소금과 함께 차를 "인간에게 필요한 일곱 가지 필수품"의 하나로 꼽은 것은 남송 시대의 한 문인이었다.

1313년 왕정王禎은 저서 『왕정농서王禎農書』에서 잎차(당시 새롭게 개발된 차였을까?)에 대해 처음 언급했다. 나의 탁월한 동료인 로버트 가델라 박사는 『수확의 산』에 다음과 같이 썼다.

중국 전체를 지배한 몽골의 짧은 격동기(1279~1368)에 차 마시는 방식이 바뀌기 시작했고, 가루를 내서 압축한 차 대신 잎차가 점차 성행했다. 산화되지 않은 녹차는 잎차의 초기 형태로, 12세기 후반에 등장했다. 명 말기에 불교와 도교 승려 들은 송라(현재 안후이安徽 성 슈닝休宁에 위치한 곳) 지방의 발전된 녹차 가공법을 푸젠 성 우이 산에 전파했다. 16세기 들어 산화차가 개발되면서 이른바 홍차가 생산되었고, 청나라(1644~1911) 때는 서구로 보내지는 주요 수출품이 되었다. 소우총小種, 공부차功夫茶, 우이차武夷茶 등이 그 품목이었다. 18세기에는 우롱과 페코라는 또 다른 차가 등장했다. 우이 산에 위치한 불교와 도교 사원들은 타 지역의 새로운 차 가공법을 우이 산 지역에 전하는 데 앞장섰다.

하지만 쉽게 단정할 수도 없는 게, 그의 연구지인 푸젠 성에서 생산되기 훨씬 전부터 이런 새로운 차들이 다른 지역에서 이미 오랫동안 생산되어온 것은 아닐까?

1700년 이후 중국이 개발한 새로운 차는 유럽과의 교역에서 중요한 역할을 하게 된다. 한편 옛 송나라 방식의 말차는 일본에서만 명맥이 이어졌다.

일본의 다도

"유럽인들에게 다도는 장황하고 의미 없는 일이다. 다도를 한 차례 이상 지켜보는 것은 이들에게 참을 수 없이 지루한 일일지 모른다. 동양의 인내심을 타고나지 못한 유럽인들은 새롭고 생동감 있는 무엇, 적어도 논리와 유용성을 갖춘 뭔가를 바란다. 그도 그럴 것이, 다도는 유럽인을 위해 생겨난 게 아니다. 다도는 그것을 만든 사람들을 위한 도락일 뿐, 거기에 토를 달 이유가 없다. 다만 어느 경우든 다도는 완전히 무해하다. 다도가 별 의미 없다고 생각하는 사람들은 있겠지만, 누구도 다도를 저속하다고 폄하할 수는 없다." — 배질 홀 체임벌린, 『일본의 문물』

이 책의 나머지 부분을 쓰기 위해 투자한 만큼의 노력과 시간을 일본의 차 역사를 이해하는 데 쏟았다. 차는 중국 불교 승려들 사이에서 오랫동안 사랑받았다. 차가 기나긴 명상 시간 동안 깨어 있게 하고, 맑은 정신을 유지시켜주었기 때문이다. 그러니 일본 승려가 중국 톈타이 산에서 공부를 마치고 귀국하면서 차 씨앗을 최초로 들여와 심었다는 것도 그리 놀랍지 않다. 이후 펠라티오와 꽃꽂이, 자살의 기술에 이르기까지 중국 양식이 수 세기 동안 일본 문화의 거의 모든 면에 스며들었고, 차 또한 빠른 속도로 퍼져나갔다. 차가 거의 처음으로 선보여졌을 때 일본 사가 천황嵯峨天皇은 차 맛을 보고 반하여, 이내 도성 인근의 다섯 지역에 차를 재배하도록 명했다. 황제가 차를 즐겨 마시자 언제 어디서나 속물적으로 이를 따르는 사람들이 생겨났다. 그렇게 차는 한동안 일본에서 유행했다.

얼마 후 어떤 이유로 일본과 중국의 관계가 갑자기 단절되었고, 이런 상태가 거의 280년이나 지속됐다. 그러다가 1200년 무렵 관계가 회복되었다. 기록은 1191년 일본 승려 에이사이明菴榮西가 중국에서 불교 공부를 마치고 돌아오면서 선불교와 함께 차를 일본에 들여왔다고 적고 있다. 에이사이는 차나무를 고잔 사功山寺 주지인 묘에明惠에게 전달했고, 묘에는 교토 인근의 우지宇治라는 지역에 일본 최고의 차밭을 개간했다. 묘에의 작은 사원에 딸린 다원에는 지금도 당시의 차나무가 자라고 있으며, 그 찻잎으로 만든 차가 사원에 공급된다. 에이사이는 일본에서 차에 관한 첫 책을 쓴 사람이기도 하다. 책 제목은 『끽다양생기喫茶養生記』로, '건강에 좋은 차 음용에 관한 기록'이라는 뜻이다. 차가 최고 권력자들의 지지를 얻자 차와 관련한 모든 시도는 대단한 결과로 이어졌다.

내가 이해하기로, 일본 다도는 처음 시작된 이래 700여 년 동안 적어도 뚜렷한 세 단계를 거쳐온 듯하다. 첫 번째는 의학 및 종교의 단계다. 에이사이가 당시 젊고 방탕한 쇼군의 침대에까지 불려가 일종의 병자성사病者聖事를 해준 일화를 보면 알 수 있다. 쇼군이 지독한 숙취로 고통받는 모습을 본 에이사이는 차를 마시게 하여 그를 술독에서 건져냈다. 에이

사이의 책은 육우와 송나라 문인들의 영향을 많이 받았다. 하지만 차가 어떻게 수명을 연장시키고 정신적인 조화로움을 가져다주는지에 관한 독창적인 견해도 담겨 있다.(실제로 그가 주장한 차의 건강상 이점은 오늘날 대부분 과학적으로 입증되었다.) 하지만 그가 규정한 의식은 종교적 범위에 국한되었기에, 이후의 불교 의식은 다도와 긴밀하게 이어져왔다.

일본 다도의 두 번째 단계는 화려함이다. 이 단계에 이르기까지는 에이사이와 묘에의 시대로부터 거의 100년이 걸렸다. 1330년 훨씬 이전에 일본 귀족들은 도차鬪茶라 불리는 차 마시기 대회를 열기도 했다. 그들은 다실에 늘 불화 액자를 걸었고 그림 앞에서 제사를 올렸다. 분명 이런 행위들은 종교 의식의 연장이었다. 표범이나 호랑이 가죽이 깔린 널찍한 다실용 정자를 보며 손님들은 초대한 주인의 화려한 비단과 양단, 금은으로 만든 다기, 상감象嵌한 갑옷과 무기 들에 탄성을 질렀다. 이 모든 것은 중국제였고, 그만큼 소중히 여겨졌다. 당시 일본은 이웃 강국의 문화적 영향력에 압도되어 있었다. 일본 귀족들은 자국에서 만들어진 것은 하찮게 여기고 중국 문물에 심취했다.

차 마시기 대회는 사실 술자리에서 흔히 벌어지는 치기 어린 행위만 없었을 뿐, 술 맛을 평가하는 시음회와 별반 다르지 않았다. 일본에서 도차의 목적은 본차本茶와 비차非茶를 구별하는 것이었다. '진짜 차', 즉 본차는 우지에서 생산된 것이었고, 그 외 지역에서 생산된 차는 비차, 즉 '차가 아닌 것'이었다. 차 맛을 정확히 구별한 사람은 다실에 있던 보물 중 하나를 상으로 받았다. 하지만 당시 정해진 다도 규칙을 보면, 승자는 받은 상을 도차에 늘 함께했던 노래하고 춤추는 소녀들에게 돌려주어야 했다. 당시의 도차 행사에서 의례적인 절차는 극히 일부였고 정신적인 가치도 전무했다. 하지만 일본에서 차가 대중화되기 시작하자 차의 역할도 달라지기 시작했다.

쇼군 아시카가 요시마사足利義政는 차와 예술에 전념하기 위해 로렌초 데메디치가 살았던 시대인 1473년 실질적으로 막부에서 물러났다. 기록에 따르면 "그는 1년 내내 밤낮을 유희 속에서 보냈다". 차를 마시는 친구의 영향을 받은 그는 일본식 다례 의식, 즉 순수한 마음으로 차를 준비하고 차를 사발에 제공하는 최초의 다실 도진사이同仁齋를 만들었다. 그의 친구이자 차 애호가는 바로 무라타 주코村田珠光로, 승려에게 어울리지 않게 행동하다 머물던 첫 번째 절에서 쫓겨났다. 그 후 선불교에 반발심을 품은 승려 잇큐 소준一休宗純의 추종자가 되었는데, 잇큐는 중국에서 수입된 사치품과 세속의 과시성 차 시합을 경멸했다. 주코는 핵심을 이해했다. "정말 훌륭한 말은 외양간

1485년에 준공된 지쇼 사慈照寺의 도구도東求堂는 지부쓰도持佛堂와 도진사이同仁齋 등 4개의 방으로 이루어져 있다. 사진은 도진사이.

에 묶여 있어도 그 자체로 훌륭한 법이다." 다도를 신성한 의식으로 끌어올린 최초의 인물이 바로 주코다. 아시아에서는 이 의식의 경지를 종교적 깨달음을 뜻하는 '도道'로 이해한다.

오래전부터 천황의 권세를 능가해온 이른바 무로마치室町 막부(1338~1568)의 쇼군들은 모두 아시카가足利 가문 출신이다. 무로마치 막부 시대의 정세는 악화 일로였다. 그럼에도 불구하고 아시카가 가문의 암울한 연대기는 개인의 방탕과 비극, 계속되는 봉건 영주들 간의 파괴적 전쟁 속에서 일본 회화가 황금기를 누렸음을 보여준다. 다도뿐 아니라 일본 최고의 문학작품들과 노能라고 불리는 가면극도 이 시대에 탄생했다.

아시카가 막부가 붕괴되고 등장한 주요 권력자는 도요토미 히데요시豊臣秀吉(1536~1598)였는데, 성격이 매우 포악한 농민 출신 무사였다. 그는 죽은 적의 귀를 잘라 통에 담은 뒤 수도인 교토京都에 돌려보내 매장하게 한 잔인한 사람이었다. 히데요시 시대에 이르러서야 일본은 역사상 최초로 제대로 된 단일 정부에 의해 통합되었다. 히데요시와 동시대인이면서 히데요시에게 가장 큰 영향을 미친 조언자 중 한 명이 다도의 대가 센노 리큐다. 센노 리큐가 살아간 시대의 일본은 국가를 통일하기 위한 내전이 한창이었을 뿐만 아니라, 역사상 처음으로 포르투갈과 네덜란드에서 온 서양인, 상인, 선교사 들과 교류했다. 센노 리큐는 선禪 명상에 전념했고, 스승인 주코 밑에서 다도를 연구하며 이 모든 혼란에서 벗어나 있었다. 다도에 있어 주코가 사도 바울이라면, 리큐는 루터라고 할 수 있다. 왜냐하면 리큐는 다른 종류의 차 예언자가 되었기 때문이다. 리큐는 와비侘(일본의 다도에서 '한적한 정취'를 뜻한다 — 옮긴이) 혹은 '검소하고 차분한 아취雅趣'를 규범으로 하는 새로운 다도 사상을 선언했다. 이 새로운 사상은 리큐의 찻잔에서 흘러나와 일본인의 일상생활 속에 스며들었다.

히데요시는 차를 사랑했고, 자기 방식대로 다도를 즐겼다. 그는 아마도 역사상 가장 성대한 다도회를 열었던 듯싶다. 손님 초대를 공식 칙령으로 정하기도 했는데, 이 칙령이 아직도 보관되어 있다. 일본 전역에서 차 명인 550명이 자신의 메이부쓰名物, 즉 가장 소중한 다구들을 가지고 교토 인근에 모였다. 열흘 동안 열린 다도회의 하나부터 열까지 리큐가 세심하게 기획했다. 이 기간에 히데요시는 모든 참가자와 차를 마시겠다는 약속을 지켰다. 참가자가 귀족이든 상인

| 하세가와 도하쿠長谷川等伯가 그리고 슌오쿠 소엔春屋宗園이 찬讚을 붙인 센노 리큐의 초상.

이든 농민이든 상관없었다. 이는 다도가 일본 사회의 하층계급까지 스며들기 시작했음을 보여준다.

리큐는 작은 이동용 다실을 싣고 전장까지 히데요시를 수행하기도 했는데, 이 다실은 전투 전에 정신을 가라앉혀주는 휴식처 역할을 했다. 리큐가 추구한 와비식 다도는 점점 더 단순해지면서 일반 서민들이 접근하기 쉽도록 변화한 반면, 히데요시는 계속되는 승리에 도취해 의기양양해져 자신의 모든 다기를 황금으로 만들도록 했다. 둘 사이의 불화는 아마 이때부터 예정되어 있었는지도 모른다.

어떤 역사가는 리큐가 "돈에 무관심한 사람이 아니었고", 다기 평가자로서의 탁월한 재능을 돈벌이에 남용했으며, 히데요시에게 아첨했기 때문에 몰락했다고 평가한다. 또 다른 역사가는 고결해 보이는 리큐가 심기를 건드려 결국 히데요시가 분노했다고 보았다. 어쨌든 리큐는 한 편의 이별시를 짓고 자신이 아끼던 찻잔을 부순 뒤 할복했다. 그가 세상을 떠난 방식은 무엇보다 그의 삶을 전적으로 보여준다. 리큐가 확립한 다도는 이후에도 그 방식 그대로 유지되었다. 그에게 다도는 깨달음으로 가는 길이자, 그 자체로 존재의 방식이었다. 리큐는 말했다. "어떤 다기를 사용하든, 가볍게 들었다가 무겁게 내려놓아라." 리큐의 공으로 다도는 미학적 수준까지 도달할 수 있었다. 다도의 핵심 사상은 와비, 즉 냉정하고 절제된 아름다움이며, 와비는 당연히 '일기일회一期一會'로 귀결된다. 이 사상은 후지와라노 데이카藤原定家의 시에 아름답게 드러나 있다. 그의 시를 저명한 중국학자 빅토르 마이어가 훌륭하게 번역했다.

끝이 보이지 않는 곳
벚꽃도 단풍도 없네
해안가 오두막만이 덩그러니 서 있을 뿐 아무것도 없네
가을 저녁 땅거미에

삶에 있어 차의 중요성에 관해 내가 읽은 가장 우아한 설명은 오카쿠라 가쿠조의 『차에 관한 책』에 나온다. 오카쿠라 가쿠조는 페리 제독이 일본을 개항한 지 10년이 지나 태어났고, 엄격한 사무라이 교육을 받으며 성장했다.

일본 다도에서 우리는 차가 추구하는 이상理想의 정점을 발견할 수 있다. 1281년 몽골의 침략을 성공적으로 물리친 일본은 중국에서 유목민의 침략으로 안타깝게 맥이 끊긴 송나라의 차 전통을 계승할 수 있었다. 우리 일본인에게 차는 뭔가를 고상한 방식으로 마신다는 것 이상의 의미다. 차는 삶의 방식에 있어 하나의 종교와도 같다. 차는 점차 중요성이 커져 순수성과 품위 그리고 성스러운 기능을 찬미하는 이유가 되었다. 다실은 삶이라는 우울한 사막에 자리한 오아시스 같은 곳이며, 삶에 지친 여행객들은 이곳에서 만나 하나의 샘물로 아름다움을 감상하고, 갈증을 푼다. 다도는 차와 꽃, 그림을 줄거리 삼아 짜인 한 편의 즉흥 드라마와 같다. 다실의 분위기를 흩트리는 색상, 사물의 리듬을 방해하는 소리, 조화를 깨뜨리는 동작, 주위에 있는 것들의 통일성을 무너뜨리는 한마디 말도 없이, 모든 움직임은 단순하고 자연스럽게 이루어진다. 이것이 다도가 지향하는 바다. 흥미롭게도, 이런 의식은 성공적으로 치러지곤 한다. 이 모든 것에는 미묘한 철학이 깔려 있다. 다도는 도교의 또 다른 모습이다.

일본식 다도에서는 항상 가루차를 저어 거품을 일으키는 송나라의 방식이 이용된다. 오카쿠라는 이런 말을 덧붙였다. "송나라 이후 중국에서 유행한 찻잎 우리는 방식은 비교적 최근의 것이며, 17세기 중반 이후에야 알려졌다." 하지만 오카쿠라는 일본이 마침내 찻잎을 우려서 마시는 센차煎茶 방식을 발전시킨 사실에 대해서는 언급하지 않았는데, 여기서 중요한 역할을 한 사람이 바로 교토에서 '차 파는 늙은 행상'으로 알려진 바이사오賣茶翁(1675~1763)다. 그는 끓는 물이 가득 담긴 찻주전자에 한 줌의 잎만을 넣어 차를 우렸다. 퍼트리샤 그레이엄이 쓴 『현인의 차: 센차의 기술』에 센차에 관한 설명이 담겨 있다. 책은 도쿄의 야마모토야마 가문이 어떻게 이 잎차를 유행시켰고, 1800년대 중반 옥로玉露와 현미차玄米茶를 발전시켰는지도 추적한다. 야마모토야마 가문이 1690년에 설립한 차 회사는 아마 세계에서 가장 오래된 차 회사일 것이며 지금까지도 운영된다.

국경의 차

그 아버지는 이렇게 경고했다. "나는 오랫동안 군대를 이끌었으나, 이제는 지쳤다. 나의 백성은 30년 동안 차를 마시고, 수놓은 비단옷을 입어 왔다. 그것은 송나라 덕분이다. 우리가 그 은덕을 저버려서는 안 된다." ─ 『만리장성을 따라 이루어진 평화, 전쟁, 그리고 교역』에서, 탕구트의 왕세자 이원호에게 아버지가 평화를 당부하는 말(1032)

중국 역사상 가장 영웅적인 면모를 지닌 황제로 알려진 당 태종太宗(599~649)은 100여 명의 도전자를 물리치고 중국을 통일해 당나라를 세웠다. 그는 몽골과 중앙아시아를 넘어 아프가니스탄과 카슈미르까지 통치 영역을 확장한 후, 자신의 딸 문성공주를 티베트의 왕과 혼인시켜 티베트까지 지배했다. 공주가 시집갈 때 티베트에 들여간 차는 혼인으로 맺어진 당과 티베트 간의 유대관계보다 더 강한 결속력을 지녔다. 이는 '세계의 지붕'에 살고 있는 티베트인들이 여전히 중국차를 필수품으로 여기는 것만 봐도 알 수 있다. 티베트를 비롯한 중앙아시아 대부분 지역은 사실상 식물이 거의 자라지 않아, 이 지역 주민들은 자신들이 기르는 양이나 소의 젖과 고기를 주식으로 삼는다. 이 같은 식습관에서 차는 소화에 큰 도움을 줄 뿐만 아니라, 거의 유일한 비타민 공급원이기도 하다.

중국 기록에 따르면, 북쪽의 튀르크 유목민은 티베트인보다 먼저 차를 마셨다고 전해진다. 차가 중국 외교 정책에서 중요한 역할을 하기 시작한 것은 당나라 때부터다. 육우가 사망하고 얼마 되지 않아, 중국 국경 인근에 거주하는 어느 부족이 『다경』의 복사본을 구하기 위해 말 1000필을 내놓았다. 유목민들이 가장 중요하게 여기는 동물이자, 중국인들이 가장 탐내는 거래 품목이 바로 말이다. 중국 서북쪽의 풍요로운 목초지에서 나고 자란 종마를 확보하는 것은 당나라 심장부를 수호하는 군대에게 아주 중요한 일이었다. 가장 높게 쳐주었던 종은 사마르칸트 인근의 페르가나에서 온 말로, 당나라의 조각가들은 도자기에 강렬한 황갈색이나 녹색 유약으로 이 한혈마汗血馬를 그리는 것을 즐겼다. 그렇게라도 우리에게 당나라의 풍요로움과 기백을 과시하려는 듯하다.

당나라의 벽돌차磚茶는 화폐 역할도 했는데, 이는 사실상 당나라 전역에서 통용된 첫 번째 화폐였다. 이 벽돌차에는 유통기한이 없었다. 역사가 피터 홉커크의 저서 『실크로드의 이방인 악마들』에는 1860년대 영국 탐험가들이 "현지인들 말로는 굉장히 오래된" 다량의 벽돌차를 발견한 대목이 나온다. 이는 당나라 시대 주둔군이 머물렀던 중앙아시아 어느 마을의 폐허 더미에서 발굴한 것이었다. 홉커크는 "이렇게 오래된 차인데도 주민들은 이 차를 몹시 갈망했다. 최근 중국에서의 차 공급이 중단되었기 때문에 더 그랬는지도 모른다"고 적었다. 1873년 이 지역을 탐험했던 아우렐 스타인 경 또한 다음과 같은 기록을 남겼다. "오래되어 곰팡이가 핀 검은색 벽돌차가 시장에서 판매되고 있었다." 이것은 야르칸드 인근에서 발굴되었다. 이는 당나라 점령기에 이곳으로 수입되었던 차가 여전히 팔리고 음용되었다는 사실을 보여준다. 당나라가 망한 907년으로부터 거의 1000년이 지난 시기까지도.

| 벽돌차는 중앙아시아 지역 주민들에게 유일한 비타민 공급원이었다. 이 차를 다룬 중화권의 한 단행본 표지.

다시 중국을 통일한 송나라는 당나라와 달리 중앙아시아를 점령하려 하지 않았다. 송나라에 몹시 필요했던 군마 무리는 당시 제국의 국경선 밖에 있었다. 송나라는 필요한 군마를 얻기 위해 "차로 국경을 통제하려" 했다. 기마술이 미숙하고 군마가 부족한 것이 고질적인 문제였다. 당나라의 영토는 강한 군마들이 길러지는 먼 지역까지 아울렀지만, 혼란기에 이 지역을 잃은 송나라는 중국 내륙 지역만을 통치할 수 있었다. 1055년 송은

군마를 얻기 위해, 국고로 거둬들인 은의 절반을 티베트에 지불했다. 외적의 침입에 맞서느라 재정적 어려움에 직면하게 되자, 송나라는 대규모 새 다원을 만들고 국경을 통과하는 차 무역을 매우 엄격하게 통제했다.

1074년, 차와 말을 담당하는 차마사茶馬司는 쓰촨에서 생산되는 모든 차의 독점 거래권을 황제로부터 허가받았다. 국경의 정해진 교역지에서 다른 민족과 차 또는 말을 교환하기 위해서였다. 처음에 보통 말은 차 23킬로그램, 아주 훌륭한 말은 차 55킬로그램에 거래되었다. 쓰촨 성은 이 지역의 멍딩 산과 그 주변에서 생산되는 최고급 차를 당나라 황제들에게 공물로 바쳤다. 그러나 송나라 시인들은 쓰촨에서 생산되는 차에 대해서는 전혀 언급하지 않았는데, 송대에는 수출용 저품질 차만 생산되었기 때문이다.

군마가 지켜주는 평화와 이 평화 속에서 꽃핀 높은 수준의 문화를 가능케 했던 게 차뿐만은 아니다. 비단과 면직물, 곡식 또한 교환되었다. 정부는 차 생산을 확대했고, 처음으로 정부가 운영하는 대규모 다원도 등장했다. 이 다원들은 주로 쓰촨에 조성됐다. 이곳에서 생산되는 차를 서로변차西路邊茶라 했는데, 이는 몽골을 넘어 비단길을 따라 저 멀리 중앙아시아, 종국에는 중동까지 운반되었기에 붙여진 이름이다. 티베트로 가는 차 대부분은 윈난에서 생산되었고, 이는 남로변차南路邊茶로 알려진다. 티베트인들이 마시는 차는 그다지 멋지게 만들어지지 않는다. 그때나 지금이나 차를 우릴 때는 마치 버터를 만들 듯이 우유를 휘젓는데, 고지대에서는 물 끓이기가 힘들어 그렇게 하지 않으면 차를 충분히 우려낼 수 없기 때문이다. 이렇게 우린 차에 주로 야크 버터와 보릿가루를 더해 마신다. 티베트 사람들은 이 수유차를 기름기가 많고 소금이 들어간 일종의 수프로 여긴다.

강력한 권세를 누린 '차마사'는 거의 500년 동안 중국 서부에서 운영되었고, 여기에 반하는 행동은 곧 죽음을 의미했다. 심지어 명나라 첫 번째 황제의 사위도 국경에서 차를 밀수한 죄로 자결을 명받았다. 극도로 부패해서 개혁조차 불가능했던 차마사는 1424년 마침내 완전히 폐지되었다. 차마사가 오래 존속하면서 남긴 것은 아마도 명나라 초기에 오랑캐들에게 팔기 위해 개발한 홍차일 것이다. 처음에는 잎차, 이후 홍차의 첫 번째 발생지도 아마 쓰촨 성일 것이다. 이곳에서 발명된 차 가공법이 중국 해안지역까지 전해져, 유럽에서 온 백인들이 차를 처음으로 맛보게 되는 데까지는 수 세기가 걸렸을 것이다.(홍차가 쓰촨 성에서 처음 만들어졌다는 것은 저자의 견해이며, 이에 대해서는 다양한 주장이 있다.—옮긴이)

공물 차

주나라 이래 역사적으로 중국 황제들은 특별히 가공된 차를 진상품이나 공물로 받아 음용했으나, 이런 관행이 제도적으로 정착된 것은 당나라에 이르러서였던 것으로 보인다. 공물 차에는 값을 매길 수 없었는데, 아예 판매되지 않았기 때문이다. 공물 차는 선물로만 통용되었고, 관료들이 군주에게 차를 하사받는 것은 신임을 얻고 있다는 중요한 표시였다. 또한 공물 차의 생산과 운송은 '천자'에 대한 충성의 표시로, 나라를 통합하는 역할도 했다.(공물 차는 왕조에 따라 다양한 지역에서 생산되었는데, 이것은 중국차 문화의 발전을 반영한다.) 왕조가 바뀜에 따라 공물 차의 기원도 달랐다. (청나라) 마지막 황제가 공물 차를 마지막으로 진상받은 것은 1910년 봄이었다. 하지만 오늘날 시장에서 볼 수 있는 다양하고 독보적인 중국차의 기원은 저마다 (이 오래된 공물 차의) 전통을 계승하고 있다.

2장 | 차, 동양과 서양을 잇다

"우리가 할 수 있는 말은 결국 그것이 다른 어딘가에서 온다는 것, 그리고 우리를 다른 어딘가로 데려간다는 것뿐이다."

— 토머스 브라운 경, 『의사의 종교』

유럽,
신비의 음료를 만나다

"차에 대한 사랑은 영국인과 아시아인 사이에 동료의식을 느끼게 해주는 고마운 원천이다. 페르시아에서는 누구나 차를 마시며, 오스만 제국에서는 누리기 쉽지 않은 사치지만 그들 중에도 천혜의 '차이chai'를 모르거나 사랑하지 않는 사람은 드물다. 시냇물을 가득 채운 캠프용 주전자에서 뭔지 모를 소리가 흥얼거리듯 흘러나왔고, 뒤이어 비스듬하게 일렁거리는 불꽃 아래에서 분주히 거품이 일었다. 쨍강거리며 컵 부딪히는 소리가 울렸고, 향기로운 김이 피어올랐다. 황무지의 작은 원형 공간은 이내 아내의 응접실처럼 따뜻하고 아늑해졌다." — 여행기 저술의 아버지 알렉산더 킹레이크, 1835년 시리아와 팔레스타인을 캐러번으로 여행한 내용을 기록한 『에오든』

마르코 폴로같이 예외적인 몇 명을 제외하고는, 포르투갈의 바스쿠 다 가마가 아프리카 희망봉을 돌아 1498년 인도에 도착하기 전까지 얼굴을 마주친 서양인과 동양인은 극소수에 불과하다. 유럽인들이 동양으로의 모험을 시작할 무렵, 중국은 오히려 해상무역을 등한시했다. 명나라 선덕제宣德帝는 1433년 칙령을 내려 중국 보선의 항해를 중단시켰다. 중국의 보선 함대는 1405년 이후 인도양은 물론 동아프리카 해안까지 호령했다. 어떤 이는 이 무렵 배를 타고 아프리카를 방문한 중국차 음용가들이 커피를 발견했다고 확신한다. 한번쯤 생각해볼 만한 주장이다. 같은 시기에 아프리카의 뿔 지역(아프리카 동북부, 소말리아 공화국과 그 인근 지역—옮긴이)에서 커피를 마시기 시작했기 때문이다. 아프리카의 원시적 커피 제조법은 커피나무 잎을 볶고 우리는 것으로 시작한다. 씨앗 껍질에도 똑같은 과정을 되풀이한다. 그 뒤에 비로소 커피 열매를 볶고, 분쇄하고, 우린다.

역사적으로 중국과 교역한 첫 유럽인은 로마 제국 사람들이다. 비록 페르시아인을 포함한 다른 중간 상인을 거쳐 간접적으로 이루어지긴 했지만 말이다. 어떤 학자들은 로마 제국이 쇠퇴하고 멸망하게 된 이유가 중국 비단을 구입하기 위해 로마의 금이 끊임없이 대상로隊商路를 통해 중국으로 흘러 들어갔기 때문이라고 주장하기도 한다.

무엇 때문이었건 바스쿠 다가마가 인도에 도착한 지 20여 년이 지난 후에야 처음으로 유럽 배가 중국 해안에 이른다. 이 포르투갈 국적의 배는 약 2만4000킬로미터 거리를 거의 2년간 항해했다. 돌아갈 때 선장은 해로에도 없는 암초와 모래톱, 미로 같은 섬들을 지나 인도양을 가로질러 희망봉을 돌아 대서양에 접어들면서 비로소 귀로를 잡을 수 있었다. 하지만 리스본까지는 여전히 한참이나 항해를 더 해야 했으며, 조그만 가로돛을 단 배는 날이 좋을 때에도 조종하기 힘들었고, 폭풍우 속에서는 완전히 속수무책이었다. 중간에 배를 수리하거나 신선한 보급품을 제공받을 곳에 들르지 못한 채 먼 곳까지 항해하는 것은 불가능했다. 따라서 교역을 위해 포르투갈인들이 풀어야 할 선결 과제는 중국에도 아프리카와 인도에서 구축했던 기지를 확보하는 일이었다. 이들은 중국 당국과 손짓 발짓으로 의사소통을 했지만 요구는 거절당했다. 중국 측은 그동안 가졌던 외국인에 대한 의심과 경멸로 이 "이방인 악마들"을 맞았다. 이때까지만 해도 동서양의 제대로 된 만남이 이루어진 것은 아니었지만 적어도 이들은 접촉했고, 포르투갈인은 이 만남을 어떻게든 유지해나갔다.

포르투갈인이 40여 년간이나 중국 해안을 드나들며 일종의 해적질 비슷한 교역을 이어가던 중 결국 명 황제가 은혜를 베풀어 합법적인 항구와 활동 기지를 허가했다. 기지는 주장珠江 강 하류 삼각주에 있는 섬에서 바다 쪽으로 나온 약 4.8킬로미터 구간의 바위로 이루어진 반도에 자리했다. 광저우의 본 항구로부터 강 하류로 몇 킬로미터 떨어진 곳이었다. 이곳이 바로 마카오로, 이때부터 1999년까지 포르투갈의 지배를 받았다.

명 황제는 이곳에서 이방인 악마들을 명나라 통제하에 두고 무역 관세를 거둬들일 참이었다. 마카오를 근거지로 거래가 이루어졌지만 차는 제외되었다. 주요 품목은 비단, 무늬가 있는 직물, 융단, 동양풍 그릇, 그리고 음식과 음료에 맛을 내는 향신료였다. 이것들은 유럽 상류층들이 사용해온 물품으로, 이전까지는 전부 베네치아 상인들을 통해 거래되었다. 그러다가 1557년 포르투갈이 마카오에서 무역을 독점하면서 베네치아의 전성기는 저물기 시작했다. 점차 더 많은 동양의 문물이 리스본으로 운송되었고, 이곳에서 다시 프랑스, 네덜란드, 발트해 연안 국가들로 전파되었다. 유럽 내에서 교역의 중심국은 네덜란드였다. 이런 식의 교역이 50년 정도 지속된 후, 마침내 네덜란드도 동양에서 직접 무역을 개시했다.

오랫동안 유럽인들은 탐험가, 무역상 들과 함께 극동지역으로 간 선교사들로부터 차에 관한 소문을 들어왔다. 최초로 차에 대해 구체적으로 언급한 사람은 이탈리아 예수교 소속 선교사로 중국에 간 마테오리치였다. 마테오리치는 뛰어난 언어학자이자 과학자, 기독교 선생으로서, 1583년부터 사망한 1610년까지 중국에서 살았다. 그가 본국으로 띄운 편지에는 차에 대한 내용이 담겨 있다. "이 음료는 늘 음용되며, 뜨겁고 특유의 부드러운 쓴맛 때문에 한 모금씩 마십니다. 맛은 나쁘지 않아요. 오히려 자주 마시면 여러 질병을 고치는 데 도움이 됩니다. 찻잎에는 좋은 성분이 하나만 있는 게 아니라 다양하게 들어 있습니다."

1610년 네덜란드가 최초로 차를 들여오면서부터 유럽에서 차가 널리 확산되었다. 우리가 이미 알듯이 '티tea'는 중국인들에겐 '차cha'였다. 하지만 모든 중국인에게 그런 것은 아니었다. 광저우와 마카오로의 접근을 거부당한 네덜란드는 지금의 인도네시아인 자와에서 처음 대중對中 무역을 개시했다. 당시 자와는 중국 상인들의 정크가 정기적으로 들르는 기항지였고, 이 배들은 타이완 맞은편에 위치한 중국 푸젠 성에서 온 배였다. 네덜란드인들은 분명히 푸젠 방언을 사용하는 사람들한테서 처음 차를 구입했을 것이다. 푸젠 사람들은 아주 옛날부터 차를 '테t'e'라고 불렀고, 이것이 '테이tay'로 발음되었다. 포르투갈인들은 오늘날까지 광둥어에서

| 1851년 한 영국 매체에 실린 중국 정크 내부 일러스트.

유래한 '차'라는 발음을 따르지만, 러시아를 제외한 모든 유럽 국가는 네덜란드로부터 차를 처음 구입했기에 '테이'로 부르도록 배운 것이다.

원후차

오래전 우이 산맥에서 자생하는 차나무는 찻잎을 따기가 거의 불가능했다. 접근하기 어려운 우이 산 절벽에서 찻잎을 따올 수 있었던 건 원숭이뿐이었다고 전해진다. 그래서

중국 남부의 차 상인들은 전통적으로 가장 좋은 차에 '원후차猿猴茶(원숭이가 딴 차)'라는 이름을 붙여 진귀함을 강조하곤 했다. 차를 거래하는 사업주에게 원후차는 명함이나 마찬가지로, 차에 관한 그의 철학을 대변한다. 따라서 전통 있는 차 상인이라면 원후차라는 이름을 가볍게 다루는 법이 없다! 그런데 사실 원숭이가 채엽하는 곳은 없으며, 그런 적도 없었다. 우이 산 원숭이 채엽 이야기는 영국인 애니어스 앤더슨이 1793년 중국을 방문했을 때 유인원의 도움으로 찻잎을 땄다는 신화를 전해 듣고는 영국에 소개한 이야기가 서구에 전해진 것이다.

차의 매력에 빠지다

"이 유명한 식물의 전파과정은 진실의 전파과정과 닮았다. 용기 있게 마셔본 사람들에게는 대단한 호평을 듣지만 처음에는 의심을 받았고, 잡식에 대한 우려로 저항을 받았으며, 인기가 높아질수록 악평에 시달리다 마침내 궁전에서 오두막에 이르기까지 나라 전체에서 격려를 받으며 승리를 거둔 것까지. 오로지 느리고 쉼 없는 노력과 본연의 미덕으로 말이다." — 아이작 디즈레일리, 『에든버러 리뷰』(1790)에서

네덜란드가 차를 최초로 유럽에 들여온 1610년은 영국의 엘리자베스 1세가 죽은 지 7년이 지난 해였고, 셰익스피어가 죽기 6년 전이며, 렘브란트가 겨우 네 살 되던 해였다. 네덜란드는 수십 년간 포르투갈의 중개무역을 도맡다 1602년에 동인도회사를 설립하여 인도네시아와 일본에 기지를 만들고 동양 세계와 직접 무역을 시작했다. 1637년경 동인도회사의 중역이었던 세븐틴 경은 인도네시아 주재 총독에게 편지를 썼다. "사람들이 차를 마시기 시작했으니, 출발하는 배에 일본 차와 함께 중국차도 몇

항아리씩 실어 보내주길 바랍니다." 이후 네덜란드는 차를 정기적으로 수입했고, 차는 몇 년 만에 헤이그 상류사회에서 유행하는 매우 비싼 음료가 되었다. 파운드당 100달러 혹은 더 비싸게 팔리기도 했다. 당시에는 약재상에게서 차를 구입했다. 약재상들의 판매 목록에는 차와 생강, 향신료 같은 다른 사치품들도 있었다. 1675년경 차는 식료품점에서 부자와 가난한 사람에게 똑같이 팔렸다. 그러다가 네덜란드 전역에서 대중적으로 음용되기에 이른다.

본테쿠라는 네덜란드 의사가 사람들에게 하루에 차를 8~10잔 정도 마시라고 권한 것이 이 무렵이다. 본테쿠는 하루에 50잔, 100잔 혹은 200잔을 마시지 못할 이유가 없다고 덧붙이기도 했다. 또 그 자신도 그만큼 자주 마셨다. 아마도 매우 작은 잔으로 마셨을 테지만 말이다. 하지만 그를 비난하는 사람들은 그가 동인도회사에서 돈을 받았을 거라고 짐작했다. 실제로 동인도회사는 차 판매를 촉진한 그에게 상당한 사례금을 지급했다. 사람들이 차 즐기는 법을 빠르게 터득하면서 차는 네덜란드 사람들의 일상 필수품이 되었다.

비교적 최근의 역사적 견지에서 보면, 차 음용이 유럽에서 어떤 공공의 저항, 광적인 반대론자들과 충돌하지 않은 것이 조금은 이상해 보이기도 한다. 사실 네덜란드에서 차가 확산되는 것을 불안하게 지켜보는 사람들도 늘어나긴 했다. 심지어 차가 정기적으로 수입되기도 전에, 반대론자 중 한 명은 라틴어로 쓴 논문에서 다음과 같이 경고했다. "차는 마시는 사람의 죽음을 앞당기고, 특히 40대 이상의 연령층이 마시면 더 위험하다." 그런가 하면 본테쿠가 차를 극찬하기 전에, 이른바 곰팡이가 피었다는 이유로 편견을 갖게 된 어느 네덜란드 의사도 차에 대해 "거칠게 빻은 밀가루, 개숫물, 맛없고 구역질 나는 음료"라고 비하했다. 차가 독일에 유입된 직후, 한 독일 의사는 중국인들의 "쭈글쭈글한" 모습이 차 때문이라고 격렬하게 비난하며 외쳤다. "차를 실어서 돌려보내라!"

1600년대 중반, 차는 유럽에서 격렬한 논쟁을 불러일으켰다. 프랑스가 이 논쟁으로 유명한데, 파리의 한 저명한 의사가 "금세기의 가장 부적절한 신제품"이라며 처음 차를 비난했다. 곧 이 사람의 동료가 비난에 가세했다. "네덜란드인들이 차를 중국에서 파리로 가져와 파운드당 30프랑에 팔고 있다. 물론 그들도 차를 구입하긴 하지만 네덜란드에서는 아주 저렴하다. 게다가 파리에서 팔리는 차는 오래되어 상한 것인데도, 사람들은 차를 귀한 약처럼 여기고 있다." 이런 분위기에서도 17세기 말에 차를 찬미하는 시가 프랑스에 등장했다. 마르키즈 드세비녜는 한 편지에서, 어떤 친구가 자신에게 밀크티를 대접한 일을 매우 인상적이고 주목할 만한 일이라고 적었다. 1699년에 사망한 라신은 만년에 아침 식사와 함께 차를 마시기 시작했다. 루브르 박물관에는 프랑스에서 차 마시는 모습을 묘사한 매우 유명한 그림이 있다. 바로 「어린 모차르트의 하프시코드와 함께 하는 파리에서의 잉글리시 티」다. 이 그림은 프랑스 귀족들이 어떻게 '영국 스타일'의 티 파티를 열었는지 정확하게 묘사하고 있다. 동시에 프랑스

| 올리비에 미셸바르텔레미, 「어린 모차르트의 하프시코드와 함께하는 파리에서의 잉글리시 티」.

인들이 차 마시는 데 있어서만큼은 자신들의 스타일을 포기했음을 확인시켜주기도 한다. '세기의 신제품'이 일단 사라지자 거의 모든 프랑스인은 다시 자신들의 삶과 전통적으로 연결되어 있던 음료, 즉 가장 싸고 성스러운 와인과 강하게 볶은 커피를 찾았다. 독일인들도 첫 번째 광풍이 지나간 뒤 새로운 음료를 무시하게 되었고, 매우 오래전부터 진정 사랑해온 맥주를 더 선호하게 되었다.

이렇게 국가적 선호가 갈린 데는 당시 발발했던 전쟁이 적잖은 영향을 미쳤다. 프랑스는 1672년부터 1679년, 그리고 1689년부터 1697년까지 네덜란드, 영국과 전쟁을 치렀다. 그 기간 프랑스와 네덜란드의 교역은 단절되었는데, 바로 이 시기에 네덜란드는 유럽에 차를 공급하는 주요한 나라였다. 한편 영국과 네덜란드에서는 커피 수입이 중단되었는데, 당시 커피는 프랑스가 지배한 지중해 지역을 통해 들어왔기 때문이다.

1700년대 유럽의 차 상인들은 네덜란드 말고도 떠오르는 시장 두 곳을 눈여겨보기 시작했는데, 바로 영국과 러시아였다.

러시아에서 꽃 핀 차 문화

"우리는 서구인도 동양인도 아니다. 우리는 인류를 구성하는 데 필수 불가결하지는 않지만, 세상에 위대한 교훈을 주기 위해 존재하는 여러 민족 중 하나다." — 표트르 차다예프, 19세기 초 러시아 철학자

세븐틴 경의 첫 번째 차 주문이 동양의 현지 사무소에 도착할 무렵, 북인도(오늘날 파키스탄, 아프가니스탄과 그 인근 지역)의 무굴제국 황제는 북쪽의 친한 전제 군주이자 러시아 로마노프 왕조의 시조인 차르 미하일 로마노프가 보낸 대사를 환대하고 있었다. 대사는 차에 대한 설명을 듣고는 차르에게 바칠 선물로 가져가라는 제안을 거절했다. 차르가 차를 마시지 않는다는 이유에서였다. 러시아 사람들이 차와 친숙해질 수많은 기회 가운데 하나를 놓친 것이다. 하지만 러시아는 1689년 이후 조금씩 차를

접하기 시작했는데, 러시아와 중국이 국경 문제에 합의하고 수교 정상화 조약에 서명한 해였다. 그리하여 1699년 공식적인 최초의 러시아 대상隊商이 베이징에 도착했고, 상단은 그 후 수십 년간 3년에 한 번씩 베이징을 찾았다. 모스크바에서 베이징까지는 왕복 3년이 걸렸기 때문이다. 1727년에 맺은 다른 조약은 무스크 카야흐타에 교역 시장을 열기 위한 것이었다. 이 시장은 베이징에서 고비 사막을 지나 약 1600킬로미터, 상트페테르부르크에서 6430킬로미터나 떨어져 있었다. 러시아 대상들은 중국 상인과의 거래를 위해 모피를 가득 싣고 오곤 했다. 초라한 벽지였던 이곳은 수 세기 동안 러시아로 유입되는 재화, 곧 '부'를 상징하게 되었다. 당초 러시아 상인들은 이상하게도 중국의 비단보다 고급 면직물을 더 많이 구입했다. 그러다 시간이 지나면서 차를 가장 많이 구입하게 되었다.

일반적인 규모의 대상은 낙타 200~300마리를 거느렸고, 이들이 모스크바에서 무스크로 왔다가 돌아가는 데는 거의 1년이 걸렸다. 많은 자료를 연구한 기관들은, 낙타 한 마리가 약 270킬로그램을 실어 나른다고 가정했을 때, 1700년경 러시아는 매년 낙타 약 600마리 분량(160톤)에 달하는 차를 들여왔다고 추산한다. 차는 1735년경에도 여전히 고가였고, 따라서 처음에는 귀족들만이 차를 구입할 수 있었다. 하지만 같은 해에 옐리자베타 여제가 개인적 용도의 교역(이윤을 위한 교역이었는지, 차를 좋아했던 탓인지는 기록에 남아 있지 않다)을 개시하면서 차 수입량은 점점 더 늘었다. 1750년경에는 벽돌차 약 113톤과 이에 상응하는 양의 잎차가 무스크 카야흐타를 통해 거래되었다.

예카테리나 여제가 사망한 1796년경 러시아는 연간 약 1600톤 이상의 많은 차를 소비하고 있었다. 더 빨리 달리는 낙타가 있었던 것도 아닌데 이렇게 많은 양을 소비한 것이 매우 인상적이다. 일찍이 옐리자베타 여제 시절에는 사모바르samovar라는 차 문화를 대변하는 새로운 제품이 나왔다. 사모바르는 '스스로 데워주는 용기'라는 뜻인데, 아마 몽골인들이 사용하는 화덕의 변형품일 것이다. 우랄 지역 유목민들이 요리할 때 사용하는 화덕이 사모바르와 같은 원리로 작동하기 때문이다. 어쨌든 1778년에 모스크바 인근 툴라 지역에서 한 총기 제작자가 첫 번째 사모바르 공장을 세웠고, 사모바르는 곧 러시아 전역에서 일상생활에 필요한 인기 품목이 되었다. 전통적, 경제적 이유로 러시아인들은 하루에 한 번 많은 양을 먹는 데 익숙했다. 그리고 상류층이든 하류층이든 차를 데워주는 사모바르를 끼고 여가 시간을 보냈는데, 사람들은 각설탕을 문 채 유리잔에 담긴 차를 홀짝홀짝 마셨다.

러시아는 1770년대까지 대부분 시베리아 시장에서 거래하기 위해 벽돌차를 구입했다. 하지만 1775년부터 1800년대까지 무스크 카야흐타로 유입된 잎차는 연간 700톤이 넘었고, 이는 실제 1년간 구입한 벽돌차보다도 많은 양이었다. 러시아의 전설적인 카라반 티caravan tea는 상류층을 위한 고급 잎차로서, 1700년대 후반 몇십 년 동안 생산되었다. 고급차 무역은 19세기 전반에 이르러 거의 10배나 성장했다. 1817년 당시 무역 규

| 러시안 카라반 티.

모는 낙타 2500마리를 동원하는 정도였는데, 겨우 10년 만에 1만 마리가 필요할 정도로 커졌다.(낙타보단 덜 인상적이지만 수레도 이용되었다.) 러시아의 카라반 티가 영국의 비슷한 차보다 몇 배나 더 비쌌다는 사실도 그리 놀랍지 않다. 만약 카라반 티가 싸구려였다면 발자크 같은 낭만적인 작가가 그렇게 격찬했을까?

동인도회사, 탐욕과 패권 경쟁의 시작

"거래 내역 원장과 의사록이 모두 남아 있어 지금도 읽을 수 있다. 또 현대의 큰 도시들, 콜카타, 뭄바이, 심지어 홍콩까지 찾아가볼 수도 있다. '회사'의 흔적들이 유럽과 아시아에 두루 흩어져 있기 때문이다. 그러나 이 '회사'가 정확히 어떠했는지는 여전히 미상이며, 내막을 보면 유럽 방식으로 동양에서 사업을 하려던 시도는 유럽식을 버리고 동양의 방식만 고스란히 남기는 것으로 끝이 났다." — R. H. 모트램, 『상인의 꿈』

새뮤얼 피프스가 런던에서 "한 잔의 차를 주문했다"라고 일기의 첫 행을 쓴 날로부터 60년 전, 엘리자베스 여왕은 재위 기간을 통틀어 가장 중대한 결정을 내렸다. 용감한 영국 해군은 스페인 무적함대를 무찔렀지만, 국제 무역에서 스페인은 여전히 서구 최강이었다. 동양에서 포르투갈이 네덜란드와 경쟁하는 상황과 같았다. 동양 비단으로 만들어진 옷 3000벌이 담긴 옷장을 보유했던 엘리자베스 여왕은 이런 상품을 극동지역과 직접 거래하면 이윤이 얼마나 엄청나게 많이 남을지 예상할 수 있는 위치에 있었다. 영국과 네덜란드는 이해관계가 걸린 중대한 계획을 구체화하기 시작했다.

중국 바다를 출발한 토머스 캐번디시 선장은 플리머스 항구로 돌아오면서, 비운의 중국 범선에서 약탈한 비단 등 돈이 될 만한 것들을 가지고 귀항했다. 1592년 영국인들은 아시아에서 본국으로 돌아가는 포르투갈 배를 아조레스 제도 인근에서 나포했다. 다트머스 항구로 끌려온 배는 길이 50미터, 선폭 18미터에 약 1600톤의 화물을 실을 수 있는 규모로, 엘리자베스 여왕 시대의 영국이 지금까지 본 배 가운데 가장 컸다. 배 갑판 아래서는 보석과 옷감, 상아, 향신료 등 엄청난 양의 화물이 나왔는데, 이를 돈으로 환산하면 당시 영국 국고 총액의 절반에 달하는 수준이었다. 이 엄청난 약탈물은 당시 세간의 화제였을 뿐 아니라, 영국 상인들이 놓치고 있을지도 모르는 돈 되는 거래에 대한 최초의 암시를 주었다. 상인들은 이 같은 이윤을 두고 경쟁할 기회를 얻으려 혈안이 되어 있었고, 마침내 1600년의 마지막 날 엘리자베스 여왕은 "국가의 영광과 국민의 부강 (…) 항해의 증대와 합법적인 무역 발전"이라는 명분 아래 동인도회사에 허가를 내주었다.

동인도회사의 다른 이름인 존 컴퍼니는 대서양 연안을 제외한 모든 지역에서의 무역 독점권을 보장받았다. 이는 아프리카 최남단 희망봉 동쪽에서 남미의 끝 케이프 혼의 서쪽까지를 포함하는 영역이었다.(사실상 서유럽, 서아프리카, 남아메리카를 제외한 전 세계였다.) 부유한 상인들로 구성된 존 컴퍼니는 대영 제국을 건설하는 데 중추적인 역할을 했다. 세월이 흐르면서 존 컴퍼니의 막대한 영향력은 더 넓은 지역으로 확대되었다. 회사는 영토를 획득하고, 화폐를 주조하고, 군대와 요새를 유지하고, 외국과 동맹을 맺어 전쟁을 벌이고, 평화조약을 체결하고, 범법자를 재판하여 벌을 줄 수 있는 광범위한 권한을 부여받았다. 존 컴퍼니는 이 같은 세력을 기반으로 세계가 이제 막 알기 시작한 어떤 상품의 가장 크고 강력한 독점 세력이 된다. 바로 차다.

무역 허가를 얻은 지 6주 만에 배 5척과 선원 400명으로 이루어진 동인도회사의 첫 번째 선대가 제임스 랭커스터의 지휘 아래 출발했다. 16개월 후 랭커스터는 인도네시아 수마트라 해안에 닻을 내렸다. 포르투갈이 자기 영역이라고 주장하는 동쪽 바다로는 더 나아가지 않았다. 동인도회사는 살찌고 나이 든 인도네시아 왕과의 무역으로 어느 정도의 화물을 확보했다. 일부 선원들은 그곳에 머물러 사무실과 창고, 숙박 시설을 갖춘 요새화된 무역 기지로

| 제임스 랭커스터 초상.

상관商館을 개시하라는 지시를 받았다. 귀국길에 랭커스터는 포르투갈 배에서 더 많은 양의 아시아산 상품을 탈취했다. 런던에 돌아오자 주민 세 명 중 한 명이 전염병으로 죽고, 제임스 1세가 왕이 되어 있었다. 동인도회사는 이 항해에서 많은 이익을 거뒀다.

1600년경 약 200척의 배가 유럽에서 동아시아로 떠났고 거의 절반 정도가 돌아왔다. 포르투갈은 아프리카의 앙골라에서 인도의 고아, 그리고 그 너머에서 기지와 상관을 확보했고, 네덜란드는 희망봉과 스리랑카, 자와, 타이완에 정박지를 세웠다. 유럽인들이 지구 반대편까지 진출해가던 그 무렵, 아시아는 세계에 등을 돌리고 있었다. 명 황제들은 수도를 난징南京에서 북쪽으로 멀리 떨어진 베이징北京으로 옮기고, 중국은 자급자족으로 부족한 것이 없다는 신화를 조장했다. 1433년 명 황제는 중국의 원정 함대를 해체하고 제국의 교역을 단절했다. 1521년에는 민간 무역조차 불법으로 공표되었다. 이 같은 사고방식과 제도는 만주족이 1644년 청나라를 세울 때까지 거의 바뀌지 않았다. 이보다 3년 앞선 1641년, 일본은 기독교를 들여와 성가시게 구는 외국인들에게 분노해 프로테스탄트인 네덜란드, 가톨릭인 포르투갈과의 모든 관계를 단절했다. 예외적으로 소수 네덜란드인만 나가사키長崎市 맞은편의 히라도平戶라는 작은 섬에 머물 수 있었다. 히라도에 머물던 존 컴퍼니의 상관 책임자로 추정되는 사람이 기록에 남은 첫 번째 영국인 차 음용자가 되었는데, 셰익스피어가 죽기 한 해 전인 1615년, 그는 마카오에 있는 동료에게 "가장 좋은 차 조금"을 부탁하는 편지를 보냈다.(일본에 거주하던 사람이 수많은 일본 차 음용자에게 단지 차 '조금'을 부탁할 수 없었다는 사실은 쉬이 납득되지 않는다!)

다른 모든 분야에서처럼 영국은 악덕함에서도 유럽 경쟁자들과 다툴 준비가 완벽히 되어 있었다. 이때부터 차에 관한 역사책의 세부 항목은 잔혹한 싸움과 유혈 사태, 거대하고 엄청난 음모, 전 세계로 뻗친 탐욕, 권모술수에 관한 이야기들로 채워졌으며, 이 모든 것은 어떤 해로움도 없이 즐겁기만 한 차를 마신다는 행위를 동력삼아 이루어졌다.

영국,
차 무역의 중심이 되다

"차, 기운을 내게 하면서도 진정시켜주는 이것은 과묵한 사람들을 위한 천연의 음료인데다 준비하기도 쉬워서, 세상 최악의 요리사들에게는 하늘이 내린 선물과도 같다." — C. R. 페이, 『영국 경제사』

1658년 9월, 드디어 차가 영국 무대에 입성했다. 올리버 크롬웰이 죽어 지옥에 갔을 바로 그 달이다. 이 두 사건 사이에는 흥미로운 연결 고리가 있다. 크롬웰이 권력을 잡고 찰스 1세의 목을 베었을 때 네덜란드는 최고의 강대국이었다. 당시 영국 상인이 프랑스 보르도에서 와인을 수입하거나 발트 해 국가에서 배의 돛대를 들여오려 했다면 네덜란드 배를 이용하는 것이 가장 경제적이었을 것이다. 크롬웰의 항해 조례는 영국 배나 생산국의 배를 통해서만 물자를 수입할 수 있고, 네덜란드 배로는 안 된다는 내용이었다. 암스테르담 항구는 곧장 할 일 없는 배들이 정박해 있는 돛의 숲으로 변했다. 재정 파탄 위기에 처하자 네덜란드는 영국과 전쟁을 벌였지만 패배했다. 이 전쟁 때문에 영국 또한 유럽의 다른 국가들과 같은 시기에 차를 접할 수 있는 기회를 놓쳤다.

그리하여 영국은 차가 프랑스에 전해진 지 10년이나 지난 1658년에야 비로소 담배 상인이자 커피하우스를 운영하던 토머스 가웨이에 의해 처음으로 차를 만나게 된다. 그러나 차를 들여온 건 영국 배일지언정, 차 자체는 네덜란드에서 왔음이 분명하다. 존 컴퍼니가 처음으로 동양에서 63킬로그램 분량의 차를 수입해온 것보다 10년이나 더 앞섰기 때문이다. 가웨이가 처음 런던에서 차를 판 지 20년이 지난 1678년에는 심지어 회사가 수입한 2.2톤의 차가 공급 과잉이었다.

그러는 사이, 죽은 찰스 1세의 아들인 찰스 2세가 영국 왕으로 복귀했다. 찰스 2세는 헤이그의 망명지에서 성장했고, 귀국할 때는 차 마시는 습관이 몸에 배어 있었다. 그는 곧 포르투갈 공주인 캐서린 드브라간자를 아내로 맞이하는데, 공주는 결혼하기 전부터 이미 차를 마시고 있었다. 이러한 상황은 초창기 동인도회사의 기록에 다음과 같은 대목이 나오는 이유를 설명해준다.

"왕이 회사로부터 완전히 무시당한다고 여기지 않도록, 왕에게 선물할 차 1킬로그램 정도를 커피하우스 주인에게서 구입했다." (당시 차는 상상할 수 없을 정도로 비쌌다.) 2년 후 왕과 왕비는 이런 식으로 회사에서 9킬로그램 이상의 차를 받았다. 매일 아침 빵과 고기를 먹고, 맥주 3.8리터를 마신 엘리자베스 1세와는 대조적으로 캐서린은 영국 역사상 처음 차를 마신 왕비로 알려졌다.

캐서린 드브라간자.

빅토리아 시대의 한 전기 작가는 캐서린의 역할을 높이 평가하며, 이전까지 영국의 신사 숙녀 들이 "아침, 점심, 저녁 할 것 없이 습관적으로 머리를 데우고 마비시켰다(술을 마시고 취했다는 의미—옮긴이)"는 사실을 경멸했다. 당시로서는 왕실 부부가 하나의 유행을 만들어낸 것이다.

차가 조금만 더 일찍 영국에 소개되었더라면 커피하우스(첫 번째 커피하우스는 1650년에 등장했다)는 티하우스로 알려졌을지도 모른다. 왕정복고기에는 대부분의 커피하우스가 차를 훌륭한 건강 음료로 판매했다. 당시 사람들은 이미 우려져 있는 차를 약처럼 맛보았다.

만일 왕실에서 차를 유행시키지 않았다면, 혹은 찰스 2세와 캐서린 왕비가 차를 준비하는 올바른 방법을 몰랐다면 차가 그렇게 널리 확산될 수 있었을지 의문이다. 왕과 왕비를 가까이서 보필했던 신하 알링턴과 오

소리 경이 이런 새로운 유행에 중대한 기여를 하기도 했다. 그들은 헤이그를 방문하고 귀국할 때 많은 차를 사 가지고 왔다. 이들의 아내는 남편에게서 전해 들은 우아한 대륙의 최신 관습을 모방하여 다량의 차를 사람들에게 꾸준히 대접했다. 많은 영국인이 이들의 파티에서 차를 처음 접했다. 런던의 약국들은 서둘러 차를 매대에 올렸다. 상류층 여성들도 이런 유행에 갑작스럽게 관심을 가졌다. 드디어 차가 자리를 '잡은' 것이다.

새뮤얼 피프스도 차를 마신 지 7년이 지나 자신의 아내와 비슷한 경험을 즐기게 되었다. 1667년의 일기에는 이렇게 쓰여 있다. "집에서 아내가 차를 준비하는 걸 보았다. 펠링이라는 사람이 아내에게 감기와 체액 유출defluxion로 인한 병에 좋다고 말한 음료다." 펠링과 그 동료들이 차를 순수한 즐거움에서 약으로 평가 절하한 것은 유감스러운 일임에 틀림없다. 그렇지만 앨리스 레플리어가 이제는 거의 구할 수 없는 그녀의 책 『차를 생각한다!』에 쓴 것처럼, "차는 구원이 필요한 나라에 구원자로 왔다. 고기와 에일의 나라, 폭식과 폭음의 나라, 잿빛 하늘과 사나운 바람의 나라, 대담하고 목표의식 강하며 신중한 남자와 여자의 나라에. 그리고 무엇보다 아늑한 집과 따스한 난롯가가 있는 나라, 물이 끓는 주전자와 차의 향기로움을 위해 기다리고 기다릴 수 있는 난롯가가 마련된 바로 이 나라에 말이다."

피프스 부인이 이런 체험을 하고 2년 후 존 컴퍼니의 첫 번째 수입 차 2.2톤이 아시아로부터 도착했다. 우연치고는 좀 공교롭지만 그 무렵 영국은 네덜란드에서 차를 수입하는 것을 법으로 금지했다. 존 컴퍼니는 기독교청년회의YMCA는 아니었기에, 1700년이 훨씬 지나서까지도 차 가격을 의도적으로 높게 유지했다. 1700년 무렵 연 평균 차 수입량은 14톤 정도였고, 가끔 두 배로 늘어나기도 했다. 인도에 있는 주요 상관 세 곳을 거쳐 수입된 값싼 면직물이 회사의 효자 상품이었지만(연간 수익률이 20퍼센트에서 높게는 50퍼센트에 이르기도 했다) 차 사업 또한 전망이 밝아지고 있었다. 차 수요가 점점 더 늘어나자 회사는 마침내 중국에 상관을 설립할 수 있게 되었다. 상관은 포르투갈이 지배하는 마카오가 아닌 강 상류에 있는 광저우 항 바로 외곽에 위치했다. 광저우에 설립한 새로운 상관과 그곳에서의 무역권을 기반으로 존 컴퍼니는 1689년에 차를 직수입하기 시작했다. 마침내 대 중국 무역의 황금기가 열린 것이다.

네덜란드 동인도회사의 몰락

"경들은 아시아에서의 무역이 네덜란드 함대의 보호를 받으며 그 호의 아래 유지되어야 함을 알고 있습니다. 전쟁 없이 무역을 수행할 수는 없으며, 전쟁 또한 무역 없이는 일어나지 않습니다." — 라우런스 레아얼 네덜란드령 인도 제도 총독, 네덜란드 동인도회사의 세븐턴 경에게 보낸 문서

강직한 나라인 네덜란드는 차의 역사에서 수많은 인근 유럽국의 역사를 서술하는 역사가들에게 간과되는 경향이 있다. 하지만 네덜란드는 항해술과 상업이 발달했을 뿐만 아니라, 문명 역시 탐험의 시대인 수백 년 동안 이웃 유럽국 어느 나라에도 뒤지지 않았다.

네덜란드는 경쟁국보다 앞서 세계 최초로 동인도회사를 설립했다. 영국뿐 아니라 프랑스, 덴마크, 스웨덴, 스페인, 스코틀랜드, 그리고 짧게 존재했지만 오스트리아 등이 세운 동인도회사보다 더 앞섰다. 이 모든 국가

에서 설립한 동인도회사 중 네덜란드의 동인도회사가 1600년대를 통틀어 가장 번창했다. 전성기인 1675년경에는 2만 명의 선원과 1만 명의 병사를 거느린 150척의 무역선과 40척의 전함으로 이루어진 함대를 이끌며 5만여 명의 민간인을 고용하기도 했다. 희망봉, 실론, 자와 등 8곳의 식민지 정부를 마음대로 휘둘렀다. 또한 추가로 경유지와 무역 중심지 대여섯 곳을 개발했다. 이런 규모를 유지하느라 비용이 꽤 들었는데도 네덜란드 동인도회사는 주주들에게 늘 40퍼센트에 달하는 연간 이익 배당금을 지급했다.

1610년 유럽에 차를 최초로 들여온 네덜란드 동인도회사는 이내 중국차를 매우 성공적으로 수입 판매했다. 그 증거가 '오렌지 페코Orange Pekoe'라는 용어에 남아 있다. '오렌지'는 당시 네덜란드를 지배한 왕가의 이름에서 유래한 것이고, '페코'는 중국어 '백호白毫' 혹은 '하얀 싹'을 잘못 발음한 것이다. 페코는 하얀 솜털에 덮여 아직 피지 않은 싹을 말하는데, 잎이 아직 어려서 차가 지극히 섬세한 맛을 낸다는 의미였다. 네덜란드로 유입된 이 같은 고품질의 첫 번째 차는 왕가에 선물로 바쳐졌을 것이다. 여기에 마케팅적 수완이 덧붙여져, 이 차는 네덜란드 대중들에게 왕실의 보증을 암시하는 '오렌지 페코'라는 이름으로 홍보되었다.

그로부터 한 세대가 지나기 전에(1637년 무렵) 중국차와 일본 차가 인기를 끌면서 충분한 수요가 있었기 때문에, 네덜란드 동인도회사는 본국으로 귀항하는 모든 배에 두 나라 차를 정기적으로 수입할 것을 지시했

| 오렌지 페코의 찻잎.

다. 또다시 한 세대가 지나갈 무렵 네덜란드는 차를 널리 소개하는 데 성공한다. 네덜란드의 주요 차 고객은 북해 연안에 있는 이웃 국가들과 프리슬란트(네덜란드 북단의 북해 연안—옮긴이)였다. 오늘날 유럽 차 무역 중심지로서 독일 함부르크의 명성은 이 같은 초기 네덜란드 차 무역상들이 남긴 또 다른 기념비적인 흔적이다.

비록 프리슬란트보다 전통은 짧을지라도 영국 역시 네덜란드 덕분에 차를 마시기 시작했다. 장차 왕이 될 찰스 2세가 헤이그 망명생활에서 차 맛을 알게 되었기 때문이다. 미국에 처음 들어온 차도 영국과 마찬가지로 네덜란드인에게서 구입한 것이었다. 그러나 네덜란드인들이 차에 대한 수요를 과소평가했다는 것은 틀림없는 사실이고(네덜란드의 커피 애호가들은 차를 '건초 물hay water'이라고 불렀다), 결국 네덜란드 동인도회사는 파산했다.

네덜란드인에게는 오랫동안 중국이 자와 섬으로 수출한 차를 구입하는 것으로도 충분했다. 그러다가 1729년에야 비로소 광저우에 직접 차를 사러 갔다. 하지만 중국 시장에는 이미 경쟁자 영국이 자리 잡고 있어서 너무 늦어버렸다. 1759년 영국이 인도에서 네덜란드와 프랑스를 몰아낸 후, 이 두 나라의 동인도회사는 부채의 늪에 빠져 허우적대다가 종국엔 파산을 선언한다. 그리고 1798년 네덜란드 정부는 동인도회사를 해체하면서, 동인도회사가 보유한 재산뿐 아니라 5000만 달러가 넘는 부채도 떠안는다. 하지만 어쩐 일인지 덴마크 동인도회사는 1845년까지 버텼다.

존 컴퍼니는 중국차 무역에서 오랫동안 배타적인 독점권을 유지했지만, 1833년 영국 의회가 엄격한 경쟁 기반 위에 동인도와 중국을 모든 영국인에게 개방한다고 공표하면서 독점권을 상실한다. 물론 중국과는 어떤 협의도 없이 말이다.

커피하우스와 티 가든의 유행

"차로 말하면, 성마른 정서를 타고나 천성이 거칠거나, 술 때문에 그렇게 된 사람들, 그리하여 대단히 세련된 각성제의 영향이 미치지 않는 사람들에겐 조롱거리일지 몰라도, 지성인들에게는 늘 즐겨 찾는 음료다." — 토머스 드퀸시, 『어느 영국인 아편 중독자의 고백』

한 노작가의 글에는 18세기 영국의 모습이 잘 드러나 있다. "도덕에 대해서는 느슨하면서도 교양에 대해서는 엄격한 (…) 그것은 영국을 전례 없이 즐겁고 재미있는 사회로 만들었다." 여기서 그것이란 차에 빠진 영국 사회다. 1702년 존 컴퍼니의 책임자들은 처음으로 자사 선박의 화물칸을 차로 가득 채우라고 주문했다. 상자에 빽빽이 채워진 차의 3분의 2 정도는 싱글로, 6분의 1 정도는 임피리얼, 6분의 1 정도가 보헤아였다.(싱글로와 임피리얼은 당시의 녹차 브랜드 이름이며, 보헤아는 홍차를 의미한

다.— 옮긴이)

차 수요는 계속 늘어 1705년에 존 컴퍼니 소속 선박 켄트 호는 광저우에서 5000파운드도 안 되는 돈을 지불하고 28톤의 차를 싣고 돌아왔다. 그러고는 런던 경매에서 5만 파운드 이상을 받아 10배의 이익을 남겼다. 1725년 무렵 영국은 매년 이 물량의 네 배나 되는 차를 소비했다. 시장이 성장하면서 회사의 이익도 증가했고, '찻잎'과 함께 회사도 '제국'으로 성장했다.

1711년까지도 차는 여전히 '테이'라고 불렸다. 이해에 알렉산더 포프는 『머리카락을 훔친 자』라는 시집을 발표했는데, 여기에 햄프턴 궁전에서 회의를 주재하는 앤 여왕의 사생활에 대한 언급이 나온다.

여기, 세 왕국이 복종하는 위대한 앤 여왕께서
때로 국정 자문을 받고 때론 차를 마시네

그러나 사실 앤 여왕은 차를 '가끔씩'이 아니라 규칙적으로 마셨다. 게다가 여왕은 그때까지 유행했던 작은 중국 찻주전자를 은으로 된 종 모양의 찻주전자로 교체했을 정도로 많은 양을 마셨다. 은으로 제작된 초기 형태의 티 세트는 앤 여왕 통치 기간에 사용되기 시작했다. 18세기 흥미로운 사교 장소인 영국 커피하우스도 이때부터 절정을 맞았다.

커피하우스는 여성의 출입이 금지되었기에, 남자들이 아내를 떠나 마음 놓고 머무를 수 있는 장소였다. 실내 응접실에 머무는 숙녀들의 불평이 이어지긴 했지만 사실 귀부인은 이런 곳에 발을 들여놓고 싶어하지도 않았다. 커다란 난로에서 나오는 연기와 사기 파이프에서 나오는 담배 연기는 커피를 볶고 추출하는 향과 뒤섞였다. 그리고 그곳의 멋쟁이들이 뿌린 향수 냄새와, 그 시대 남자들이 머리를 매만질 때 사용한 포마드 향까지 더해져 해괴한 냄새가 되었다. 당시는 지금처럼 목욕이 일상화되지 않았고, 남자들 대부분은 말을 타거나 마차를 몰았기 때문에 그로 인한 체취에 헛간과 마구간 냄새까지 섞여 현대인의 코에는 악취라고 여겨질 수밖에 없는 냄새를 만들어냈다.

| '터크스 헤드' 커피하우스.

황혼이 저물고 저녁 시간이 끝나갈 무렵, 기름 램프의 불빛과 촛불이 주변 공기에 흔들리며 사위어가고, 더는 신문을 읽을 수 없을 때까지 커피하우스는 열려 있었다. 커피하우스는 친목 외에도 오늘날까지 전해지는 많은 관습과 제도를 낳았다.

오늘날 우리에게 익숙한 투표함은 '터크스 헤드'라는 커피하우스에서 처음 등장했다. 이 투표함은 '우리의 목제 신탁神託'으로 알려졌고, 토론을 투표로 해결할 수밖에 없을 때 사용되었다. 호경기일 때는 단골손님들이 웨이터와 보조 여급 들을 위해 팁이라고 표시된 박스에 돈을 넣었는데 '신속한 서비스를 보장받기' 위해서였다. 돈이 되는 여러 물건, 부동산, 그리고 골동품 들이 커피하우스에 붙어 있는 경매장에서 팔리곤 했다. 소더비와 크리스티 같은 거대한 경매회사도 이런 전통에서 비롯된 것이다.

한편 일찍이 토머스 가웨이의 경쟁자 중 한 사람이 에드워드 로이드였다. 로이드의 고객은 주로 뱃사람과 그들의 친구였다. 1688년 로이드가 커피하우스 개업과 동시에 선박과 항해 날짜, 화물 명부, 화물 보험에 대한 자료를 보관하기 시작한 것은 고객의 편의를 위해서였다. 그때부터 1713년 로이드가 사망할 때까지 선주와 선장, 상인, 해상보험업자 들에게 로이드의 커피하우스는 거점 사무실이었다. 장차 중요한 두 회사를 위한 기반이 제대로 마련된 것이다. 여기서 로이드 선급협회와 로이드 보험회사가 탄생했다. 당시 커피하우스의 보험회사 사무실에서 유니폼을 입고 도와주는 사람들을 일컬어 '웨이터'라고 불렀는데, 이 말은 오늘날까지 쓰인다.

앞서 말한 것처럼 특정 음료를 마시기 위해 만들어진 커피하우스는 곧 다른 음료의 침입을 받는다. 토머스 가웨이의 커피하우스는 런던에 세워진 최초의 커피하우스 10여 곳 중 하나였다.

어린 시절 포프는 노老계관시인 존 드라이든을 만나기 위해 런던의 보

| 18세기 후반 로이드 커피하우스의 풍경.

가에 있는 윌스 커피하우스에 갔다. 이곳에서 드라이든은 몇 년간 독자와의 대화를 이어가고 있었다. 겨울에는 난롯가, 여름에는 발코니로 옮겨 "늘 정해진 자리"에 놓인 안락의자에 앉아서 말이다.

새뮤얼 피프스도 커피하우스의 분위기를 좋아했다. 그의 말처럼, 여기서는 남자가 "자신의 마음을 가볍게 표현할 수 있었다". 성직자든 강도든 예의는 갖춰야 했겠지만, 방해받지 않고 동료들과 즐길 수 있는 유일한 장소가 바로 커피하우스였다. 이곳의 민주적인 분위기를 보며 일부 정부

인사들이 우려를 표하기 시작한 것도 충분히 이해된다. 1675년 그들은 찰스 2세를 설득해 커피하우스를 선동의 근거지로 몰아세우며 억압하기 시작했다. 하지만 예기치 않은 일이 발생했다. 각계각층의 남성이 자신들이 즐겨 드나드는 곳이 탄압받는 상황에 강하게 반발한 것이다. 왕은 발표한 지 겨우 11일 만에 포고문을 거둬들였다. 앤 여왕의 통치 기간 동안 런던에는 이 같은 "게으름의 온상"이 500군데 정도 있었다.

커피하우스는 18세기의 풍자문학을 만들어내고 다듬었다고 해도 과언이 아니다. 만일 커피하우스가 없었다면 『톰 존스Tom Johns』 『트리스트럼 섄디Tristram Shandy』 혹은 『걸리버 여행기』 같은 책들이 그만큼 읽히지도 못했을 것이다. 이것이 바로 커피하우스가 "1페니 대학Penny University"이라고 불린 이유인데, 1페니의 입장료와 이들이 만들어내는 대화의 내용을 두고 붙여진 이름이다. 당시 커피나 차 한 잔은 보통 2펜스였다. 초콜릿(당시 초콜릿은 고체가 아니라 마시는 음료였다—옮긴이)은 0.5페니 정도 더 비쌌다. 담배를 파이프에 한 번 채우는 데는 1페니였고, 신문은 무료였다.

리처드 스틸에 따르면, 대화하는 무리에 끼고 싶은 사람은 무리 앞에 놓인 테이블의 초를 들어 자신의 담배에 불을 붙이기만 하면 되었다. 이러면 자리에 참석하고 싶다는 의사 표시를 충분히 한 것으로 받아들여졌다. 스틸의 친구인 조지프 애디슨은 글쓰기를 생업으로 삼은 최초의 영국인이었다. 커피하우스는 『태터』나 『스펙테이터』 같은 정기간행물을 읽기 위한 장소였을 뿐 아니라, 작가의 창작 소재가 되거나 은신처 역할을 하기도 했다. 드라이든이 윌스 커피하우스를 이용했던 것처럼, 애디슨도 러셀 가에 있는 버튼스 커피하우스에 자주 갔다. 콧대 높은 아내로부터 피신한 이곳에서 애디슨은 친구들과 시간을 보내고 정기적으로 기고문도 썼다. 1711년에 쓴 동료 시민들에 대한 조언이 그중 하나다. 내용인즉 "집안이 평화로운 모든 가정은" 아침에 차를 마셔야 하고, 자신이 만든 『스펙테이터』 한 부 정도는 "차를 마실 때 항상 준비되도록" 신경 써야 한다는 것이었다. 애디슨에게 '시민'은 버튼스 커피하우스를 매일 방문해서 차를 마시는 사람이었다. 그에게 '멋진 숙녀'란, 자신의 아내를 모델 삼아 묘사했을 게 분명한데, 매일 아침, 그리고 저녁 오페라를 보러 외출하기 전 차를 마시는 사람이었다. 조너선 스위프트는 아끼는 조카 스텔라로 하여금 자신이 좋아하는 세인트제임스 커피하우스에 편지를 쓰게 했는데, 스위프트는 이곳에서 공공연히 "미친 목사the mad parson"로 알려졌다. 이밖에도 커피하우스와 관련된 이야기는 끝이 없다.

영국에서는 18세기가 지나면서 '티 가든Tea Garden'이라고 불린 또 하나의 특별한 장소가 인기를 끈다. 남성만 출입할 수 있었던 커피하우스와 달리, 티 가든은 신사 숙녀가 집 밖에서 함께 차를 마시고 오락이나 혹은 마음이 끌리는 것을 함께하도록 했다. 이들은 오케스트라가 있는 큰 연회실, 외진 곳에 있는 정자, 꽃이 핀 산책로, 잔디 볼링장, 콘서트홀과 도박장, 여러 경기장 혹은 밤의 불꽃놀이를 찾았다. 정원은 매우 넓고 아름답게 꾸며졌으며, 활기로 가득 찼다. 1750년경에는 티 가든의 숫자가 점점 더 늘어났다. 유명 인사를 포함하여 모차르트, 헨델 같은 예술가들이 얼굴을 보이기도 했다.

에마 해밀턴.

티 가든은 호러스 월폴이 래닐러 가든을 열며 말한 것처럼 "먹고 마시기 좋아하는 사람, 나서기 좋아하고 사람들이 모이는 것을 좋아하는 사람"의 관심을 끌었다. 왕족에서 서민까지 모든 계층이 이곳에 모여들었고, 자주 방문했다. 약 반세기 후에 넬슨 제독의 애인인 에마 해밀턴이 사교계에서 두각을 나타내기 시작한 곳도, 조슈아 레이놀즈 경이 "여성 티 메이커"인 그녀의 초상화를 그린 곳도 이런 티 가든에서였다. 차를 준비하는 아가씨로 고용될 연령이 되고 말도 잘하는 소녀들은 래닐러, 복스홀, 메릴번, 코번트 등의 티 가든을 인기 있는 곳으로 만들었다. 이런 내용은 여러 기록에 남아 있다. 티 가든은 당시 차가 가장 인기 있는 음료였기 때문에 그렇게 이름 붙여진 것이었다. 티 가든이 차를 더 유행시킬 수 있었던 건 "재미있고 매력적인 사교계"의 남성과 여성이 계급과 신분이라는 굴레를 벗어나 자유롭게 만나 사귈 수 있는 중요한 장소가 필요했기 때문이다. 런던 및 다른 지역과 마찬가지로 뉴욕에서도 그런 역할을 다하자 티 가든은 커피하우스와 함께 자취를 감췄다.

교양인의 마음을 사로잡다

"나이 든 철학자는 쇠단추가 달린 갈색 외투, 세탁소에 가 있어야 할 셔츠 차림으로 여전히 우리들 사이에 있다. 눈을 깜박거리고 담배를 뻐끔거리며, 머리를 이리저리 돌리고 손가락으로 북을 치듯 리듬을 맞추며, 호랑이처럼 고기를 뜯어 먹으며, 그리고 바다의 파도처럼 차를 들이켜면서." — 토머스 배빙턴 매콜리, 『존슨의 생애』

차와 커피하우스에 관해서라면 짧은 역사라 할지라도 그 시대의 가장 위대한 공헌자인 새뮤얼 존슨 박사에 대해 이야기할 시간이 조금은 더 필요하다. 직접 사전을 만들어 존경받긴 했지만 그는 독창적인 사색가 혹은 일류 작가로 여겨지지는 않는다. 그는 오히려 제임스 보즈웰이 쓴 『존슨의 삶』에서 쉼 없이 말하는 이미지로 기억된다.(전기 작가 보즈웰이 쓴 새뮤얼 존슨 평전은 대화할 때 존슨이 자신의 의견을 끊임없이 말하는 형식이다. — 옮긴이)

| 조슈아 레이놀즈가 그린 새뮤얼 존슨의 초상.

'터크스 헤드'라는 커피하우스에서 존슨은 자신이 좋아하는 의자에 앉아 초상화가인 조슈아 레이놀즈 경, 극작가 리처드 셰리든, 떠오르는 젊은 정치가 에드먼드 버크, 당대의 리처드 브래너 격인 개릭과 그의 동료 골드스미스 같은 작가들과 대화하면서 몇 시간이나 장황하게 말을 늘어놓곤 했다. 보즈웰은 이를 내내 받아 적었다.

보즈웰 또한 대단한 차 애호가였다. 그가 『런던 저널』에 1763년 2월 13일 일요일 기고한 어느 우울한 날에 관한 글에서 이를 엿볼 수 있다.

> 오늘은 정말 끔찍한 하루였다. 친구들 중 누구도 나를 보러 올 수 없었다. 나는 오후 내내 그야말로 축 처져 있었다. 저녁이 되자 기분이 좋아졌다. 즐겁고 활기에 찼다. 그리고 글을 쓸 수 있을 만큼 머리도 맑았다. 나를 매우 기쁘게 한 재미있는 에세이도 몇 편 썼다. 사람의 마음이란 참으로 흥미롭다. 하지만 적어도 현재의 나 자신을 위해서는 답할 수 있을 것 같다.

지금 이곳에서 몇 시간을 보내며 멍하고 우울했던 나는 명석하고 행복한 사람이 되었다. 단지 한 잔의 녹차를 마시는 것 외에는 어떤 일도 하지 않았는데 말이다. 차는 정말이지 이런 날 가장 좋은 약이다. 나는 차로부터 자주 위안을 얻는다. 나는 차가 정말 좋고, 차의 이점에 관한 논문도 쓸 수 있다. 차는 독한 술에 반드시 따르는 위험이 없는 반면 위안과 활력을 준다. 차는 즐거운 사회를 위한, 더 안전한 자극제인 것이다.

보즈웰이 자신의 우상인 존슨을 소개받은 런던의 그 방은 지금도 사람들이 차를 마시러 방문한다. 괴테가 자신에게 있어 보즈웰 같은 역할을 한 사람을 만난 1823년에도 차의 역할은 비슷했다. 회고록 저술가인 에커만은 『괴테와의 대화』를 썼는데, 니체는 이 책을 "독일 최고의 책"이라고 평가했다. 얼마나 많은 기념비적인 문학작품이 차의 덕을 본 것일까?

존슨은 마음이 따뜻하고 매우 상식적인 사람이었다. 또한 이런 심성과 별개로 편견도 강한 인물이었다. 그는 미국과 미국인을 싫어했고, 이와 비슷하게 스코틀랜드인도 못마땅하게 여겼다. "스코틀랜드인이 지금까지 본 것 중에서 가장 고귀한 것은 영국으로 이어지는 주요 도로다." 스코틀랜드 출신인 보즈웰은 그의 말을 성실하게 기록했다. 존슨은 포트와인과 브랜디처럼 강한 술을 좋아하고 다른 와인은 싫어했다. 그는 이렇게 말했다.

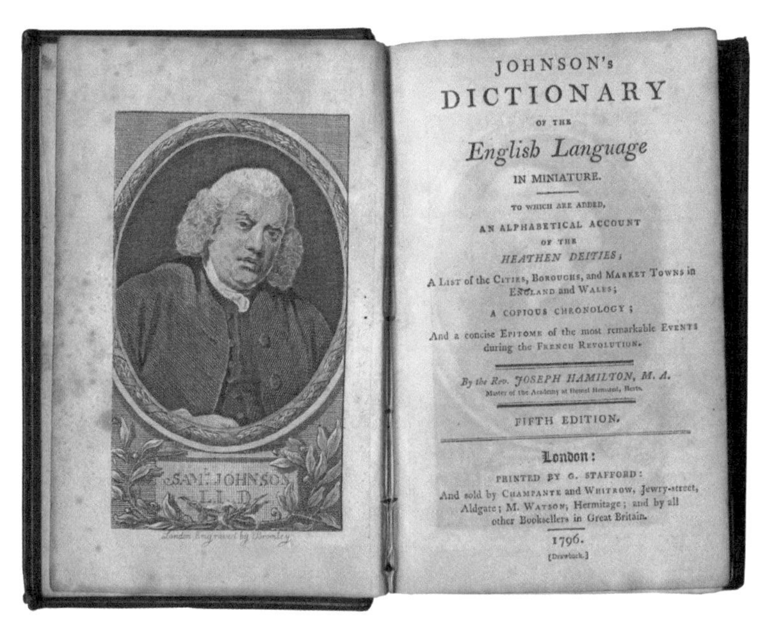

SAM.L JOHNSON LL.D

London Engraved by Bromley

JOHNSON's
DICTIONARY
OF THE
English Language
IN MINIATURE.

TO WHICH ARE ADDED,
AN ALPHABETICAL ACCOUNT
OF THE
HEATHEN DEITIES;
A LIST of the CITIES, BOROUGHS, and MARKET TOWNS in ENGLAND and WALES;
A COPIOUS CHRONOLOGY;
And a concise EPITOME of the most remarkable EVENTS during the FRENCH REVOLUTION.

By the Rev. JOSEPH HAMILTON, M. A.
Master of the Academy at Hemel Hempsted, Herts.

FIFTH EDITION.

London:
PRINTED BY G. STAFFORD:
And sold by CHAMPANTE and WHITROW, Jewry-street, Aldgate; M. WATSON, Hermitage; and by all other Booksellers in Great Britain.
1796.
[Drawback.]

| 새뮤얼 존슨의 『영어사전』.

"보즈웰을 제외한 모든 사람은 와인에 취하기 전에 아마 그 속에 빠져 죽을 것이다."

존슨은 위대한 화가 조슈아 경이 작위를 받았을 때 축하의 의미로 딱 한 번 와인을 마셨다. 술은 모든 노동자, 특히 마지못해 일하는 사람들의 필수품이었지만, 그로서는 마실 여유가 전혀 없기도 했다. 그는 노동하는 사람에게 술이 치명적이라는 것을 오랫동안 알고 있었던, 엄청나게 부지런한 노동자였다.

기념비적인 저서 『영어사전』은 마침내 1755년 출간되었다. 출간 전 그의 사무실에 들른 한 방문객은 "그리스 책 대여섯 권, 전나무로 만든 책상, 특별한 의자 하나"와 어머니로부터 물려받은 작은 스푼 두 개, 크고 멋진 중국 찻주전자와 몇 개의 잔, 쟁반을 보았을 뿐이었다. 존슨은 손님을 정중하게 온전한 의자에 앉히고 자신은 다리가 셋뿐인 의자에 앉았는데, 균형을 잡기 위해 부상당한 사람처럼 조심스럽게 벽에 기대어 몸을 지탱했다. 그렇게 두 사람은 차를 마시고 이야기를 나누면서 밤을 보냈다.

보즈웰의 전기가 그랬던 것처럼 차도 존슨 박사의 삶에 의미를 부여했다. 한 여성이 박사에게 연이어 열여섯 잔을 따른 후에 예의 바르게 물었다. "이 작은 잔에 담긴 차가 박사님의 고민을 해결하는 데 도움이 되나요?" 예의보다 더한 진실로 박사는 답했다. "부인, 모든 여성이 그런 질문을 내게 합니다만, 내가 아니라 여성들 자신이 차를 통해 위안을 받습니다."

그가 쓴 『영어사전』이 이처럼 위대한 차 애호가에게 유명세와 여유를 가져다준 직후, 청교도 정신을 가진 한 작가가 차를 공식적으로 비난했다. 매년(1750년대) 배 16척과 선원 500명이 차를 영국으로 가져오기 위해 고용되는 것을 탄식하는 내용이었다. 심지어 걸인들도 차를 구걸하고 하인들도 극성스럽게 차를 요구한다고 그는 불평했다. 존슨은 차를 옹호하기 위해 영국 전체에 반향을 울리는 말로 되받았다. 그는 고백했다. "나는 비정하고 부끄러운 줄 모르는 차 음용가이고, 오랫동안 이 환상적인 식물을 우린 물로 묽은 식사를 했으며(당시 영국인들이 식사 때 마셨던 술을 차로 대체했다는 의미―옮긴이), 주전자가 찻물을 끓이느라 식는 법이 거의 없었고, 차를 마시면서 저녁 시간을 즐겁게 보냈는가 하면, 한밤의 외로움을 위로받고, 차와 함께 아침을 맞이했다."

보즈웰은 이 모든 일을 진지하게 기록했다. 그리고 노련한 표현으로 다음과 같이 끝맺었다. "이 향기로운 잎으로 우린 차를 존슨보다 더 맛있고 재미있게 즐긴 사람은 없었다고 생각한다." 보즈웰의 말은 여전히 유효할 것이다.

도공들의 집념과 본차이나의 탄생

"내킬 때마다 (…) 그는 최소한의 예의도 차리지 않고 식탁을 뒤엎었다. 처음 그가 식탁을 엎었을 때, 나는 멋진 중국 자기들이 우르르 깨져나가는 것에 대단히 화가 나 그 자리에서 언짢음을 표했다. 그러자 그는 '망할!'이라고 대꾸했다. '당신은 꼭 자기 위치를 잊어버리지. 나는 절대로 하인들이 찻잔 세트를 내가는 수고를 하게 하지 않아. 언제나 창밖이나 아래층으로 던져버린다고. 그러면 그들은 쉽사리 다른 세트들을 구해 오지.'" — 캔턴에 대한 어느 영국인의 회상(1770), 『윌리엄 히키의 회고록』

중국이 차 다음으로 유럽인의 생활에 가장 크게 기여한 것은 아마도 '차이나China' 자체일 것이다. 오늘날 우리에게 '자기'로 알려져 있는 이것은, 중국 당나라 때 발명되었고 반투명 유약을 바른 경질 도기를 말한다. 최초의 진짜 자기는 후베이 성에서 만든 당나라 백자이며, 그 후 저장 성의 월주요越州窯에서 만든 청자와 푸젠 성의 건요建窯에서 만든 송나라의 흑요 혹은 토호잔이 있다. 원나라 때는 징더전이 초기의 주요 생산지를 능가하게 되었는데, 이는 매우 고운 백색의 고령토 덕분이다. 고령토라는 이름은 인근의 '가오린高嶺'이라는 지명에서 유래되었다.

중국은 오래전부터 실크로드를 통해 페르시아와 터키에 자기를 수출했다.(한 영국 외교관은 1875년 이란에서 근무하는 동안 5톤이나 되는 명나라 자기를 모으기도 했다.)

중국 무역이 시작되기 전까지 유럽에서는 구운 도기에 불투명한 유약을 바른 뒤 다시 구워 입힌 색을 유지하는 정도가 최선이었다. 이탈리아의 마졸리카, 프랑스의 파이앙스, 북서 유럽 저지대 국가의 델프트 등에서 생산되는 도기들은 일반적으로 생산지로 추정되는 지명을 달고 나왔다. 그러나 이것들은 끓는 물에서 오래 버티지 못했다. 유럽 어느 곳에서도 가마 온도를 섭씨 1400도까지 올리지 못했다. 유럽의 도공들은 물이 끓어도 스며들지 않도록 진흙을 유리질로 변형시키려면 높은 온도에 구워야 한다는 것을 알지 못했다. 프랜시스 베이컨처럼 현명한 사람도, 자기가 회반죽의 일종으로서 땅에 묻혀 오랜 시간을 보내면 "응결되어 스스로 섬세한 물질로 유리질화 되는 것"으로 보았을 뿐이다. 다른 작가들은 갑각류나 달걀 껍데기를 미세하게 부숴 자기를 만든다고 추측했다.

시간이 지나면서 자기는 인기를 끌어 차와 경쟁하는 유일한 중국 상품이 되었다. 유럽의 부자들은 자기를 대량으로 수집했고 심지어 중산층도 자기에 빠져들었다. 생산지로부터 지구 반 바퀴나 떨어진 곳에 그토록 많은 자기가 전해질 수 있었던 것은 자기가 배의 바닥짐으로 활용되었기 때문이다.

중국 무역은 물에 젖으면 안 되는 두 가지 고가품, 즉 비단과 차에 의존했다. 이 상품들은 바닷물에 손상되지 않도록 배의 중심에 적재돼야 했다. 하지만 균형을 잡고 제대로 항해하려면 선적된 화물 무게(부피가 아님)의 약 절반 정도를 흘수선보다 낮은 배 아랫부분에 적재할 필요가 있었다. 따라서 수입된 차의 4분의 1 정도는 바닥짐으로 사용되었을 것이다. 확인 가능한 선박의 기록에는 전체 바닥짐의 약 4분의 1이 자기였던 것으로 나와 있다.

1700년대에 영국은 2만4000톤 정도의 자기를 수입했고, 비슷한 양이 식민지인 미국과 다른 유럽 국가에 수입된 듯하다. 원나라 때부터 자기 생산 중심지가 된 징더전은 이 수요를 감당하기 위해 이미 1712년경부터

| 중국의 본차이나는 뼛가루를 섞어 만든 경질 자기다.

가마 3000개를 밤낮으로 돌려야 했다. 가격은 말도 안 되게 낮은 수준으로 떨어졌다. 1730년 200명을 위한 차 세트의 가격은 7파운드 7실링이었고, 잔과 받침마다 주문한 대사의 문장이 장식되어 있었다. 1732년에는 찻주전자 약 5000개가 개당 2펜스 이하의 가격에 수입되었다. 오늘날 가격으로 환산하기 위해 당시 가격에 100을 곱한다 해도 이런 품질을 갖춘 제품치고는 믿기지 않을 정도로 저렴한 가격이다.

유럽인이 만든 식기가 일반적으로 사용된 1800년 무렵 이전부터 이미 영국과 유럽의 중산층은 최고급 중국 식기로 식사와 차를 즐겼다. 차 무역은 이런 수준 높은 삶의 질을 가능케 한 직접적인 요인이었다.

차가 유럽에 소개되기 오래전부터 중국 자기 같은 자기를 생산하는 것이 모든 유럽 도공의 꿈이었다. 영국의 엘러 형제는 도기에 정통하긴 했으나 중국 자기를 재현하려는 노력은 헛되이 끝났다. 또한 유럽 출신 다른 일류 도공들의 노력도 소용이 없긴 마찬가지였다. 프랑스 생클라우드의 도공들이 오늘날 연질 자기로 알려진 대체품을 개발했지만, 누구도 진짜와 비슷하게 만들지는 못했다.

그러다 마침내 요한 프리드리히 뵈트거라는 약제상의 견습공이 큰 실수를 하면서 무대에 등장했다. 19세의 뵈트거는 신비스러운 구석이 있는 연금술사 라스카리스를 베를린에서 만나 그로부터 경화 도료 56그램 정도를 선물받았다. 분명 라스카리스가 의도한 것이겠지만, 뵈트거는 그 가루의 힘을 자랑하고 싶어 안달이 났다. 유감스럽게도 그는 그 가루를 자신이 만들었다고 주장했다. 충분히 예상할 수 있듯이, 이런 주장을 하자 곧 독일의 모든 국왕이 뵈트거를 찾았다. 결국 그는 강력한 권력을 가진 색소니 지방의 선제후이자 폴란드의 왕 아우구스트 2세의 보호 아래 드레스덴에서 안정을 찾을 수 있었다. 적어도 그는 그렇게 생각했다.

| 독일 슐라이츠에 있는 뵈트거 흉상.

뵈트거의 사치스러운 천성과 자유분방한 생활로 도료 분말은 곧 소진되어버렸고, 이내 '보호자'라 믿었던 아우구스트 2세가 그의 기대처럼 욕심 없는 후원자가 아니라는 것이 드러났다. 불운한 뵈트거는 독일의 쾨니히슈타인 성에 갇혀 연구 실험실을 제공받았다. 도료 제조에 실패한다면 그가 처할 운명도 자명했다.

다행히도 그는 간수인 치른하우스 백작에게 자신이 연금술에 정통한 것이 아니며 조수에 불과하다는 사실을 납득시켰다. 백작은 그에게 중국 자기를 만드는 비법을 연구하는 데 연구실을 사용하라고 제안했다. 황금과 권력 다음으로 일본, 중국 자기를 모으는 것이 아우구스트 선제후의 가장 큰 관심사였기 때문이다.(아우구스트는 자신의 궁전을 수집품으로 가득 채웠다. 그가 죽었을 때 수집품은 2만 점에 달했고, 이후로도 계속 늘었다.)

죄수이자 연구자 뵈트거에겐 다행스럽게도 색소니 지방은 자기를 만드는 데 필요한 두 가지 주원료가 풍부했다. 그 두 가지 원료는 중국의 흙인 고령토와 차이나 스톤이라 불리는 것인데, 차이나 스톤은 광물의 일종으로 주로 규토와 산화알루미늄 성분으로 이루어져 있다. 이것이 용제의 역할을 하여 용기를 투명하게 해주었다. 뵈트거는 수많은 실패를 거쳐 마침내 1703년 경질의 붉은색 자기를 만들어냈다.

가마에는 5일 낮과 밤 동안 계속 불을 지폈고, 성공에 대한 기대감 속에서 아우구스트 선제후가 가마 열리는 장면을 보도록 초대되기도 했다. 기록에는 뵈트거가 아우구스트에게 선물한 첫 번째 생산품이 가마에서 꺼낸 질 좋은 붉은색 찻주전자였다고 씌어 있다. 오랫동안 파헤친 비밀이 마침내 밝혀지고 몇 년이 흐른 뒤, 뵈트거는 마침내 제대로 된 흰색 경질 자기를 탄생시켰다.

신뢰를 완전히 회복한 뵈트거는 변성의 비밀을 정말 몰랐음을 인정했다. 다행히 그는 공식적으로 용서받았고, 즉시 유럽 최초의 자기 공장 책임자로 임명되었다. 이 공장은 드레스덴 인근의 마이센이라는 작은 마을에 세워졌다. 아우구스트 2세는 이 공장을 '철학자의 돌Philosopher's Stone'(연금술 이야기에 항상 등장하는 신비로운 돌로, 이 돌을 손에 넣으면 부와 영원한 삶을 얻을 수 있고, 신과 하나가 될 수 있다고 알려져 있다.—옮긴이)만큼이나 가치 있게 여겼다. 1713년 자기 생산이 본격화되자 곧 자기로 만든 작은 조각품을 수출하는 시장도 어마어마하게 커졌다.

1746년 호러스 월폴은 영국 귀족사회 연회에 등장한 테이블 장식의 새로운 유행에 대해 불평하는 편지를 썼다. "젤리, 비스킷, 설탕, 자두, 크림은 이미 오래전부터 색소니 지방에서 생산된 자기로 만들어진 할리퀸(연극에서 다이아몬드 무늬의 알록달록한 옷을 입은 어릿광대—옮긴이), 베네치아의 곤돌라 사공, 튀르크인, 중국인, 여자 양치기 등의 작은 조각상에 자리를 양보했다."

찻주전자와 찻잔도 지속적으로 증가하는 수요에 맞춰 엄청난 양이 생산되었다. 1740년대 들어 산업 스파이들에 의해 자기 제작의 비밀이 독일 바깥 지역으로 새어나갔다. 1751년에는 영국 사업가 15명이 우스터 로열 포슬린 사를 공동 설립했다. 자신들이 소유한 소규모 자기 공장에 아낌없이 투자한 수많은 프랑스 귀족에게는 유감스럽게도, 왕의 총애를 받은 퐁파두르 부인이 베르사유 인근 세브르의 소규모 자기 공장에 대거 투자했다. 1759년 루이 15세는 애인을 기쁘게 하려고 그 공장을 구입하고는, 사업을 키우기 위해 이곳에서 왕실용 자기를 만들도록 했다. 자금이 필요해지면 왕은 베르사유의 신하들에게 엄청나게 비싼 가격에 세브르 자기를 구입하도록 강요했다.

18세기 영국 자기 회사들은 유럽 대륙에서 훔친 제조법을 거듭 실험했다. 이 과정에서 영국 도예가 스포드가 어떻게 영국 자기와 다른 자기를 구별 짓는 성분, 즉 태운 뼈의 재를 사용할 생각을 하게 되었는지 알아보는 것은 매우 흥미로운 일이다. 이렇게 만들어진 자기가 '본차이나Bone China'라는 마침맞은 이름으로 불리게 되었다. 우스터, 첼시, 스포드, 리모주 등 유럽에 있는 자기 제조사의 주력 제품은 처음부터 차 관련 도구였다.

밀수꾼의 시대

"나는 밀수꾼을 좋아한다. 밀수꾼이야말로 정직한 도둑이다. 그는 세금만 탈취하는데, 세금은 내가 한 번도 크게 신경 써본 적 없는 추상적인 것에 불과하다. 나는 언뜻 고등어 잡이 어선처럼 보이는 그의 배에서 그와 어울릴 수 있고, 다소 불투명한 그의 사업에 대해서도 그럭저럭 수긍할 수 있을 것이다." — 존 컴퍼니의 직원 찰스 램

1800년경 차는 영국의 국민 음료가 되어 매년 평균 1만1000톤 정도가 수입될 정도였다. 그러나 사실, 영국의 초기 차 소비를 보여주는 수치에는 공식적인 집계만 포함되어 오해의 여지가 있다. 영국인들은 이미 1784년 이전 존 컴퍼니의 기록에 나타난 수치보다 훨씬 더 많은 차를 마셨기 때문이다. 이는 '자유무역'을 하는 사람들, 정부의 관점에서 말하면 '밀수업자'들의 전국 네트워크 덕분이었다.

존 컴퍼니가 정기적으로 차를 수입한 지 10년이 지나자 정부는 품질

에 관계없이 파운드당 5실링의 세금을 부과했다. 비싼 차에는 별 타격이 없었지만 저렴한 차는 가격 충격으로 곧 거래가 끊기거나 암시장이 생기는 결과로 이어졌다. 당시 합법적으로 구입할 수 있는 저렴한 차는 파운드당 7실링 정도로, 노동자의 일주일 주급 수준이었다. 반면에 바로 바다만 건너 네덜란드에 가면 같은 품질의 차를 2실링이면 살 수 있었다.

손쉽게 350퍼센트의 수익을 얻게 되자 '자유무역' 업자들은 오래지 않아 영국 해안선 전역에 급속히 증가했다. 이 페이지는 제임스 스콧의 대작 『위대한 차 모험』에 많은 부분 빚지고 있는데, 그는 다음과 같이 썼다.

"이러한 사태가 가져온 시끄러운 일들과 이야깃거리로 인해 차는 전례없이 널리 알려졌다. 이 불법 산업이 확산되고 번창하면서 여기에 종사하는 사람들은 새로운 상품인 차를 각 가정에 배달하기도 했다. 불법이 절정에 달했을 때 영국에서 소비된 차의 3분의 2가 밀수품으로 추정된다."

영국 해안가에서 많이 볼 수 있는 오래되고 훌륭한 저택은 이런 투기꾼들의 수익이 만들어낸 결과물이다. 이들은 뒤에서 밀수 자금을 대며, 모든 위험 부담은 차를 갖고 육지에 내리는 사람과 선장에게 지웠다. 선장은 해외에서 합법적으로 상품을 구매해 와서 어두운 밤을 기다렸다가, 준비해둔 몇몇 장소 중 한 곳으로 차를 갖고 들어왔다. 차를 운반하려면 지역 노동자와 협력해야 했으며, 교회를 보관 창고로 사용하는 문제와 관련해 성직자와도 최종 판매를 협의했을 것이다.

이런 투기꾼을 제외하면 사업의 전체 과정을 열람하고 기록할 수 있는 유일한 인물은 서기였고, 이들은 차 회계장부를 보관하고 있었다. 이런 불법이 오랫동안 이루어지려면 끝없이 조심하는 것 외에는 다른 방법이 없었다. 이는 과세가 시작된 1680년부터 폐지된 1784년까지 행해진 다양한 차 밀수 방법 중 하나에 불과했다.(정확히는 폐지가 아니라 12분의 1 수준으로 대폭 낮춘 것을 말한다.—옮긴이)

1733년에는 24톤이나 되는 밀수 차가 압류되었다. 밀수꾼들이 성공할 수 있었던 건 전 국민의 동정을 받았기 때문이었다. 밀수꾼들은 맨이라는 섬에 말 100마리가 운반해야 할 정도의 많은 차와 브랜디를 하역하고는 커다란 동굴에 보관했다. 하지만 어떤 세관에게도 발각되지 않았는데, 어느 믿음직한 섬 주민이 "누가 그들을 고자질할 정도로 그렇게 사악하겠는가?"라고 한 말에서 그 이유를 알 수 있다. 밀수꾼들은 해안경비선이 수리를 받기 위해 부두에 들어오는 때를 알았고, 말을 탄 경찰들이 급습을 계획하는 시기도 알았다.

밀수꾼들이 많아질수록 밀수품도 늘어났고, 밀수를 감시하는 사람들도 더 위협적이 되었다. 소규모 밀수업자들의 호시절은 1700년대 중반 이전이었다. 밀수 규모가 커지고, 부자들이 밀수에 사용될 배 서너 척 정도는 소유하는 것이 돈벌이가 된다는 것을 알게 된 뒤로는 아무것도 알려고 하지 않는 것이 상책이었다. 당시의 발라드는 이런 상황을 잘 보여준다.

스물다섯 마리 당나귀가

어둠 속에서 급히 걸어가네
브랜디는 목사님에게, 담배는 높은 분에게
예쁜 레이스는 숙녀에게, 편지는 스파이에게
그들이 지나갈 때면
내 사랑이여, 벽을 보세요
그들에 대해 알려고 하지 마세요

밀수꾼들은 대담하게도, 빼앗긴 물건을 정부 세관 창고에서 다시 훔치기도 했다. 켄트에서는 밀수한 차를 실은 기나긴 말의 행렬이 공공연하게 눈에 띄기도 했으며, 일주일에 6톤 정도가 프랑스에서 서섹스를 통해 밀수되기도 했다. 제임스 스콧은 다음과 같이 말했다. "이 시기에 대한 가장 좋은 설명은 이때부터 요트 경기가 시작되었다는 것이다. 세관의 밀수 감시선이 밀수업자들을 추적하는 일이 벌어졌다. 물론 십중팔구 밀수꾼들이 우승컵을 차지했지만." 가끔씩 양쪽에서 희생자가 나오기도 했다. 킹스턴의 오래된 교회를 은신처로 사용했던 유명한 밀수꾼 중 한 명은 죽어서 교회 마당에 묻혔다고 전해진다.

| 차 밀수를 묘사한 판화.

윌트셔 주 로드에 살았던 로버트 트롯먼의 영전에 바친다. 그는 1765년 3월 24일 풀 인근의 해변에서 잔인하게 살해당했다.

나는 작은 찻잎 한 장도 훔치지 않았네
그저 죄 없는 피 흘림에 대해 신께 읍소할 뿐
저울 한쪽에는 차, 다른 쪽에는 사람의 피를 달아놓고
무엇이 무고한 형제를 죽이는지 생각해주시기를

밀수단들은 대프니 듀모리에가 소설 『자메이카 여관』에서 묘사한 "잔인무도하며 완전히 정신이 나간" 사람과 흡사했다. 당시는 국내 교통이 믿기 어려울 만큼 열악했다. 영국의 밤길은 대개 위험했고, 일부 도로는 다닐 수 없을 정도로 좁고 형편없었다. 또한 주민 대부분이 문맹인 데다 태어난 곳에서 20~30킬로미터 이내에서 살다가 죽는 시절이었다. 밀수꾼들은 비싼 신제품을 전국적으로 판매하기 위해 선전을 펼쳤고 이내 성공했다. 이들은 1815년 워털루 전투 이후 영국 정부가 밀수업을 군사력으로 통제할 수 있을 만큼 충분한 군대를 보유하게 되면서 완전히 자취를 감췄다.

하지만 대규모 차 밀수는 1784년에 이미 종결되었는데, 당시 영국 정부가 차 판매상 대표인 리처드 트와이닝의 간곡한 요청에 따라 마침내 세금을 폐지했기 때문이다. 영국인들에게 이 조치는 정부가 행한 첫 번째 현명한 정책으로 기억된다. 이때가 미국의 독립 세력들이 요크타운에서 찰스 콘월리스 경에게 항복을 받아내고 차 분쟁을 끝낸 지 3년 뒤였다.

미국에서
유행하기 시작하다

"자메이카와 동인도를 1년 더 속국으로 둘 수 있어서 진심으로 기쁩니다. 차와 설탕 더미 위에 누워 여가 시간을 보낼 수 있으니까요. 제가 인생에서 단 하나 꼭 필요한 것이라고 여기는 것이지요. (…) 동료 공직자들은 우리를 섬으로 보냈다가, 소박하고 근검하며 윤리적인 생활을 하던 옛 영국 시절, 즉 고대나 마찬가지였던 그때의 단순한 생활로 되돌려놓을 생각만 하면서 묻습니다. 차와 설탕을 몰랐던 때에는 어떻게 지냈느냐고요. 아마 그편이 나았을지도 모릅니다. 그러나 200~300년 전에 태어난 것도 아닌데 제가 당시에 묽은 도토리와 꿀 바른 보리빵이 대단히 사치스러운 아침 식사였는지 아니었는지 정확히 알 수는 없는 노릇이지요." — 호러스 월폴, 호러스 맨 경에게 보내는 편지, 1779년 11월 15일

어디서나 식민지 주민들이 그랬던 것처럼, 미국인들도 본국의 유행을 따라가려고 애썼다. 영국이 네덜란드로부터 뉴암스테르담을 빼앗아 1674년에 뉴욕이라는 새 이름을 붙였을 때, 그들은 이미 식민지 미국인들이 당시 영국 전체 소비량보다도 더 많은 차를 마시고 있음을 알았다. 존 컴퍼니의 관리자들이 그 후 수십 년 동안 미국에서 차 소비가 늘어나는 것을 반겼음은 말할 것도 없다.

퀘이커 교도들이 1682년 윌리엄 펜의 지도 아래 필라델피아를 건설했

을 때, 술을 마시지 않는 그들은 "기분은 좋아지지만 취하지는 않는 음료"를 위한 새로운 시장을 만들어냈다. 런던의 조지프 애디슨이 교양 있는 모든 가정에는 차가 있어야 한다고 구체적으로 명시한 뒤인 1712년, 이미 잡디엘 보일스턴이라는 보스턴의 약제상은 녹차와 일반 차를 판매하기 위해 광고를 하기 시작했다. 1730년경에는 이미 보스턴의 모든 직물점, 식료품점, 철물점, 여성 모자 판매점, 약국 등에서 차를 팔았고 신문마다 차 광고가 게재되었다. 1725년 무렵 녹차와 보헤아는 캘리포니아에도 알려졌다.

1740년 한 청교도 대서인代書人은 다음과 같이 불평했다. "작은 상점의 안주인들은 누구나 아침에 한 시간 이상 앉아서 차를 홀짝거리며 시간을 보낸다. 또 오후에도 그러고 있다. 구할 수만 있다면 자기로 만든 중국 다구에 차를 마시는 것보다 그들을 기쁘게 하는 일은 없을 게다. 그들은 자신들이 지칭한 대로 '다구'에 30~40실링을 쓰는 것에 관해 이야기를 나눈다. 여기에는 은 숟가락, 은 집게, 그리고 이름도 알 수 없는 자질구레한 도구가 여럿 포함된다."

런던을 흉내 낸 뉴욕 시는 수많은 커피하우스와 티 가든의 설립을 지원했다. 18세기에는 복스홀 세 곳, 래닐러 한 곳을 포함해 몇몇 다른 티 가든이 생겼다. 맨해튼에서는 차 우리는 데 필요한 좋은 물이 부족해지자 이를 보충하기 위해 시 당국이 특수 펌프를 설치해야 했다. 이중 하나는 크리스토퍼 가와 그리니치 가, 6번가가 만나는 곳에 있었다.

대도시뿐 아니라 지방 소도시 전역에서도 차는 미국인들의 생활에 오랫동안 자리 잡아온 습관이었다. 미국혁명이 시작될 무렵 상황이 이러했는데, 이 차가 바로 미국혁명의 발단에 일조했다. 영국 역사가 조지 트리벨리언은 혁명 전 차의 인기를 다음과 같이 묘사했다.

> 음료 중에 휴대하기가 가장 편하고 준비하기도 제일 쉬운 차는 오늘날 오스트레일리아의 오지에서 음용되는 것처럼 당시 미국의 모든 개척지에서도 음용되었다. 주민들이 정착한 곳에서 행사가 있을 때마다 소비하는 양은 믿을 수 없을 정도로 많다. 약 48킬로미터나 되는 먼 거리에서 장례식에 참석하려고 온 신사들도 차에 익숙했고, 숙녀들도 차를 마셨다. 인디언들도 더 강한 뭔가가 없을 때는 차를 하루에 두 번씩 마셨다.

하지만 '다량의 소비'에 관계없이 존 컴퍼니의 이익은 줄어들기 시작했다. 영국 의회가 미국이 수입하는 차와 다른 물품 등에 파운드당 3페니의 특별세를 부과했기 때문이다.

로빈슨 차 상자

1773년 12월 17일 아침, 젊은 존 로빈슨은 전날 밤의 보스턴 티 파티 현장으로 가서 기념품으로 삼을 차 상자 하나를 건져 올렸는데, 이 로빈슨 차 상자는 200년이 넘도록 세대를 이어 전해 내려오면서 미국인의 자유와 국가 탄생의 상징이 되었다. 상자는 현재 보스턴 티 파티 박물관에 소장되어 있다.

| 보스턴 티 파티 박물관 전경.

티 파티, "대표 없는 과세는 무효!"

"프레더릭 노스 경은 대륙의 권리에는 반 소경처럼 굴고, 몇몇 런던 상인의 이익만 중요하게 여긴다." — 에즈라 파운드, 칸토 62

영국 정부는 식민지에 대한 관세법을 통과시키면서, 본국의 영국인들에게도 차 가격의 100퍼센트가 넘는 소비세를 부과했다. 그러나 세금 총액이 얼마인지는 식민지 주민들의 관심사가 아니었다. 이들은 영국인들이 내는 것과 똑같다면 기꺼이 낼 의사가 있었다. 그러나 자신들에게만 특별히 부과된 세금이라면, 그것이 무엇이든 거부하기로 결의했다. 자신들과 협의하지 않은 문제라면 더 단호했다.

식민지 주민들은 전형적인 영국식으로 대응하면서, 특별세가 부과된 물품에 대해 불매운동을 벌였다. 차는 네덜란드에서 밀수한 제품에 의존했다. 강경한 미국 독립 반대론자였던 토머스 행콕은 밀수한 네덜란드 차를 미국에 주둔한 영국 육군과 해군 부대에 팔아 상당한 재산을 모았다.

1769년에는 영국이 미국으로 수출하는 차의 물량이 절반으로 떨어졌다. 당시 상황에 대해 윈스턴 처칠은 다음과 같이 말했다. "내각은 심각하게 우려하지는 않았지만 약간 당황했으며, 차에 부과된 세금을 제외하고 다른 세금들은 없애기로 협의했다. 이 협의안은 한 표 차이로 통과되어 실행됐다. 의회는 파운드당 3펜스의 차 세금을 유지함으로써 미국에 대한 통치권을 견고히 했다."

그럼에도 미국인들은 만족하지 않았다. 분명한 사실은 더 저렴한 네덜란드 차를 수입하지 않을 이유가 없었다는 것이다. 자신들 소유라 여겼던 식민지 시장이 급속도로 붕괴되고, 8000톤이라는 엄청난 초과 물량을 쌓아두어야 했던 영국 동인도회사는 1773년에 차 법령을 교묘하게 통과시켰다. 윈스턴 처칠이 쓴 『영어를 사용하는 사람들의 역사』에서 이 내용을 살펴보자.

> 어떤 조항이 별 주목을 받지 못한 채 의회에서 통과되었다. 이 조항은 동인도회사가 보유하고 있는 어마어마한 양의 차를 수입 관세 없이 식민지 미국으로 바로 운송한 다음, 그곳에서 자신들의 대리인을 통해서만 판매할 수 있도록 하는 것이었다. 이것은 사실상 회사에 독점권을 주는 것과

같았다. 대서양 건너편에서는 즉각 강하게 반발했다. 급진주의자들은 자신들의 자유에 대한 공격이라며 이를 거부했다. 상인들도 파산 위험에 직면했다. 영국 세관에서 차를 운반해 오는 선박회사도, 이 차를 판매하는 중간 상인도 모두 사업을 접어야 하는 상황이었다. 이 법령은 새뮤얼 애덤스가 그토록 노력했으나 실패한 것을 성공시켰다. 이 법령에 대한 반발로 식민지 미국은 영국에 대항해 힘을 모으게 된 것이다.

영국 동인도회사의 책임자들은 100퍼센트가 넘는 세금을 없애면 차를 미국 시장에서 네덜란드 밀수 차보다 더 싼값에 성공적으로 팔 수 있을 거라 확신했다. 3페니에 불과한 세금은 그들에게 별것 아닌 듯 보였다. 찰스턴이나 필라델피아에 거주하면서 많아야 3페니 정도를 납세했던 새뮤얼 존슨 같은 사람도 기존 세금이 없어지면서 예산을 엄청나게 절감할 수 있었다. 하지만 금액이 얼마든 식민지 주민들에게 식민지에 부과되는 세금은 다른 의미였다. 그들은 대표 없는 과세는 위헌이라는 입장이었다.

또 다른 위대한 차 애호가였던 벤저민 프랭클린은 다음과 같이 썼다. "영국인들은 생각이 없는 자들이다. 물론 누구든 각자의 원칙에 따라 행동할 수 있다. 다만 그것이 중요한 원칙이 아니라면 말이다. 영국인들은 일 년에 10파운드도 마시지 않는 미국인들이 1파운드당 3페니에 불과한 세금을 내는 것이 애국심을 억누르기에 충분하다고 믿었다." 논란의 핵심인 3페니를 내지 않는다 하더라도 미국 차 음용자들에게는 미미한 절약이며, 받아봤자 영국 국고에도 의미 없는 수준이었다. 하지만 명분상 "널리 확산되어 있으며 비교적 고가의 제품인" 차는 양쪽 모두에게 매우 중요했다. 그렇게 아무 죄 없는 필수 품목인 차는 갈등 속으로 말려들어갔다. 이 모든 갈등은 영국 국고에 귀속될, 연간 겨우 100만 달러에 불과한 수입 때문에 빚어졌다.

보스턴 항에 차를 던지다

"아니! 단 한 모금의 술도 빚어진 적이 없었어, 결단코 궁전에서나, 너른 홀, 유유자적 노니는 나무 그늘에서 술을 양조한 건 자유 시민, 전제군주는 모조리 들이켜기만 했다네. 그날 밤 보스턴 항구에서." — 올리버 웬들 홈스, 『보스턴 티 파티의 발라드』

1773년 가을, 영국 동인도회사는 찰스턴, 필라델피아, 뉴욕, 보스턴에 판매 대리인을 임명하고 회사 방침대로 첫 번째 차 선적 물량을 보냈다. "차를 팔 수 없을 것 같다"는 뉴욕 판매 대리인의 경고는 무시되었다. 처음에는 필라델피아, 곧이어 뉴욕과 보스턴에서 벌어진 대규모 집회에서 사람들은 차가 육지에 하역되는 것을 저지하기로 결의했다. 11월 28일 보스턴으로 차를 싣고 오던 세 척의 배 중 첫 배가 입항했다. 시민들은 선장에게 차를 제외한 다른 것만 내리도록 허가했고, 차를 하역하지 못하도록 24시간 감시했다.

법에 따라 입항 후 20일이 지나면 선적 화물은 세관에 압류되어, 체납 세금을 지불하기 위해 판매되어야만 했다. 판매 대리인들은 이 상황을 기다리고 있었다. 세관은 영국 군대가 호위하고 있었기 때문에 안전하다고 여겼다. 압류와 하역이 이루어지기 하루 전인 12월 16일, 보스턴의 모든 상거래가 중단되고 인근 도시에서 수백 명이 집결했다. 보스턴에서는 처음 있는 대규모 집회였다. 연설이 줄이어 행해졌고, 배의 선장, 세관 관리들, 시장과의 협상이 진행되었다. 그러나 밤이 될 때까지 협상에는 어떠한 진전도 없었다.

협상단이 해산되기 전 존 로라는 저명한 상인이 뜬금없이 물었다 "차가 소금물과 어떻게 섞이는지 아는 사람 있소?" 이 말이 미리 준비된 신호인지 아닌지는 알 수 없으나, 한 무리의 남자들 입에서 "와" 하는 인디언 함성이 대답처럼 터져 나왔다. 모두 모호크 인디언 복장으로 위장한 20~90명의 인파가 그 장소에 있었다. 많은 애국 투사가 뒤따르는 가운데, 그들은 계획한 대로 곧장 배를 향해 나아가면서 세관 관리와 선원 들에게 길을 비키라고 경고했다. 그리고 차 상자를 갑판으로 끌고 와서는 바다로 던져버렸다. 이들은 차를 싣고 도착한 나머지 두 척의 배에 올라가 같은 일을 되풀이했다. 약 4톤으로 추정되는 차를 전부 보스턴 앞바다에 던져버린 것이다. 1773년 12월 23일 자 『매사추세츠 관보』에는 이 작전이 다음과 같이 묘사되었다.

그들은 매우 능숙하게 이 상품을 못 쓰게 만드는 데 최선을 다했다. 세 시간 사이 그들은 342상자를 부쉈는데, 이는 세 척에 실려 있던 전체 물량이다. 상자에 들어 있던 내용물은 바다에 버려졌다. 물결이 일자 부서진 상자와 차가 떠다녔다. 바다 표면을 차로 가득 채울 만큼 어마어마한 양의 차는 바닷가 방갈로와 남부 도체스터넥까지 밀려왔다.

보스턴 티 파티가 워낙 유명해서 다른 차 항거운동을 무색하게 만들긴 하지만 다른 지역에서도 곳곳에서 저항이 잇달았다. 애국 투사들은 그리니치에서도 인디언으로 위장했다. 필라델피아로 가는 차가 실제로는 인근의 그리니치에서 하역되었기 때문이다. 당시 그리니치는 뉴저지에서 가장 큰 도시였다.

이런 상황에서 찰스턴 지역의 판매 대리인들은 회사와 맺은 계약에 대해 돌연 마음을 바꿨는데, 차를 받지 않거나 차 세금을 내지 않는 것이 자신들에게 훨씬 더 유리하다는 사실을 깨달았기 때문이다. 차는 습기 가득한 지하 창고에서 썩어가고 있었다. 1년 후, 차를 싣고 정박한 브리타니아 호 앞에서 대규모 군중이 시위를 벌였다. 배와 화물이 통째로 불탈 것을 우려한 소유주들은 회사의 판매 대리인들을 불러 모은 다음, 모든 시위자가 보는 앞에서 상자를 부숴 차를 난간 밖으로 버리라고 강요했다.

폴리 호 선장 새뮤얼 에이어스가 1773년 12월 26일 필라델피아에 도착할 무렵, 이미 많은 반대 집회가 이곳에서 열리고 있었다. 시민위원회는 선장을 만나, 필라델피아에서 열리는 최대 규모의 대중 집회에 자신들과 같이 참석해달라고 요구했다. 필라델피아 시민들은 이미 그리니치에서 일어난 사건에 대해 알고 있었다. 필라델피아 시민들이 보스턴 차 사건을 처음 접하고 만장일치로 결의안을 통과시킨 것은 야외 광장에서였다. 여러 가지 안건 가운데 결의안은 다음 사항을 규정했다. 즉, "에이어스 선장이 지휘하는 폴리 호에 실린 차는 하역을 금지한다. 선장은 즉시 차를 가지고 돌아가라. 시민들로 이루어진 위원회를 꾸려 이 결의안이 실행되는지 지켜볼 것이다."

에이어스 선장은 결의안뿐 아니라 자신에게 타르 칠을 하고 깃털로 장식할 것을 공공연히 요구하는 내용의 포스터가 곳곳에 붙어 있는 것에 깊은 인상을 받았을 것이다. 왜냐하면 그 자신이 현명하게 시민들의 열망에 부응해 다음 날 차를 싣고 런던으로 돌아가는 먼 여행을 시작하겠다고 약속했기 때문이다. 회사의 판매 대리인들도 직접 목격한 대규모 저항의 의미를 알 만큼 지혜로운 사람들이었다. 이들도 대세에 따랐다.

이후 아주 유사한 형국이 4월에는 뉴욕에서, 몇 달 후에는 아나폴리스와 메릴랜드에서 벌어졌다. 선주인 페기 스튜어트는 배의 공동 소유주이자 마을의 스코틀랜드 상인에게 넘겨줄 화물 1톤을 싣고 입항했다. 이전에는 차에 세금을 지불한 만큼 가져갔지만, 이번에는 동료 시민들이 모여들어 그에게 선택을 강요했다. 즉, 그 자리에서 교수형을 당할지, 배와 화물을 모두 불태울지를. 그의 선택은 분명했고, 신변의 안전을 위해 즉시 미국을 떠났다.

우리가 이미 알고 있는 것처럼, 덜 투쟁적이었지만 결코 덜 애국적이지는 않았던 시위가 일주일 후 주요 도시였던 노스캐롤라이나의 에덴턴에서 일어났다. 세 번 결혼하고 세 번 미망인이 된 나의 선조 퍼넬러피 바커의 지휘하에 에덴턴의 여성들은 "우리 조국을 예속시키려는 모든 조항이 폐지되는 그날까지 차 마시기 같은 유해한 관습에 따르지 않을 것"을 다짐했다. 이와 마찬가지로 영국 정부는 정부대로, 미국에서 반드시 차에 과세해야 한다는 단호한 입장을 견지했다.

"우리는 차를 끊었답니다"

"차 상자 하나에는 수많은 시와 고아한 정취가 들어 있다." ― 랠프 월도 에머슨, 『편지와 사회적 목표』

대포와 소총 소리가 요란하게 울려퍼지는 가운데 차에 대한 태생적 혐오감을 지닌 채 미국이라는 공화국이 탄생했다. 식민지 주민들은 돌연 단호하게 차를 외면했다. 「독립선언문」에 서명을 하러 가는 길에 존 애덤스는 아내 애비게일에게 편지를 썼다. 편지는 어떤 여관에서 있었던 일에 관한 내용이었다. "지친 여행자가 한 잔의 차로 기운을 차리는 것은 법적으로 정당한 일이죠? 게다가 그 차가 정직하게 밀수되어 세금을 내지 않은 것이라면 말입니다." 애덤스가 부탁하자 여관 주인의 딸은 단호하게 답했다. "안 됩니다, 손님. 우리는 차를 끊었답니다. 하지만 꼭 원하신다면 커피를 드릴 수는 있어요."

1785년 5월 1일 자 뉴욕의 『데일리 애드버타이저』는 1면에 소우총 광고 4건을 실었다. 반대쪽에는 다구 광고, 보헤아 광고 "70상자, 매우 신선함"이 실렸고, 또 다른 광고에서는 소우총, 시퀸, 통카이, 싱글로, 보헤아를 선전했다.(과거에는 차가 제품명에 따라 각기 다른 상품으로 알려져 있었다는 점에 주목하라. 티백 홍차가 대세가 된 뒤로 불행히도 '차'는 이름 없는 상품이 되었다.)

그러나 미국 독립 후 몇 년이 지난 이 무렵 차는 외면받는 상품이었다. 조지프 매킨 목사가 같은 해에 매사추세츠에서 자신의 서품을 축하하는 연회를 열었을 때(추측건대 간소한 행사였을 것이다) 식당 계산서를 보면 80여 명의 손님이 점심과 저녁으로 먹은 것은 다음과 같다. 도수가 높은 펀치 74잔, 와인 28병, 브랜디 8잔, 체리 럼주 소량. 이 거나한 계산서의 맨 밑에 소박한 품목이 적혀 있다. "여섯 명이 차를 마심, 9펜스." 80여 명 중 단 여섯 명이 차를 마신 것이다. 1년 전인 1784년 차 세금을 폐지한 영국에서는 1만5000톤의 차를 소비했는데 말이다. 매킨 목사의 파티가 열리기 1년 전인 그해, 미국인들은 중국과 처음 직거래한 것이라고 선전하는 차를 뉴욕에서 구입할 수 있었다. 마침내 막강한 영국의 동인도회사를 거치지 않고 직접 차를 수입하게 된 것이다.

제국주의의 수단이 된 중국차

"중국에서 영국을 향해 가는 우리의 항해(1770)에는 세인트헬레나 섬에 기항하는 여정이 포함되어 있었으며, 그 주에 악천후 때문에 배가 영국해협에 정박해 있었음에도 넉 달 나흘밖에 걸리지 않았다. 동인도회사 범선의 항해 중 가장 짧은 항해였다." — 윌리엄 히키, 『윌리엄 히키의 회고록』

18~19세기 초 영국해협을 미끄러지듯 들어오는 동인도회사 범선의 위풍당당함을 따라올 존재는 없었다. 깃발을 휘날리는 영국 해군 호위함의 보호를 받으며 구름같이 돛을 펼친 20척이 넘는 대형 선박의 행렬이 이어졌다. 이들 선단과 거기에 탄 선원 및 승객 들은 런던에 있는 인디아 하우스의 명령에 따라 항해를 이어나갔다. 인디아 하우스는 존 컴퍼니, 공식적으로는 동인도 영국 무역상 연합의 본부였다. 이곳을 움직인 사람들은 세계사에서 지금껏 가장 강력한 경제 집단의 이사와 관리자 들이었다.

그들이 한 행동의 결과는 크든 작든 오늘날에도 여전히 영향을 미치고 있다. 존 컴퍼니는 밀수업자와 소비자 들로부터 부패와 사익을 위한 독점의 상징으로 증오와 혐오를 받았다. 그러나 존 컴퍼니는 콜카타, 뭄바이, 싱가포르, 홍콩 같은 도시들을 탄생시키기도 했다. 또한 해적을 소탕하기 위해 윌리엄 키드 선장을 고용했으며, 엘리후 예일을 부자로 만들어 대학 기부에 힘쓰게 하기도 했다.

동인도회사의 조직 구조는 오늘날까지도 주식회사의 모델이 되고 있다. 미국 국기인 성조기도 동인도회사의 깃발에서 영감을 받은 것이다. 전형적인 뉴잉글랜드의 교회는 동인도회사의 런던 예배당을 본뜬 것이고, 러시아의 상트페테르부르크도 표트르 대제가 신분을 속이고 일한 동인도회사의 조선소를 모델로 한 것이다. 동인도회사는 영국령 인도를 건설하고 보스턴 차 사건의 원인을 제공했으며, 나폴레옹을 회사 소유의 세인트헬레나 섬에 유배하기도 했다. 이런 오랜 기간의 노력과 대규모 사업은 주로 차를 통해 보상을 받았다. 회사는 1780년대 이후부터 주로 두 가지 중독성 기호품으로 이익을 창출했다. 중국차를 수입해 유럽에 내다 팔고, 인도에서 아편을 생산하여 중국에서 연기로 사라지게 한 것이다.

차를 소개하면 어디에서든 즉각 수요가 생겼다. 유럽, 아메리카, 인도, 심지어 라플란드에서도 차를 마셨고, 평민이든 귀족이든 구분이 없었다. 차에 대한 영국인의 갈망은 이들 중에서도 최고였다. 수요가 최초로 급격히 증가한 시기는 1720년이 지나서였고, 영국이 카리브 해 연안에서 설탕 수입을 늘린 시기와도 관련이 있었다. 1730년 존 컴퍼니는 450톤 이상의 차를 수입했는데, 이는 10년 전보다 4배나 늘어난 양이었다. 회사는 100만 파운드가 넘는 이익을 거둬들였다. 1760년 차 수입량은 거의 1400톤에 달했고, 1770년에는 4000톤까지 치솟았다.

1801년 영국에는 차 유통에 종사하는 3만 명의 도매상과 소매상 들이 있었고, 1인당 연간 차 1.1킬로그램과 설탕 7.7킬로그램을 소비했다. 차는 단연코 회사에 가장 많은 이윤을 남기는 상품이 되었다. 광저우 부둣가 45미터 구간에서 이루어지는 무역의 가치가 인도 전체에서 발생하는 이익을 훨씬 초과했다.

| 동인도회사의 선단.

이들 바다 제국에 연결된 선박들은 부를 창출하는 동시에 요새 겸 떠다니는 창고가 되도록 건조되었다. 1700년대 말까지 회사는 선박을 깊고 넓게 건조했는데, 화물 적재 공간을 최대한 넓히는 동시에 세금을 피하기 위해서였다. 이 '차 운반선'은 멀미가 날 정도로 갈지자를 그리며 바다를 항해했다. 그러다 보니 속도가 너무 느려서 영국과 중국을 왕복하는 데 거의 1년이 걸렸다. 배 위에

서의 상황은 비교적 양호해서, 매년 동인도회사 사업에 전념하기 위해 영국에서 아시아로 떠나는 승객 수천 명은 앞으로 직면하게 될 위험 같은 것은 전혀 느낄 수 없었다. 다만 화물, 무기, 승객용 식량 틈에 정어리처럼 꽉 끼어서 불편하게 갔을 뿐이다.

1790년경 동인도회사는 기존 선단 120척을 거의 두 배의 화물을 적재할 수 있는 선박으로 교체했다. 대포 74문을 탑재해 전함 급으로 건조하여, 앞으로 23년간 전개될 프랑스와의 경쟁에서 매번 우월함을 증명했다. 그중 가장 유명한 사건이 1804년에 있었다.

중국에서 3600톤에 해당하는 차와 비단, 자기를 싣고 돌아가던 동인도회사 선대는 믈라카 해협 길목(15년 후 스탬퍼드 래플스 경은 이곳에 동인도회사를 위한 싱가포르를 건설한다)에서 기다리고 있는 위협적인 프랑스 함대를 발견했다. 너새니얼 댄스 장군은 침착하게 범선들을 전투 대형으로 배치하고, 선두에 있는 배 세 척에 동인도회사의 깃발 대신 영국 해군의 깃발을 내걸도록 명령했다. 하루 밤낮 동안 프랑스 배가 쫓아왔다. 프랑스 제독은 나중에 이 사건을 이렇게 묘사했다.

"만일 낮 시간에 보인 대담함이 책략이었다면 영국 배는 어두운 밤을 틈타 몰래 도망치려고 했을 것이다. 그러나 나는 곧 이들의 방어 태세가 위장술이 아니라는 사실을 확신하게 되었다. 왜냐하면 그중 세 척은 계속 불빛을 밝혔고, 함대는 전투 대형을 유지했기 때문이다."

댄스 장군은 다음 날 함포 사격을 주고받는 순간까지 긴박한 도박을

밀고나갔다. 그는 프랑스 제독이 겁을 먹고 뱃머리를 돌릴 때 추격하라는 신호를 보냄으로써 이 속임수 전략을 멋지게 마무리했다. 정확하게 6개월 후 런던에 도착했을 때 그는 성대한 환영을 받았다. 조지 3세에게 작위를 수여받고 어디서나 환대를 받았다. 뿐만 아니라 동인도회사가 500파운드의 연금을 주기로 하면서 그는 부자가 되었고, 그가 이끈 16척의 배에 탄 장교와 선원 들도 5만 파운드를 보너스로 받았다.

영국의 자랑이었던 동인도회사의 선단은 시간이 지나면서 클리퍼선과 곧 이어 출현한 증기선이 등장한 후 고물이 되어 팔렸다. 알려진 마지막 범선은 1920년대까지 사용되었는데, 스페인의 지브롤터 해협에서 예인선 뒤에 돛대도 없이 끌려 다니는 석탄 운반용 폐선의 모습이었다. 한때 이 범선과 함께한 차 무역의 그 화려한 모험과 막대한 부는 이제 잊히고 말았다.

한편 이 범선들은 동인도회사가 지구상에서 가장 오래된 문명인 중국에 가한 파괴를 상징하는지도 모른다. 훗날 영국 수상이 된 윌리엄 글래드스턴은 이를 인정했다. 광저우 항의 영국 깃발은 "추악한 밀수품 거래를 보호하기 위해 매달려 있었다. (…) 우리는 두려움을 안고 그런 상황으로부터 물러나야만 했다".

하지만 누구도 이 두려움을 '동양 제국의 후예'인 중국인들보다 더 처절하게 느낄 수는 없었을 것이다. 셀 수도 없는 중국인이 하찮은 막노동일을 하기 위해 자신들의 '천상의 왕국'을 떠나야 했고, 중국 밖의 모든 곳에서 상처와 차별의 고통을 견뎌야만 했다. 동요에도 남아 있는 것처럼.

칭크(중국인을 대단히 모욕적으로 부르는 말—옮긴이) 칭크, 중국인들

철로에 앉아 있네,

백인이 와서는 꼬리를 잘라버리네……

영국 악마들과의 추잡한 거래

"그(1793년의 영국 사절)는 자신이 이미 중국을 잘 안다고 생각했을지 모른다. 그는 중국차를 중국 자기잔에 마셨고, 옻칠이 된 그의 중국 필통에는 중국옷을 입은 사람들이 그려져 있었다. 최고 부유층인 그의 친지들은 자신들 땅을 가꿀 때 프랑스 양식을 피하고 대신 중국식 정원을 모방했다. 정원은 온갖 종류의 식물들, 조그맣고 흰 대리석 탑과 아치형 다리가 과하게 많이 놓인 인공 협곡으로 꾸며졌다. 중국 유행이 유럽을 휩쓸었다." — 알랭 페르피트, 『두 문명의 충돌: 영국의 중국 원정 1792~1794』

명나라는 1368년에 건국되어 한동안 중국을 훌륭하게 통치했다. 하지만 명나라 말기의 황제들은 국정 일반을 환관에게 맡기고 명목상으로만 중국을 다스렸다. 부패와 사치, 경제 파탄은 예견된 결과였다. 몇 세대에 걸쳐 탐욕스럽고 무책임한 환관들이 그릇된 통치를 하자, 결국 백성은 황실에 저항해 봉기했다. 중국 북부에서 일어난 반란이 감당할 수 없을 만큼 거세지자 명나라의 장수는 만리장성 밖에 있는 호전적인 만주족에게 구원을 요청했다. 1644년 만주족이 만리장성을 넘었을 때, 도움을 청한 장수는 판세가 뒤집혔음을 깨달았다. 명나라는 급속히 붕괴되었고, 만주인들은 20여 년 만에 중국 전체를 차지해 만주 왕조인 청나라를 세웠다.

과거 송나라에 속했던 중국 남부에서는 명 왕조가 망해가는 혼란의 수십 년 동안 적대적인 정권들과 정치적 혼란 그리고 관리들의 부패로 나라가 분열되었고 해적과 반란 세력 들이 혼란을 가중 시켰다. 그러나 해적들은 오히려 존경을 받았고, 명나라에 충성하는 중국인들은 심지어 이들을 애국자로 여기기도 했다.

의심의 여지 없이 위대한 인물이었던 한 해적 두목은 1000척에 달하는 함대를 지휘하며 1630년경에는 양쯔 강 어귀에 이르는 먼 북쪽 해안까지 영향권에 두었다. 시대를 앞서갔던 화교 정지룡鄭芝龍은 가톨릭 개종자였는데 네덜란드 동인도회사의 통역관 일도 도맡았다. 그는 화려한 삶을 살았다. 네덜란드 병사들로 구성된 경호원과, 마카오로 끌려온 포르투갈 노예인 기독교도 흑인 300명을 수행원으로 데리고 있었다. 만주인 침략자들은 정지룡의 허영심을 이용해 그를 속이고 사로잡는 데 성공했고, 정지룡은 결국 15년간의 투옥 생활 끝에 1661년 처형되었다.

복수심에 불탄 그의 아들 정성공鄭成功(한때는 난징을 포위하기도 했다)도 끔찍한 골칫거리라는 것이 드러나자, 황제는 백성을 내륙 20킬로미터 안으로 이주시켜 중국 해안지역에서 떠나도록 명령했다. 그러나 정성공이 1662년 6월 23일 39세의 나이로 돌연 사망함에 따라 명령은 철회되었다. 그의 다음 전략은 스페인에게서 마닐라를 빼앗는 것이었으나, 정성공의 함대는 뿔뿔이 흩어져 더는 위협적인 존재가 되지 못했다.

푸젠 성과 해협을 사이에 두고 마주한 타이완이 세계 무대에 등장한 것 또한 1600년대다. 타이완은 원래 말레이어를 사용하는 주민들이 살던 곳으로, 네덜란드인과 중국인, 유럽 해적 들이 기지로 사용하면서 물자 보급 및 휴식을 위해 점령했던 곳이다. 타이완을 지배하려 한 첫 번째 중국 왕조는 청나라였는데, 1687년 무렵 자신들의 안전을 위해 타이완을 정복하지 않을 수 없었다. 야생 차나무가 타이완에서 발견되긴 했지만 1800년대 중반까지 타이완에서는 차를 전혀 재배하지 않았다.

이런 혼란 속에서 영국인들은 네덜란드인, 포르투갈인과 함께 몇 군데의 중국 항구에서 다양한 물품을 거래하고 있었다. 거기에는 물론 차도 포함되었다. 이 무렵 포르투갈은 다른 유럽인들이 마카오에서 무역을 하도록 허가하는 것이 자국에도 유리하다고 판단했다. 하지만 1680년대 즈음 동시대인인 루이 16세처럼 강력한 권세를 갖고 있던 강희제康熙帝(재위 1661~1722)는 중국 국경선을 엄격하게 통제했다. 그는 포고문을 내려 라오판佬番(백인 남성을 얕잡아 부르는 중국어—옮긴이)과의 접촉을 광저우 항에서만 할 수 있도록 제한했다. 마찬가지로 1689년에는 러시아인들도 조약에 따라 고비 사막의 변경 기지에서만 무역을 하도록 규정했다.

그러다가 존 컴퍼니가 마침내 광저우 항에 상관을 열도록 허가받았다. 광저우 항은 영국 외에도 마카오에서 온 포르투갈인, 마닐라에서 온 스페인인, 타이완에서 온 네덜란드인, 덴마크인, 스웨덴인, 프랑스인, 그리고

1784년 이후에는 미국인에게까지 개방되었다. 공식적으로 외국 무역은 이곳에서 적어도 160년간 유지되었다.(저자의 오류로 추정된다. 중국의 대외 무역항은 중국 정세에 따라 봉쇄와 개방을 반복하다가, 정세가 안정된 1685년에는 해금 정책을 철폐하고 오히려 4개 항구를 개방했다. 무역항을 광저우로 제한해 소위 '광둥 무역체제'라 불렸던 시기는 1757년이다—옮긴이.) 독점 무역체제를 공고히 한 존 컴퍼니의 철권 정책은 어떠한 영국 국민도 동인도회사의 허가 없이는 광저우에 상륙할 수 없으며, 허가를 받은 영국 배만이 무역을 할 수 있도록 엄격하게 통제했다.

청나라 초기 강희제와 손자인 건륭제乾隆帝(재위 1735~1795)는 역사상 가장 위대한 황제였다. 강희제는 해안을 평정하자마자 남방 순행을 두 차례 실시했다. 그러면서 항저우 외곽에 행궁을 건설하도록 하고 유명한 용정차龍井茶와 벽라춘碧螺春을 생산하는 다원들을 때맞춰 방문하여 그곳에서 봄에 나는 햇차를 맛보았다. 이것은 중국인들이 가슴에 담고 있는 가치를 존중하기 위한 깊은 배려였다. 왜냐하면 만주인들은 전통적인 녹차의 진가를 인정하지 않는 것으로 악명 높았고, 홍차에 우유를 넣는 이민족의 방식을 더 선호했기 때문이다. 강희제는 '용정차'를 공물 차로 지정하고, 자신이 맛본 탁월한 차에 '벽라춘'이라는 이름을 지어 오늘날까지 이름을 남겼다.

그는 또 '외국 악마들'에게서 이익은 최대한 취하고 혼란을 최소한으로 줄이려고 애썼다. 또 이들과의 모든 거래를 통제하는 것을 제국의 정책

| 푸젠 성 샤먼廈門에 있는 정성공 기념상. 규모가 어마어마하다.

으로 삼았다. 이러한 제국의 목표를 감안한다면 무역과 관련해 항구를 통제하는 조치보다 더 합리적인 체제는 상상하기 어려우리라. 황제는 항구에 들어오는 외국 배의 적재량에 기초해 세금을 매기고 자신의 국고에 보낼 관리를 임명했다. 광저우 항에 거주하는 영국인과 다른 유럽인 들은 소위 '8대 규정'에 따라 관리되었다. 다른 조건들을 살펴보면, 광저우 항에서는 8월에서 이듬해 3월 사이(항해가 가능한 기간)까지만 머물 수 있었고, 부인이나 다른 여성 들은 동반할 수 없었다. 따라서 외국인들은 허락된 기간 외에는 마카오에서 아내들과 함께 시간을 보냈다. 또 유럽인은 현지 중국인과 교제할 수 없었다. 모든 거래는 권한을 위임받은 상단을 통해서만 가능했다.

1687년 강희제가 광저우 항으로 제한한 무역 정책은 1757년 건륭 22년부터 더욱 강화되었다. 그는 호포(관세를 걷거나 무역 업무를 처리하는 중국인 관리—옮긴이)와 공행公行 제도를 '중국주식회사'라는 사업체의 조직처럼 운용하여, 거꾸로 동인도를 독점한 유럽인들과의 거래 전반을 통제하려 했다. 보통 고용주가 고용인에게 급료를 지불하는데, 중국에서 호포는 급료를 받지 않고 자신의 권한을 이용해 돈을 벌었다. 호포의 수입은 주로 8명의 상인에게서 나왔다. 외국인 무역 업무를 담당하는 상인 8명을 임명하는 사람이 바로 호포였기 때문이다. 놀랍게도 이 시스템은 잘 돌아갔고, 심지어 모든 관계자가 돈을 벌었다. 소위 '공행'이라 불린 이들 상인은 유럽인과 우호적인 관계를 맺었고, 때로는 유럽인이 어려움에 처하지 않도록 하기 위해 엄청난 비용을 들여 뇌물과 묘책을 마련하곤 했다. 호포는 자신들이 바라는 것, 즉 돈을 벌기 위해 바람직하지 않은 방법에 의존했다. 이것이 바로 무역 관세보다도 더 가혹한 강제 징수였다.

유럽에서 온 배는 항구에 도착하자마자 으레 모든 관계자에게 값비싼 선물을 나눠주어야 했다. 그리고 배의 길이와 폭에 따라 세금을 내고 나면, 화물 가치의 15퍼센트 가격에 달하는 별도의 세금도 납부해야 했다. 마지막으로 일종의 보험금도 내야 했는데, 이는 공행의 구성원이 파산하거나 그 몫의 이익이 남지 않을 때 같은 황당한 경우에 대비한 것이었다. 그러나 이 모든 것은 무역을 시작하기 전에 들어가는 기본적인 비용에 불과했다. 만일 배에 특별한 사정이 있거나, 조금이라도 항해를 서둘러야 할 때는 더 많은 뇌물이 필요했다. 뇌물을 충분히 바치지 않으면 호포가 출항 전 반드시 이루어져야 하는 배의 측정을 무한정 미루는 일도 빈번했다. 이들은 항상 그랬던 것처럼 선장이 거래를 신속히 마무리하고 계절풍이 불어올 때에 맞춰 출발해야만 하며, 그러지 못할 경우 한 철을 낭비해야 한다는 것을 알고 있었다.

이렇게 '외국 악마들'에게 세금이 부과되었다면, 공행들도 마찬가지로 세금을 냈다. 1700년대 후반 제임스 스콧은 다음과 같이 썼다.

> 동인도회사의 통역자 모리슨 박사는 공행으로 고용돼 특혜를 받기 위해 연간 지불해야 하는 최소액을 다음과 같이 추정했다. 황제의 생일과 다른 행사를 위한 선물 5만6000파운드, 호포에게 직접 주는 돈 1만4000파운드, 다른 관리에게 주는 뇌물 1만4000파운드, 황하 기금Yellow River Fund(공식적으로는 자선기금이지만 호포들의 고향에만 자금이 흘러든다) 1만 파운드, 인삼 강제 구입비 4만6000파운드. 모두 합하면 13만 파운드였고, 이 금액을 공행 8명이 매년 그들을 임명한 호포들에게 지급했다. 어떤 공행은 호포들로부터 파산 압력을 받았고, 그러면 호포의 빚을 변제하는 데 공소公所 기금(보험)을 사용해야 했다. 그럼에도 불구하고 공행들은 최소 500만 파운드의 부를 쌓은 것으로 알려졌다. 호포들도 점점 더 부자가 되어갔다. 이는 엄청난 부를 말하는 것이다. 상황이 이런데도 궁극적으로 이 모든 돈을 지불해야 했던 이민족 상단들 역시 점점 더 많은 부를 축적했다. 이것으로 중국 무역의 가치가 얼마나 엄청났는지, 그 단면을 알 수 있다.

동인도회사 대리인도 대단한 사람들임에 틀림없다. 비단 전문가로서 이들은 모든 샘플 상품을 한눈에 평가할 수 있어야 했다. 그들은 또한 수많은 종류의 차와 그 가치에 대해서도 통달해야 했다.(하지만 다원들은 광저우에서 멀리 떨어져 출입이 금지된 내륙에 있었기 때문에, 이들은 차 농사나 최종 제품의 가공과정에 대해서는 아는 바가 거의 없었다.)

그러나 어쨌든 사업을 하려면 동인도회사 대리인이 중국 측 거래처와 얼굴을 맞대고 대화해야 했다. 그러기 위해서는 공용어가 필요했다. 한 번쯤 들어보았을 '피진pidgin'이라는 용어는 '비즈니스business'라는 단어가 중국어로 와전된 것이다.(완전히 잘못 전해졌다.) 거래는 피진 용어로 이루어졌다. 이 언어는 문법이 없었고, 영어와 포르투갈어, 인도 단어들로 이루어져 있었다. 중국인들은 모든 단어를 들리는 대로 발음했다.

이 중 많은 단어가 지금도 영어에서 사용되고 있다. 예를 들면 '만다린mandarin'은 포르투갈어로 '명령하다'를 뜻하는 '만다르mandar'에서 유래했는데, 명령을 내릴 수 있는 관리를 나타내는 말로 사용된다. 영어의 '캐시cash'라는 단어는 포르투갈어로 '상자'를 의미하는 '카이샤caixa'에서 온 말로, 중국 상인들은 가운데가 네모나게 뚫린 중국 동전을 보며 이 단어를 연상했다. 영어로 음식을 나타내는 속어 '차우chow' 혹은 '차우차우chow chow'는 오늘날 혼합된 과일, 채소, (과일 통조림에 사용하는) 시럽 등으로 만든 렐리시(양념한 과일, 채소를 걸쭉하게 끓인 뒤 차게 식혀 먹는 북미식 소스—옮긴이)를 가리키는데, 이는 '화물cargo'을 나타내는 피진 용어에서 출발한 것이다. 온갖 것이 조금씩 포함된 화물을 싣고 중국에서 빠져

나가는 배의 선장들은 화물 항목을 일일이 적지 않고 '차우차우'라는 라벨만 각 화물 상자에 붙였다. 선장들이 데리고 온 강아지도 마찬가지로 차우차우라고 불렸는데, 나이 든 뱃사람들의 눈에는 강아지들 또한 그저 차우차우, 즉 또 하나의 화물처럼 보였기 때문이다. 'chop' 혹은 'chop-chop'은 문맥에 따라서는 거의 모든 것을 의미할 수 있었다. 예를 들면 '수행자dandy', '막노동꾼coolie' 혹은 '계집아이chit'를 모두 뜻하며, 이들은 모두 인도 말에 기원을 둔다.

이런 사례는 끝이 없다. 외국인을 혐오하는 중국 정부는 심지어 자신들의 언어조차도 국가 기밀로 간주했다. 외국인에게 중국어를 가르치다가 발각되면 참수형에 처해지는 상황이었으니, 중국어를 제대로 배우기란 쉽지 않았다. 그러다 보니 옹알이 수준의 유치한 대화로 그럭저럭 만족해야 했다.

캐디Caddy

가정에서 차를 보관하는 뚜껑 달린 용기를 말한다. 말레이어 '카티kati'가 원래 뜻과 다르게 전해지며 옛 중국의 무게 단위(1과 3분의 1 상형파운드)를 가리키게 되었는데, 이것을 동인도회사가 차의 표준 중량(약 0.6킬로그램)으로 정했고(처음에는 '캐티catty'로 불렸다), 18세기에 이르러 휴대가 가능하며 탁자 위에 올려놓을 수 있는 형태의 차 용기를 가리키는 이름으로 쓰인 것이다. 차가 가장 비쌌던 시기에는 캐티에 자물쇠를 채우고, 유일한 열쇠는 안주인이 소중하게 관리하곤 했다.

중국인을 아편 중독에 빠뜨리다

"기쁘게 찬양할지니. 이 얼마나 유쾌하고 즐거운 세상이 될 것인가! 빚, 근심, 비통함, 욕망, 고뇌, 불만, 우울, 과도한 미망인 급여, 세금, 헤어나지 못할 거짓말의 미궁만 아니라면." — 로런스 스턴, 『신사 트리스트럼 섄디의 삶과 견해』

언어는 중국과의 무역에서 주된 장애물이 아니었다. 오히려 화폐가 더 큰 장애물이었다. 영국이 대 중국 무역에서 제공할 수 있었던 물품은 주로 모직물이었는데, 더운 지방인 광저우에서는 사려는 사람이 그렇게 많지 않았다. 반면 모직물이 환영받았을지도 모를 한랭한 중국 북부에서는 판매가 허용되지 않았다.

차와 모직물 거래에 격차가 벌어지자 중국인들은 물건 값을 은으로 지불해줄 것을 요구했다. 처음에는 양이 그다지 많지 않았다. 그러나 영

| 아편에 빠져든 중국인들의 모습.

국인들이 매년 차를 수십 톤씩 구입하기 시작하면서 차는 '유럽의 모든 은이 흘러 들어가는 관문'이 되었다. 스웨덴 사람 린나에우스의 말을 인용하면 "1760년 이전까지 동인도회사가 중국에 수출한 물품의 90퍼센트는 은이었다." 하지만 고대 로마의 금 부족 이야기가 재현될 것 같은 상황에서도 회사는 어쨌든 살아남았다. 동인도회사가 성공할 수 있었던 비결은 아편이었다.

영국의 감리교 복음 전도사인 존 웨슬리가 신도들에게 절제할 것을 당부한 음료가 지구 반대편에서 아편 중독이라는 대가를 치르고 얻어진 것이라는 점을 곰곰 생각해보면 매우 의미심장하다. 영어를 모국어로 사용하는 거의 모든 지역 주민을 차에 중독되게 만든 대단한 동인도회사는 차를 공급해주는 중국인들을 자신들의 또 다른 상품인 인도산 아편에 빠져들게 했다. 마약은 중국에는 거의 알려지지 않았었는데, 1600년대 들어 네덜란드인들이 역사상 가장 사악한 문화적 교환물을 전파한 것이다. 중동에서 온 아편과 아메리카 원주민의 파이프 담배가 만나 이때부터 아편이 애용되었다.

뒤이어 중국도 곧 담배를 재배했고, 이제 더 많은 아편을 소비하는 것은 시간문제였다. 인도에 대한 통제권을 행사하고 있었던 동인도회사는 인도산 아편의 독점 거래권을 가지고 있었다.

동인도회사는 콜카타에서 경매를 통해 매년 아편을 팔았고, 팔아넘겼으므로 자신들에게는 책임이 없다고 조심스럽게 주장했다. 아편은 '국내 상사'라고 불리기도 했던 '브리티시앤파시'라는 회사들이 사들였다. 이들은 동인도회사의 중개로 중국과 인도 상품을 거래하고 있었다. 동인도회사가 내건 유일한 조건은 이 국내 상사들이 구입한 아편을 중국에서 은을 받고 팔아야만 한다는 것이었다. 전자 금융이 없던 시절이었으므로, 이 국내 상사들은 광저우에서 아편을 팔고 받은 은의 가치에 해당하는 금액을 런던의 동인도회사에 청구하는 편을 선호했다. 동인도회사도 이를 더 반겼고, 국내 상사들은 은화를 런던까지 이송해야 하는 위험을 피할 수 있었다.

이렇게 해서 동인도회사는 중국인들이 아편을 구입하고 지불한 은화를 확보할 수 있었고, 그것을 그대로 중국차를 구입하는 데 썼다. 은이 유통된 것은 분명했지만, 실은 원래 있던 자리에서 계속 맴돌았던 것이다.

중국 황제는 백성들이 타락해가는 것을 보고도 별 반응이 없다가, 1800년이 되어서야 아편 수입을 엄격히 금했다. 그 결과 황제는 응당 거두어야 할 관세까지 사취당하는 신세가 되었다. 아편은 더 이상 선착장까지 들어오지 못하고 광저우 만 한가운데에 있는 섬으로 운송되었다. 이곳에서 아편은 정박해 있는 폐선에 보관되다가 노가 많이 달린 중국 갤리선(지네 혹은 '휘젓는 용scrambling dragons'으로 불렸다)으로 옮겨져서는 해안가로 몰래 입수되었다. 중국인들은 이 아편을 '외국에서 온 진흙舶來泥'이라 불렀다.

영국은 외교적 노력을 계속했지만, 중국인들은 모든 백인을 공물을 갖다 바쳐야 하는 '오랑캐'로 간주했다. 예를 들면 1792년 조지 매카트니 경은 "황제에게 공물을 가져가는 자Tribute-bearer to the Emperor"라고 새겨진 작은 배를 타고 강을 거슬러 올라갔다. 그러나 궁궐에 도착한 그가 고두叩頭의 예를 올리려 하지 않았다는 이유로 황제와의 접견이 거절되었다. 머리를 조아리는 것은 자부심 강한 영국 귀족에게 절대 불가한 일이었다. 매카트니는 결국 무릎을 굽히는 것으로 타협하고 황제를 만났지만, 어떠한 무역 협정도 맺지 못하고 돌아와야 했다.

몇 년 후 제프리 애머스트 경에게는 심지어 접견조차 허락되지 않았다. 중국의 지배층은 중국이 완전한 자급자족 국가라는 신념에 집착했고, 일반적으로 무역을 경멸한 데다, 특히 외국에서 온 것은 열등하다고 여겼다. 당시 서구사회에는 중국이 친숙한 대상이었지만, 중국 입장에서 서구인은 완전히 낯선 존재였다. 대화를 한다는 것도 꿈 같은 일이었다.

영국이 가장 절실히 원했던 건 황제가 아편을 합법화하는 것이었다. 하지만 이후 어떤 황제도 그것만은 거절했다. 그러자 영국은 황제의 세무 관리들을 매수하여 지속적으로 많은 이익이 나는 아편 밀무역에 연루시켰다. 1820년대 후반, 동인도회사는 인도에서 중국으로 연간 1만 상자에 가까운 아편을 수출한 사실을 묵인했다. 1870년경에는 이 물량이 10만 상자 이상으로 늘어났다.

1882년에 출간된 한 책에서 헌터라는 미국 사업가는 이 같은 규모의 아편 밀수가 광저우 만의 섬에서 어떻게 가능했는지를 회고했다.

> 뇌물을 주고받는 매우 완벽한 시스템이 존재했으므로 그 같은 밀수 행위는 쉽게, 정기적으로 되풀이되었다. 새로운 책임자가 취임하거나 하면 일시적으로 판매가 중단되기도 했다. 그렇게 되면 수수료에 문제가 생겼다. 하지만 새로 온 사람의 요구가 너무 지나치지만 않으면 곧 해결되었다. 잘 해결만 되면 섬에는 다시 평화가 찾아왔고 면책이 횡행했다. 광저우의 관리들은 좀처럼 그 링딩令仃 섬에 관해서는 어떤 조사도 하지 않았다. 가끔씩 마지못해 해야 할 때는 선박들에 "좀 더 떨어진 정박지에 머물 것"을 명령하는 포고문을 발표했다.

가끔 대포를 발사하는 일도 있었지만, 그 위협은 중국인들이 행사 때 터뜨리는 폭죽만도 못했다. 일단 아편선이 링딩 섬에서 일을 마무리하고 돌아가기 시작하면 이따금 중국 배들이 이를 맹렬하게 추격하곤 했다. 장난기가 좀 있는 국내 상사의 선장이 속도를 줄이면 추격하던 중국 배들도 돛을 감으면서 속도를 늦췄다. 중국인들은 실제로 이 적들을 따라잡을 마음이 전혀 없었다. 육지가 보이지 않고 소리만 들리는 지점에 이르면 요란한 함포 사격이 시작된다. 이후 오랑캐 밀수선이 침몰했거나 도망쳤다는 보고서를 적당한 때에 베이징에 보낸다. 중국인들은 이런 식으로 스스로를 속이는 쇼를 완벽하게 해냈다. 이 과정에서 가장 낮은 직책부터 호포, 그리고 황제가 임명한 최고 책임자에 이르기까지 모든 중국 관리가 밀수 행위와 관련된 부정한 돈벌이를 위해 한통속이 되었다.

아편 수만 상자가 분기마다 이들의 손을 거쳐 중국에 유입되었다. 제임스 스콧의 말을 다시 인용하자면 "문제의 핵심은 따로 있었다. 바로 감리교 모임이든, 노예 제도를 반대하는 모임이든, 호화로운 접견실에서든, 초라한 오두막에서든 서양에서 음용되는 차는 모두 아편을 판매한 돈으로 구입되었다는 사실이다".

서양인들은 모든 중국인의 마음속에는 해방을 바라는 개신교 신도들이 있을 거라고 믿었으며, 아편 밀무역이 그들을 해방시키는 가장 기적적인 방법이라고 여기는 듯했다. 때문에 선교사들이 아편 밀수업자에게 고용되기도 했다.

1820년 이전에는 연 평균 4000상자를 밀수했지만, 가격 경쟁이 중국 내 소비를 폭발적으로 증가시켜 1830년 밀수량은 거의 2만 상자로 늘어났다. 따라서 인도 아편은 19세기 최고의 돈벌이 수단이 되었고, 동시에 중국 정부에는 아편 중독이라는 중대한 문제를 안겨줬다. 영국과 중국 모두 불가피하게 중대한 위기가 벌어질 상황임을 알았을 것이다. 그러나 영국은 걱정하지 않았다. 중국의 약점을 얕보고 있었기 때문이었다. 중국 또한 거리낄 게 없었다. 자신들이 천하무적이라고 믿었기 때문이다.

마침내 1840년 시작된 아편전쟁은 중국의 환상을 날려버렸다. 런던에서는 아편전쟁이 신문 머리기사에도 오르지 못했다. 이 무렵 영국 신문의 헤드라인은 인도 국경에서 벌어진 제1차 영국-아프가니스탄 전쟁이었다. 『어느 영국인 아편 중독자의 고백』을 쓴 토머스 드퀸시조차도 중국의 수많은 아편 중독자에게는 눈길조차 주지 않았다. 이 작품은 아편의 폐해를 너무도 잘 아는 작가 자신의 체험을 바탕으로 한 소설로, 에든버러에 사는 주인공이 하루 아편 투여량을 8000방울에서 200~300방울로 줄이려고 부단히 노력하는 과정을 담았다.

70세가 넘어 당시 뇌출혈에서 회복 중이던 웰링턴 공작은 의회에서 다음과 같이 연설했다. "내 평생 광저우에서 영국이 받아온 모욕과 상처에 버금가는 것을 본 적이 없다. 중국은 응징을 당해야만 한다." 전쟁은 1842년 난징조약을 맺으면서 신속히 마무리되었다. 물론 조약은 영국군 수천 명이 무력 시위를 벌이는 가운데 체결됐다. '자유무역'이라는 미명

| 1824년, 아편을 실은 배들이 중국 링딩 섬에 정박하고 있다.

하에 중국은 그동안 영국에 장애물이었던 공행 제도를 영구히 폐지하고, 외국 영사를 인정하며, 온갖 수입품에 일률적으로 낮은 관세를 매길 것을 강요당했다. 광저우 외에 추가로 4개 항구가 외국인에게 개항되었으며, 마카오 만 건너 홍콩은 당시로서는 엄청난 금액인 2100만 달러의 배상금과 함께 영국에 할양되었다.

다른 서구 열강들도 연이어 비슷한 특권을 요구했다. 이로써 유럽 제국주의가 자신들이 맹비난한 '황화黃禍, Yellow Peril'를 극복했다면, 아시아인은 '백색 재앙White Disaster'이라 할 무자비함을 겪어야만 했다. 영국군은 침략을 반복했고, 베이징의 이허위안頤和園을 불태웠다. 심지어 1857년에는 황제에게 아편 합법화를 강요했다.

아편에 대한 수요는, 즉 중국 내 아편 중독자 수는 아편 합법화 이후 10년간 거의 두 배나 늘었다. 동인도회사가 예측한 그대로였다. 윈스턴 처칠이 말한 것처럼, 인도가 '의도치 않게' 영국의 수중에 들어간 것이라 할지라도, 수백만 명 이상의 중국인을 아편 중독자로 만들고, 중국 사회에 부패와 타락을 가져왔으며, 중국 경제를 극심한 인플레이션으로 몰고간 것은 '악의적인' 영국의 정책에 의한 것이었다.

인간이 저지른 악행은 그들이 죽고 난 뒤에도 여전히 남아 있으며, 중국 사회의 해체와 경제적 붕괴를 조장한 죄는 존 컴퍼니가 범한 최악의 유산으로 역사에 영원히 새겨질 것이다. 이 흔적이 바로 오늘날까지 남아 있는 전 세계적 규모의 아편 조직이다. 영국은 무력을 행사하면서 1908년까지도 아편이 합법적으로 유통되도록 강제했다. 차 무역과 차를 사기 위한 아편 공급은 전쟁 중에도 중단 없이 계속되었다. 1844년 영국은 연간 차 2만4000톤을 수입했고, 이는 19세기 초에 비해 두 배가 훨씬 넘는 양이었다.

차 독점 사업의 성장과 몰락

"은행은 사업, 석유는 산업, 차와 커피는 무역이지만, 특히 차의 교역은 시장에서 늘 특별한 귀족적 지위를 누려왔다." — 에드워드 브라마, 『차와 커피』

차는 처음부터 '점잖은 거래'였다. 자기 입맛에 맞는 차를 고르기 위해 하인들을 대신 보낼 수 없었던 신사, 숙녀 들은 상인들과 직접 거래했고, 따라서 상인들은 그들의 사회적 지위에 부합되게 행동했다.

영국의 가장 오래된 차 회사들은 식료품점에서 시작했다. '포트넘앤메이슨'은 1707년 윌리엄 포트넘이 런던에서 일을 찾던 중 휴 메이슨의 집에서 하숙을 하면서 시작되었다. 포트넘은 앤 여왕이 살던 궁에서 하인으로 일했고, 나중에 은퇴한 후에도 왕실과의 인연을 유지했다. 왕실과의

| 영국 런던 피커딜리에 위치한 포트넘앤메이슨 본점.

인연은 피커딜리 인근에서 옛 하숙집 주인 휴 메이슨과 식료품 사업을 시작할 때 도움이 되었다. 포트넘과 메이슨, 그리고 둘의 후계자들은 식품과 관련된 거의 모든 사업에 손을 댔다. 나폴레옹 전쟁이 시작되자 회사는 배송 주문으로 활로를 찾았다. 전 세계에 산재해 있는 영국 장교와 신사 들에게 필수품을 공급하게 된 것이었다. 빅토리아 여왕 시대에 와서 포트넘앤메이슨이란 이름은 모든 부유층 가족에서 반드시 언급되는 브랜드로 자리매김했다.

이웃이자 경쟁자인 잭슨스 오브 피커딜리의 정식 명칭은 로버트 잭슨 컴퍼니 유한회사다. 1680년에 피커딜리로 이사 온 가문이 설립했는데, 당시 피커딜리는 교외에 있는 마을에 불과했다. 그곳에서 가장 오래된 회사는 데이비슨 뉴먼 컴퍼니로 데이비슨과 뉴먼이 1777년에 자신들의 이름을 사호로 붙였을 때는 이미 127년의 역사를 갖고 있었다. 두 동업자는 죽어서도 한 납골당에 묻혔다. 이 유서 깊은 회사가 보스턴 차 사건을 촉발한 차 상자들을 보낸 회사다.

트와이닝스 사의 역사는 토머스 트와이닝이 런던 스트랜드 가에 '톰스 커피하우스'를 설립한 1706년까지 거슬러올라간다. 트와이닝은 처음에 좋은 차를 신제품으로 홍보했는데, 얼마 후에 자신의 커피하우스 옆에 '골든 라이언'이라는 상호로 잎차 소매점을 열었고(커피도 팔았다), 바로 이곳에서 지금까지도 트와이닝스 차를 판매하고 있다.

토머스 트와이닝의 회사는 아들 대니얼이 계승했는데, 대니얼이 일찍 죽고 며느리인 메리가 사업을 떠맡았다. 메리는 당시로서는 매우 드물었던 여성 사업가 중 한 사람으로서 20년 동안 회사를 경영했다. 메리는 아들 리처드에게 차 블렌딩 기술과 복잡한 차 무역을 가르쳤다.

리처드는 1783년에 사업을 물려받고 1년 뒤에 3만 명이나 되는 차 상인을 이끄는 회장이 되었다. 그리고 이런 우월적 지위로 피트 수상을 설득해 턱없이 높은 영국 차 세금을 낮추는 데 기여했다. 그 후 1년 만에 합법적인 수입 물량이 2700톤에서 7300톤으로 증가했고, 트와이닝과 동료들은 밀수업자들을 쫓아낼 수 있었다.

| 런던 트와이닝스 매장 내부에 있는 트와이닝 가문의 가계도.

| 런던 트와이닝스 매장 외관.

1800년대 중반까지는 차를 상자에서 꺼내 원하는 양만큼 판매했다. 이때 차 상인이나 구입자가 차를 직접 블렌딩하기도 했다. 현재 남아 있는 책 중 가장 오래된 책은 1785년에 『숙녀와 신사의 티 테이블을 위한 차 구입 안내서: 서로 다른 품질의 차를 차 상인처럼 블렌딩하는 법, 그리고 차에 관한 지식과 차 고르는 법을 알려주는 유용한 지침서』라는 끔찍한 제목을 달고 출간되었다.

그러나 차 종류는 많지 않았을지언정, 오래전에도 차 상인은 제각각이었다. 일부는 양심적이고 정직했다. 그중 한 사람이 영국 북부에 살던 퀘이커 교도인 비혼 여성 마리아 투크다. 그는 1725년에 개업했는데, 차 상인 허가증을 발급받지 못해 거래에 따른 벌금을 물었다. 하지만 벌금을 내면서도 사업을 계속했다. 존 컴퍼니나 지역상인연합회와 숱한 갈등을 빚던 그는 마침내 허가증을 받고 자신의 회사를 이름 높은 기업으로 성장시켰다. 이 회사는 가족회사로 7대째 명맥을 이어갔다. 가족 모두가 대대로 엄격한 퀘이커 교도인데, 그들의 이야기는 1926년 로버트 메널이 쓴 『차: 역사 스케치』에서 인상 깊게 다뤄진다. 하지만 마리아와 달리 정직함을 저버리면, 상자에서 차를 꺼내 파는 장사는 얼마든지 속임수의 유혹을 받았다. 정직한 퀘이커 교도들은 차 사업에 있어서 그런 유혹을 물리쳤는데, 그것이 자신들의 냉정하고 올바른 생활 방식에 부합하기 때문이었다. 퀘이커 교도들이 소유한 회사는 제임스 애슈비, 캐드버리, 배링, 트래버스 등이 있었다.

차 상인들이 품질 나쁜 차를 팔고, 중량을 속이는 것을 당연하게 여기던 시절인 1826년, 올곧은 퀘이커 교도인 존 호니먼은 밀봉한 봉지 차를 최초로 판매했다. 각 봉지는 품질이 고르고 중량도 일정했다. 호니먼은 시골에서 행상으로 포장 봉지 차를 판매하기 시작해 빠르게 유명 브랜드가 되었다.

동인도회사가 독점권 갱신안을 의회에 제출한 1833년부터 영국 차 사업은 돌이킬 수 없는 변화의 길을 걸었다. 이 혐오스러운 독점권은 거의 250년 동안 대 중국 무역에서 배타적 권리를 행사해왔다. 그러나 이제는 영국의 차 음용자, 동인도회사에서 허가증을 받는 수천 명의 상인, 동인도회사와 경쟁하기를 갈망하는 의욕 넘치는 사업가 모두가 자유무역을 원했다.

하원에서 한 의원이 연설한 것처럼, 인도에서 존 컴퍼니는 "영국 정부의 직접적인 통치하에 있는 것보다 더 높은 수익과 더 많은 병력을 보유하며, 더 많은 인구에 대해 주권을 행사하고" 있었다. 의회는 현명한 판단 아래 다음 사항들을 결의했다. 동인도회사의 원로 임원 24인은 수익 사업을 포기하고 인도 통치에 전념한다. 530명의 회사 주주에게는 300만 파운드를 추가 분배하는 것으로 그간의 노고를 치하한다. 이것으로 중국 무역에 대한 존 컴퍼니의 독점권은 1834년 4월 24일 막을 내렸다.

존 컴퍼니가 도맡았던 분기별 차 경매와 차 상인들에 대한 허가증 발급도 중단되었다. 수입 차 경매는 동인도회사의 인디아 하우스에서 런던의 민싱레인으로 장소를 옮겼다. 이때부터 민싱레인이 차 사업의 월 가로 자리 잡았고, 이로써 가장 많은 이윤을 남기는 상품의 거래과정이 누구에게나 공개되기에 이르렀다.

독점이 철폐된 무역 사업에 뛰어든 사람 중에는 토머스 리지웨이, 에든버러 출신의 앤드루 멜로즈 그리고 테틀리 형제가 있었다. 요크셔 출신인 테틀리 형제는 십대 때부터 차 행상을 시작해 1837년에야 겨우 첫 번째 매장을 차렸다. 이들과 다른 사업가들은 골즈워디의 소설『포사이트 연대기』에 등장하는 허구적 인물처럼 막대한 부를 쌓았다. 소설 속 나이 많은 주인공인 졸리언 포사이트는 민싱레인에서 크게 성공했는데, 그는 1900년 사망할 무렵 파크레인에 거대한 주택을 소유했으며 14만 5000파운드의 유산을 남겼다. 영국의 어떤 개인 차 사업가도 (실제로) 그만큼의 재산을 모으지는 못했다. 이처럼 과거의 차 사업은 규모가 완전히 다른 장사였다.

제국의 바다를 질주한 쾌속선들

"그 배, 즉 지구에서 분리되어 나온 조각은 작은 행성처럼 홀로 재빠르게 나아갔다." — 조지프 콘래드, 『나르키소스 호의 흑인』

1840년대에는 중국차 교역의 역사에서 가장 흥미로운 최후의 시대가 시작되었다. 1845년, 최초의 신식 클리퍼선인 레인보 호가 뉴욕에서 진수되었다. 처녀항해는 중국으로 향했고 8개월 만에 왕복을 마쳤다. 운임비 4만5000달러를 지불하고 비슷한 액수의 이익을 남겼다. 어떤 배보다 빨랐던 두 번째 왕복은 가는 데 92일, 돌아오는 데 88일이 걸렸다.

처음부터 미국인들은 중국 무역의 가치를 알았다. 미국은 차 시장 규모가 한정되어 있었는데도 초기 세 명의 백만장자가 중국 무역으로 부를 쌓았다. 보스턴의 T. H. 퍼킨스, 필라델피아의 스티븐 지라드, 뉴욕의 존 제이컵 애스터가 그들이다. 이들이 이용한 배는 1812년 전쟁 당시 영국이 밀수용 쾌속선을 모델 삼아 만든 쾌속 사략선私掠船을 발전시킨 것이었다.

중국과의 아편 및 차 무역이 증가하자 미국 상인들은 이내 미국과 중국을 오가는 클리퍼선으로 이루어진 선대를 꾸렸다. 이 선대는 영국 최초의 실제 클리퍼선이 중국 바다에 등장하기 전까지 7년 동안 운항했다. 느릿느릿 움직이는 동인도회사의 범선 시대는 영국 동인도회사가 234년 동안 유지하던 독점권을 상실하면서 결국 종료되었다. 이어서 오래전 네덜란드의 해상 활동을 압박하기 위해 제정된 크롬웰의 항해조례 역시 폐지되면서 모든 국가의 배가 영국으로 화물을 운송할 수 있게 되었다.

1857년까지 여전히 존 컴퍼니가 인도를 지배하고 있긴 했지만, 다른 사람과 회사 들은 이미 동인도회사의 위풍당당한 '차 운반선'을 클리퍼선으로 대체하고 있었다. 클리퍼선은 선체가 날렵하고 더 많은 돛을 달 수 있었기 때문에 속도가 훨씬 더 빨랐고, 과거엔 불가능해 보이는 것들을 할 수도 있었다. 일례로 중국에서 미국이나 영국으로 신속하게 항해할 수 있게 되면서, 필요한 물품이나 식수를 얻기 위해 도중에 기항하는 일이 없어졌다.

비록 클리퍼선을 처음 창안한 사람은 아니었지만, 클리퍼선 설계의

| 최초의 클리퍼선인 스태그하운드 호.

대가는 도널드 매케이였다. 스코틀랜드 태생의 미국인인 그가 만든 스태그하운드 호는 1850년 진수할 당시, 그때까지 만들어진 배 중에서 가장 큰 상선이었다. 1534톤 규모의 스태그하운드 호는 광저우에서 뉴욕까지 85일 만에 항해했다. 매케이가 두 번째로 만든 배 플라잉 클라우드 호는 케이프 혼 인근에서 샌프란시스코까지 89일 21시간 만에 항해했다. 3년 후 플라잉 클라우드 호는 항해 시간을 13시간이나 단축하면서 최단 기록을 세웠다. 또 다른 클리퍼선인 라이트닝 호는 24시간 동안 436해리

를 항해한 적이 있었다.

제임스 스콧은 "항해에 관한 전반적인 기술이 급속히 발전하고 있었다"고 언급했다. 『위대한 차 모험』에서 그는 당시 상황을 상세히 묘사하고 있다.

> 물론 배 자체가 전부는 아니었다. 배의 디자인은 흉내 낼 수 있는 것이었다. 그보다 항해의 성패는 선원과 선장에게 달려 있었다. 이들은 최고 속력으로 배를 몰아야 할 뿐 아니라 3개월 혹은 그 이상 속도를 유지해야 했다. 이런 일 자체가 커다란 긴장감을 주는 일이었고, 그 속도에 맞추려면 돛대와 다른 장비들도 잘 다루어야 했다.
>
> 이들은 과연 어떤 사람들일까? 뱃사람들은 자신의 일에는 전문가였지만 단순한 영혼을 가지고 있었다. 육지는 술을 마시거나 성행위를 하는 곳이었다. 바다는 일터였다. 이들은 따뜻한 마음을 가졌으며 충동적이었고 미신을 믿었으며 용감하고 제멋대로였다. 다시 말해 그들의 삶은 책임감에 관해서라면 최고라 할 만했다. 이들은 여성과 어울리지 못하고, 마치 학교에 다니는 소년들처럼 갑갑하게 생활했다. 낮과 밤은 일정한 규율 아래 통제되었는데, 그것은 배를 가장 효율적으로 운항하기 위해서일 뿐 도덕적 원칙 때문이 아니었다. 책임자들도 도덕성이나 이성理性 면에서 항상 모범이 되는 것은 결코 아니었다.
>
> 하지만 적어도 좋은 배에서는 관리자와 선원 들이 배에 대해 열정적인 충

성심을 가지고 있었다. 이들은 애인에 대한 모욕은 참아도 자신의 배를 모욕하는 것은 참지 못했다. 한 클리퍼선은 1866년 항해에서 주요 경쟁자를 물리치려고 한 달 치 급료를 쏟아 배를 보강한 선원을 자랑하기도 했다.

영광의 항해, 전설의 레이스

"오 수재나, 내 사랑, 편히 쉬어요. 우리가 클리퍼선 함대를 물리쳤으니, '바다의 군주'여." — 1852년 '소버린 오브 더 시스' 호가 혼 곶을 돌아 뉴욕에서 샌프란시스코까지 항해하는 경주에서 이겼을 때 선원들이 부른 승리의 노래

유명한 차 운반선들의 운항 경쟁은 클리퍼선의 등장과 자유무역 경쟁이 만나 이루어진 자연스러운 결과였다. 그 가운데 가장 유명했던 것이 1866년의 각축전이었다.

과거 존 컴퍼니는 법에 따라 1년간 영국인이 소비할 양의 차를 늘 비축하고 있었다. 반면에 클리퍼선은 그해에 생산된 신선한 차를 제공할 수 있었다. 영국 시장에 처음 들어온 차는 매년 가장 비싸게 팔렸다.

실제 차 품질과는 관계없이 영국에 사는 모든 사람은 그해에 가장 빨

| 1852년 당시 '소버린 오브 더 시스' 호.

리 도착한, 그래서 가장 유명해진 배가 가져온 차를 접대용으로 쓰고자 했다. 이런 명성과 이익은 1등을 한 배의 선원들에게 돌아갔고, 500파운드나 되는 보너스도 주어졌다. 가장 사랑받은 중국차는 4월 5일 청명절淸明節 전에 채엽한 햇차로, '우전雨前'에 해당되는 어린잎이었다.

이 햇차는 6월 무렵이면 (아편전쟁 후 난징조약으로 개항된) 항구 중 한 곳에 도착했는데, 보통은 푸저우 항이었다. 푸젠 성의 푸저우 항은 광저우에서 약 800킬로미터 떨어진 북쪽에 있고, 상하이에서도 남쪽으로 그만큼 떨어져 있다.

이들은 차를 신속히 구입해서 아주 조심스럽게 배에 실었다. 차는 매우 쉽게 손상되는 상품인 데다 긴 유선형의 클리퍼선은 쉽게 균형을 잃기 때문이다. 신속하게 그리고 조심스럽게 짐을 실은 배들은 서로 1600킬로미터 정도 멀리 떨어져 바람에 선체를 맡기고는 항구를 떠났다. 배들은 최소 2만6000킬로미터나 멀리 떨어진 런던에 닻을 내리기 전까지는 항해 도중 서로가 어디에 있는지조차 알 수 없었다. 물론 바다 한가운데서 우연히 만나는 경우도 있었다. 이렇게 배가 항해를 마치고 돌아오는 몇 달 동안 런던에서 기다리는 사람들은 희망과 추측 속에서 시간을 보냈다. 남성들은 모여서 배의 우세를 가려보고, 사방팔방에서 내기에 돈을 걸기도 했다.

일반 대중이 차 클리퍼선 운항 경쟁에 열광하는 수준은 더비 경마 시합에 비견될 정도로 대단했다.(조금 약할지 모르지만 오늘날 매년 보졸레 누보를 손에 넣으려는 프랑스인들의 열정이나 다르질링 퍼스트 플러시를 구하려는 독일인들의 경합에 견줄 만하다.) 런던이 세계 차 무역의 중심 도시로 확고히 자리 잡으면서 매번 새로운 시즌의 차를 런던으로 가져오는 이 항해 경쟁은 7대양을 항해할 최고의 배를 개발하는 경쟁에 불을 붙이기도 했다. 해운 사업에 이권을 가진 나라들은 이런 동향을 예의 주시했다.

마침내 한두 척 혹은 서너 척의 클리퍼선이 영국 해협을 거슬러 운항하고 있다는 소식이 도착했다. 윌리엄 유커스의 철저한 저서 『차에 관한 모든 것』에 묘사된 문장을 보자.

클리퍼선들이 템스 강 입구에 있는 그레이브센드라는 항구 도시를 지나갔다는 소식이 들리자마자 시음용 차를 확인하려는 직원들 한 무리가 선착장으로 내려와서 중개상과 도매상을 위한 샘플을 얻어간다. 이들 중 일부는 전날 인근 호텔에서 밤을 보내고, 또 다른 일부는 선착장에서 노숙을 하기도 한다. 오전 9시경 이렇게 모은 샘플로 민싱레인에서 시음회를 한다. 그런 다음 규모가 큰 상인들이 경매를 시작하고 총 무게에 따라 세금을 납부한다. 다음 날 아침이면 리버풀이나 맨체스터에서도 햇차가 판매된다.

1866년의 경주는 40여 척의 배가(하필이면 전부 영국 배였고 미국 배는 없었다) 해당 시즌의 차를 싣고 중국 항구에서 출발하면서 시작되었다. 그중 5척이 3일 사이에 푸젠 성의 푸저우 항을 떠났다. 이들이 진짜 경쟁자들이었다.

키 선장이 지휘하는 애리얼 호가 우세했다. 1년 전에 진수한 852톤 규모의 애리얼 호는 테니스코트 10개 면적에 맞먹는 돛을 올릴 수 있었다. 로빈슨이 선장인 피어리크로스 호는 애리얼 호와 숙명의 라이벌이었는데, 695톤 규모로 1861년, 1862년, 1863년, 1865년 레이스에서 우승했다. 1864년에는 단 하루 차이로 세리카 호에 졌다. 세리카 호의 선장은 냉혹한 인물로 알려진 이네스였다. 애리얼 호와 같은 디자인으로 만들어진 767톤 규모의 태핑 호는 약한 바람에 유리했다. 그러나 태핑 호 선장이 중국으로 가는 도중 사망하는 바람에 일등 항해사인 다우디가 지휘했다. 다섯 번째 배인 815톤 규모의 타이칭 호는 애리얼 호보다 더 나중에 만들어진 배로, 또 다른 냉혹한 선장인 너츠퍼드가 지휘했다.

레이스에 관한 이야기는 아마 역사적으로는 별 가치가 없는 여담일 것이다. 하지만 1914년 출간된 『차이나 클리퍼』를 쓴 바실 러벅의 고전적인 묘사를 건너뛰면 매우 큰 아쉬움으로 남을 것이다. '경쟁'이라는 대목에서 그는 이렇게 썼다.

"경쟁은 선박회사의 사무실에서, 그리고 중국 상인들의 상관에서 시작되었다. 돈을 버느냐 마느냐는 어느 배가 승리하느냐에 달려 있기 때문이다. 따라서 첫 번째 차 상자들을 확보해서 일등으로 선적을 마치면 경합에 유리해진다. 차 상자들이 배 위로 내던져지면 밤낮을 가리지 않고 일하는 민첩한 중국 항만 노동자들이 배 구석구석, 심지어 선장의 선실에까지 상자를 적재했다. 일단은 애리얼 호가 경쟁에서 유리한 고지를 선점했다. 1865년에는 태핑 호가 항해만 두고 보면 가장 빨랐다. 그러나 그해 가장 먼저 도착한 배는 세리카 호와 피어리크로스 호였다. 피어리크로스 호는 영국해협 길목에 있는 비치 곶 인근에서 예인선을 만나는 행운을 얻었다. 세리카 호가 3.2킬로미터 정도 앞서 있는 상황이었다. 그러나 속도 면에서는 일등과 꼴찌 사이에 매우 경미한 차이만 있을 뿐이었다. 레이스에서는 배 자체만큼이나 배를 책임지는 선장의 기술과 정신력이 중요했다."

"애리얼 호는 첫 번째로 선적을 마쳤지만 출발이 순조롭지 못했다. 썰물이 될 때까지 닻을 내리고 있어야만 했기 때문이다. (1866년 5월 28일 푸저우 정박지에서) 피어리크로스 호는 먼저 있었던 썰물 때에 맞춰 출발해서 이미 바다로 나아가고 있었으며, 애리얼 호를 하루 차이로 앞섰다. 태핑 호와 세리카 호도 앞 썰물을 타고 바다로 앞서 나갔다. 하루 차이였다. 태핑 호와 세리카 호는 애리얼 호와 함께 민장閩江 강의 모래톱을 통과했다. 타이칭 호는 다음 날 통과했다. 지구의 4분의 3을 가로지르는 100일간의 레이스에서 출발선에서의 며칠 차이가 결과에 주는 영향은 아주 미미하거나 없을 거라고 생각할지 모른다. 그러나 실제로 차를 싣고 경주를 벌이는 이 배들은 경주용 요트만큼이나 치열했고, 매 순간이 소중했다. 각 클리퍼선은 선발한 선원들을 승선시켰다. 애리얼 호는 32명이나 되는 선원이 이등 수병이었으며, 일반 선원보다 두 명이나 더 많았다."

"희망봉에 이를 무렵 애리얼 호는 출발할 때 늦어진 24시간을 거의 만회해서 6월 15일에는 피어리크로스 호와 두세 시간 차이로 거리를 좁혔다. 태핑 호는 뒤이어 12시간 정도 거리에서 따라오고 있었고, 세리카 호와 타이칭 호는 여전히 한참 뒤처져 있었다. 대서양을 따라 올라오는 길에서는 서로 모르고 있었지만 그들은 점점 가까워지고 있었다. 태핑, 피어리크로스, 애리얼 호 모두가 같은 날인 8월 4일 적도를 통과했다. 세리카 호는 이틀 정도 뒤져 있었지만, 태핑 호와 피어리크로스 호는 적도의 무풍지대에서 서로를 볼 수 있을 만큼 가까이 있었다. 서쪽 방향으로 더 나아간 애리얼 호는 유리한 바람을 맞으면서 선두로 나섰다.

8월 17일 피어리크로스 호는 태핑 호가 미풍을 타고 몇 시간 거리 앞으로 사라져가는 것을 보았다. 그런데도 선두 그룹인 4척은 아조레스 제도의 플로레스 섬을 8월 29일에 지나갔다. 한편 놀라운 항해를 이어간 타이칭 호도 뒤처진 시간을 만회해서 9월 1일 그곳을 지나갔다. 9월 5일 새벽 1시 30분, 가장 앞선 애리얼 호는 영국 해협 입구이자 콘월 지방의 땅끝에 있는 세인트아그네스 등대에 도착했다. 선장은 자신의 항해 일지에 다음과 같이 적었다. '날이 밝자 오른쪽으로 400미터 거리에 배 한 척이 나란히 가고 있었다. 아마 태핑 호 같다.' 배들이 시속 26킬로미터의 속도로 아슬아슬하게 해협까지 달려온 후, 애리얼 호 선장은 9월 6일 새벽 5시 55분에 이렇게 기록했다. '도선사가 탄 작은 배에 가까이 가서 배를 멈추고 첫 번째 도선사를 태웠다. 이번 시즌 중국에서 온 첫 번째 배라는 인사를 받으면서 나는 물었다. '그런데 서쪽에 있는 저 배는 뭡니까?' 우리는 아직 자랑할 여유가 없었다.' 애리얼 호는 같은 날 태핑 호보다 10분 앞서 도버 해협을 통과했다. 세리카 호는 4시간 후 들어왔다."

"애리얼 호와 세리카 호의 갑판 위, 그리고 해안가의 흥분을 상상할 수 있을 것이다. 두 배가 해협을 달리고 있다는 소식이 육지에서 들불처럼 퍼져나갔다. 몇 군데의 곶에서 배의 위치를 알리는 보고가 가장 가까운 우체국으로 전달되고, 런던에 있는 애리얼 호와 세리카 호의 소유주와 선박회사는 자신들의 배가 아슬아슬하게 경쟁하고 있다는 것을 알았다. 차를 담은 견본 박스가 런던 항 선착장에 던져질 때까지는 경주가 끝난 게 아니었다. 하지만 애리얼 호와 태핑 호의 소유주는 어느 배가 진짜 우승할지에 관한 쓸데없는 논쟁 때문에 톤당 10실링의 추가 이익을 잃는 것이 걱정되어, 보너스를 나누기로 비밀리에 합의했다."

"선장들은 당연히 이 합의에 대해 전혀 몰랐다. 두 선박의 흥분은 여전히 가시지 않았다. 애리얼 호의 분위기는 가라앉아 있었을 것이다. 태핑 호의 예인이 훨씬 더 성공적이었고, 곧 애리얼 호를 지나쳐 갔기 때문이다. 애리얼 호의 갑판장이 이끄는 몇몇 건장한 선원이 견인 로프를 타고 예인선으로 가려고 시도했다는, 확인되지 않은 이야기도 있었다. 그렇게 해서 화부를 돕고자 했다는 것이다. 하지만 그것도 별 도움이 되지는 않았다."

조금만 더 가면 되는 거리를 두고 애리얼 호가 가장 먼저 선착장에 도착했지만 조수 때문에 정박이 어려웠다. 그러는 동안 태핑 호가 정확히 20분 먼저 정박하면서 정식으로 경주에서 승리했다. 경쟁이 시작된 지 자그마치 99일 만이었다. 러벅은 다음과 같이 이야기를 마무리했다. "세리카 호는 11시 30분에 웨스트인디아 항으로 방향을 돌렸다. 따라서 애리얼 호, 태핑 호, 세리카 호 세 척 모두 같은 조류를 타고 민장 강의 모

| 1866년의 위대한 경주를 기념한 은화.

래톱을 가로질러 출발해서, 또한 같은 조류를 타고 템스 강에 도착한 것이다."

1867년 경주에서는 좀 더 신형인 랜슬롯 호가 상하이를 떠난 지 99일 만에 도착하면서 우승을 거머쥐었고, 애리얼 호는 푸저우에서 출발해 2등으로 들어왔다. 1868년에는 애리얼 호가 랜슬롯 호보다 6시간 늦게 도착해 또 2등을 했다. 1869년에는 랜슬롯 호가 89일이라는 놀라운 항해 기록을 세워 5척의 경쟁자를 물리쳤다. 이 기록은 아직도 깨지지 않았다.

하지만 경주가 박빙일수록, 우승자가 되려면 가장 좋은 증기 예인선을 차지해야 한다는 사실이 분명해졌다. 얼마 지나지 않아 이 놀라운 증기선은 대양에서도 범선을 대체하게 되었다. 1869년 언론인 헨리 스탠리는 아프리카에 있는 리빙스턴 박사를 만나러 가는 도중에 수에즈 운하 개통을 취재하기 위해 잠시 머물렀다. 베르디의 이집트 오페라 〈아이다Aida〉는 이때를 위해 준비된 작품이었다. 모든 언론은 수에즈 운하 개통이 세계 무역의 시대를 열었다는 사실에 공감했다. 실제로도 그랬다.

1870년에 생산된 중국차 대부분은 뭔가 부자연스럽고 미숙한 증기선으로 운송되었다. 1871년은 차를 실은 클리퍼선 경주가 마지막으로 벌어진 해였다. 그러나 이 무렵엔 이미 인도에서 차가 재배되고 있었기에, 오래된 중국차 무역은 사실상 사양斜陽의 길로 접어들고 있었다.

3장 | 차나무를 찾아 모험을 떠나다

"홈스는 그날의 마지막 편지를 주의 깊게 읽었다. (…) '홈스 씨, 저희 고객이며, 민싱레인에서 차 중개상을 하는 퍼거슨 앤드 무어헤드 상회의 로버트 퍼거슨 씨가 같은 날, 뱀파이어에 관해 저희에게 문의를 해왔습니다.'"
— 아서 코넌 도일, 『셜록 홈스와 서식스의 뱀파이어』

인도에서 차를 발견하다

"그의 인식 속으로 새로운 천체가 미끄러지듯 들어간 순간 나는 하늘을 지켜보는 감시자가 된 것 같았네. 혹은 그가 늠름한 코르테스처럼 다리엔의 봉우리에 말없이 서서 매의 눈으로 태평양을 응시할 때도 그의 부하들은 모두 당치 않은 추측 속에 서로를 바라보았네." — 존 키츠, 「채프먼의 호머를 처음 접하고」

아득한 옛날부터 중국만이 이 세계에 차를 공급해왔다. 다른 나라의 차 이야기를 따라가보기 전에 어떻게 그리 오랫동안 중국이 차를 독점할 수 있었는지 질문을 던져봐야 할 듯하다. 아랍 국가들은 커피 재배를 독점하려 했지만 결국 실패했다. 그렇다면 중국은 어떻게 차를 독점하는 데 성공했을까?

커피나무는 에티오피아 토착 식물로 여겨졌다. 커피 열매는 처음에 음식 재료로 쓰이다가 아랍인들이 커피콩을 볶아 가루를 내는 방법을 발

| 커피나무에 열린 커피콩.

견하면서 카베qahveh라는 음료를 탄생시켰다. 1400년대 아프리카 동북부 소말리아 인근에서 재배된 커피는 아랍권에서 광범위하게 재배되기 시작해 이슬람 세계 전체로 확산되기에 이르렀다. 유럽에는 베네치아를 통해 소개되었는데, 차와 비슷한 시기였지만 공급처가 훨씬 가까웠기 때문에 더 일찍 유행했다.

과육을 벗겨낸 커피콩은 신선도를 유지하기 위해 녹색을 띤 생두 상태로 선적되었다. 그래서 커피 소비자는 로스팅과 분쇄 등의 원두 가공법을 알고 있어야만 했다. 기독교인과 이슬람교도 들의 왕래가 이어지면서 유럽인들은 커피 맛을 알아가는 한편, 직접 커피나무를 재배할 수 있게 되었다. 네덜란드는 1696년에 이미 자와 섬에서 커피를 재배하고 있었고, 프랑스는 1715년 카리브 해에 있는 신세계 마르티니크 섬에 커피나무를 심었다.

커피와 달리 찻잎은 생산지에서 바로 위조萎凋(갓 딴 찻잎 속에 있는 수분을 적당히 증발시켜 찻잎을 부드럽게 하는 것—옮긴이)하고, 유념揉捻(찻잎에 압력을 가하면서 비벼 세포벽을 파괴시킴으로써 찻잎 속 성분을 추출하는 과정—옮긴이)하고, 건조해서 완제품으로 만든다. 그러지 않으면 찻잎이 상하기 때문이다. 따라서 소비자는 뜨거운 물만 부어 마시면 된다.

중국은 유럽인들과는 지역적으로, 그리고 문화적으로도 엄청나게 떨어져 있었으며 외국인들을 경멸했다. 명나라와 청나라는 외국인과의 접촉을 가능한 한 최소화하려고 부단히 애를 썼다. 자신들의 비밀이 알려지는 것을 항상 꺼렸기에 차 재배와 가공은 결코 야만인들의 일이 아니라고 여겼다. 황제는 칙령을 내려 차 생산 방법을 국가 기밀로 다루도록 했다. 이를 누설하면 목숨을 내놓아야 했고, 보이차 같은 일부 차 가공법은 오늘날까지도 사실상 비밀로 남아 있다.

제1차 아편전쟁의 가능성과 영국 동인도회사의 차 무역 독점 종료는 아주 가까운 시기는 아니었지만, 1830년대 초반에 이미 예상되었던 일이다. 이 무렵 어떤 익명의 회사 간부가 자신의 상사에게 메모를 보냈다. "머지않아 예기치 않은 사건으로 영국인뿐 아니라 다른 외국인에 대해서도 중국 출입이 금지될지 모릅니다. 그러니 중국 정부의 허락하에 이뤄지는 방식이 아닌 다른 차 공급 대책을 마련해야 합니다."

그는 동인도회사에 인도나 네팔처럼 차 재배에 적합한 다른 지역에서 과감하게 차 농사를 해볼 것을 계속 제안했다. 이 주장은 1834년 동인도회사의 중국 무역 독점권이 종료된 이후 받아들여졌고, 이를 실현하기 위한 차 위원회가 구성되기에 이른다. 위원회는 전형적인 방식으로 인도에 있는 모든 동인도회사 직원에게 질문지를 돌렸다. 그것은 차나무 재배에 적합한 기후대와 고도에 위치한 장소가 어딘지 묻는 내용이었다. 그런데 이 질문지는 차나무를 본 사람이 있는지에 대해서는 묻지 않았다.

차의 역사에는 스코틀랜드인들이 더러 등장한다. 로버트 브루스는 동인도회사가 차 위원회를 구성하기 10년 전에 이미 아삼 지역을 탐험했다. 이 탐험가는 인도와 미얀마 사이에 있는 외딴 지역의 토착 부족과 함께 생활하면서, 이들이 이 지역에서 자라는 차나무에서 직접 채취한 차를 마신다는 사실을 발견했다. 로버트가 죽고 그의 동생 찰스 브루스가 그 나무의 표본을 콜카타에 있는 동인도회사 소유의 식물원 책임자에게 보냈다. 하지만 식물원 책임자는 차나무가 번성하지 않을 것 같은 저지대 열대우림 골짜기에서 왔으니 그 나무는 차나무가 아닐 거라고 판단했다. 안타깝게도 이것은 중국 차나무와 다른 종류의 차나무였다.

이 문제는 식물원의 식물학자가 위원회 책임자가 되어 질문서를 다시 회람할 때까지 계속 논의됐다. 질문지에 대한 답변으로 찰스 브루스는 다시금 차나무 씨앗과 살아 있는 차나무, 그리고 아삼에서 만든 차를 보냈다. 식물학자도 더는 이 명백한 사실을 거부할 수 없었고, 위원회는 즉시 보고서를 올렸다. "우리는 당장 이 발견을 공표해야만 한다. 대영제국의 역사에서 농산물에 관한 문제 가운데 이보다 더 중요하고 가치 있는 일은 없다." 약간은 설레발이기도 했지만 어쩌면 이런 말들이 엄청난 환호 속에서 인도가 세계 최대의 차 생산지가 될지도 모른다는 상상을 가능케 했는지도 모른다. 또 실제로 오늘날 인도가 그렇게 되기도 했다.

인도의 차 생산량은 100만 톤을 넘었고, 그중 대부분이 국내에서 소비됨으로써 오늘날 세계에서 홍차를 가장 많이 소비하는 나라가 되었다. 인도에는 현재 1만3000곳이 넘는 다원이 있고, 재배 면적은 약 4000제곱킬로미터에 달한다. 재배지의 80퍼센트 이상은 북인도 지역에 밀집해 있다.

차 산업은 200만 명이 넘는 일자리를 창출하는 것으로 추정된다. 최근 수십 년간 인도의 눈부신 차 생산량 증대는 재배 면적의 확장으로 달성된 것이다. 이런 어마어마한 규모의 차 농장은 대부분 영국인들이 조성한 것으로, 차 위원회의 보고서가 작성된 시점으로부터 1947년 인도 독립까지 100년 남짓한 기간에 만들어졌다.

객관적으로는 네덜란드가 동아시아 이외 지역에서 차를 생산하는 데 성공한 첫 번째 나라로 인정받아야 할 것이다. 사우스캐롤라이나, 세인트헬레나, 브라질에서 행해졌던 이전의 시도는 실패했다. 안타깝게도 최초라는 영예는 1839년 런던의 옥션에서 판매된 아삼 차 8상자에 잘못 돌아갔지만, 제대로라면 네덜란드의 동인도에서 재배되고 가공되어 프리깃 함에 실려 마침내 1835년 암스테르담에 도착한 자와 차에 돌아가는 게 맞다.

네덜란드인들은 1684년 자와에서 처음으로 차 재배를 시도했다. 영국이 인도에서 차 재배를 시도한 것보다 훨씬 이전이다. 그리고 1829년 로테르담 출신의 야콥손은 중국에 잠입해 차나무와 숙련된 차 가공자를 데리고 온 첫 번째 유럽인이었다. 이처럼 네덜란드와 관련된 '최초의 사례'들은 오늘날 망각되었지만, '판 레이스'라는 네덜란드 회사가 오늘날에도 여전히 세계 차 무역에서 가장 많은 이윤을 내고 있다는 사실은 그나마 네덜란드에 위로가 될 것이다.

다시 인도로 돌아와서, 우선 어떻게 해서 영국인이 인도를 지배하게 되었는지 알아볼 차례다.

동인도회사의 인도 통치

"알렉산더가 페르시아에 묻혀 있던 금을 파헤쳤고, 로마 총독들은 그리스와 폰투스를 약탈하는 데 혈안이었으며, 스페인 정복자들은 페루의 은을 강탈한 것처럼, 지금은 영국인 부호와 대상, 모험가 들이 그렇게 하고 있다. (…) 그들은 힌두스탄의 얼어붙은 보물들을 녹여내어 영국 땅에 쏟아부었다. — 영국 장군 J .F. C. 풀러, 『서구 세계의 군대사』

영국인과 프랑스인은 포르투갈인과 네덜란드인을 따라 동양에 첫발을 내디뎠다. 영국 찰스 2세는 포르투갈 공주 캐서린 드브라간자와 결혼할 때 포르투갈의 식민지였던 인도의 뭄바이 항을 지참금으로 받았다. 그는 즉시 항구를 동인도회사에 임대했다. 반대편에 위치한 인도 동부의 도시 콜카타와 첸나이도 점차 동인도회사의 새로운 주요 상관으로 자리 잡아 가고 있었다.

이 내용은 윈스턴 처칠이 '제1차 세계대전'이라고 적절하게 부른 전쟁이 발발하기 전, 인도 내 영국 영토에 관한 이야기다. 유럽에서 '7년 전쟁'으로 불린 세계대전은 인도에서 다른 의미로 격렬하게 진행되었다. 인도 연합군과 동맹을 맺은 프랑스 군은 사업 경쟁자인 영국 상관들을 공격했다. 영국 측도 나름대로 인도 연합군을 확보하여 1757년 벵골 지역의 콜카타 인근에서 벌어진 플라시 전투에서 완벽하게 승리함으로써 인도에서 프랑스 군을 몰아냈다.

존 컴퍼니의 장군인 로버트 클라이브의 승리는 영토뿐 아니라 알렉산더 대왕이 페르시아를 점령한 이래 역대 최고의 약탈지를 획득한 것이기도 했다. 패배한 인도 왕과 귀족들은 아주 오랫동안 축적해온 공물과 재산 등을 그대로 가지고 있었는데, 이들에게서 빼앗은 약탈품은 산업혁명의 자본이 되었다. 승리한 동인도회사는 그동안 해왔던 평화적인 무역을 중단했다. 즉, 인도 문제에는 개입하지 않은 채 순수하게 무역에만 관심을 두었던 전략을 변경한 것이다. 이 무렵 인도 전체는 실질적으로 동인도회사의 수중에 들어갔고, 회사의 인도 영토는 100년 후인 1858년 영국 정부로 이양된다. 『영어를 사용하는 사람들의 역사』에서 윈스턴 처칠은 다음과 같이 언급했다.

> 오늘날 우리는 인도에서 영국이 팽창하고 있는 현실을 그릇되게 이해해서는 안 된다. 영국 정부는 인도에서 일어난 충돌에 당사자로서 관여한 일이 결코 없었다. 의사소통의 어려움, 거리, 그리고 현지 상황의 복잡성 때문

에 피트 수상은 자문과 지원에 만족하면서 클라이브 장군에게 재량권을 주었다. 동인도회사는 무역을 위한 조직이었다. 회사 책임자들은 사업가들이었다. 이들은 전쟁이 아닌 배당금을 원했으며, 군대와 영토 병합에 돈을 쓰는 것을 매우 아까워했다. 그러나 그 넓은 인도 땅에서의 혼란은 그들의 의지나 판단과 상관없이 점점 더 많은 영토를 지배하게끔 상황을 몰고 갔다. 어쩌다 보니 동인도회사는 앞선 무굴제국 못지않게 막강한, 하지만 확실히 더 평화로운 제국을 건설하게 되었다. 이 과정을 '제국주의적 팽창'이라고 부르는 것은 터무니없는 소리다. 꼭 그 의미를 말해야 한다면 정치력의 신중한 확장이 들어맞으리라. 인도에 대해서라면 대영제국이 엉겁결에 획득하게 되었다고 말하는 편이 맞을 것이다.

처칠은 인정하지 않았지만 인도는 '대서양에 있는 섬나라 출신 소수의 모험가들'이 획득한 이득이었다. 역사가 조지 트리벨리언이 의회에서 묘사한 것처럼, 동인도회사는 "자기들이 태어난 곳에서 지구 반 바퀴나 떨어져 있는 국가를 정복"할 수 있도록 했다. 1833년 트리벨리언은 동인도회사의 중국 무역 독점권을 지켜내기 위해 의회 투쟁을 이끌었다. 이 투쟁에서는 졌지만 동인도회사는 계속해서 인도 통치를 허가받았다. 물론 여기에는 아편 무역에 대한 독점권도 포함돼 있었다. 인도가 통치되고, 동인도회사를 위한 세금이 걷히고, 무역이 번창하는 동안 회사는 인도가 어떻게 관리되고 있는지에 관해서는 아는 바가 없었고 관심조차 두지 않았다.

그래서 1857년의 폭동은 더 충격적인 자각이 되었다.

물론 동인도회사는 본국에서 좋은 일을 많이 했다. 그건 인정하자. 회사에 일단 고용되면 가장 비천한 사람들도 가난의 고통을 겪지 않았다. 일급 예술가와 작가, 지식인들(틀림없이 좋은 집안 출신일 것이다)은 존 컴퍼니가 지배한 긴 역사 동안 그럴싸한 명예직을 차지하곤 했다.

그런 이유에서인지, 우아했지만 별 의미 없는 동인도회사의 고별사는 이런 대접을 받은 사람 중 당대 최고의 철학자인 존 스튜어트 밀이 작성했다. 그는 엄숙하게 의회를 깨우쳤다. 그 내용은 이러했다. 동양에 있는 영국의 위대한 제국은 동인도회사가 획득했고, 회사는 영국 총독에게 어떠한 비용도 요구하지 않고 자신의 힘만으로 통치하고 방어했다. 반면 같은 시기 의회의 통제 아래 있던 행정부는 대서양 반대편에 있는 또 다른 위대한 제국을 잃어버렸다.(동인도회사는 인도를 훌륭하게 통치했는데, 회사의 해체를 결정하려 하는 의회는 자신들이 직접 통치한 미국의 독립조차 막지 못했다는 비난을 담고 있다.— 옮긴이)

존 스튜어트 밀이 동인도회사를 열심히 변호했음에도 (동시에 인도인들과는 아무런 협의도 없이) 의회는 1858년 8월 2일 세계 역사상 가장 영향력 있는 다국적 기업을 해체하기로 결정해버렸다. 빅토리아 여왕은 즉시 인도 여왕이 되어 영토를 계승했다.

플랜터스

인도에서 차 산업이 시작되던 초기에 농장, 즉 플랜테이션의 주인과 관리인 들은 권력을 형성하면서 새로운 사회를 구성했는데, 잉글랜드인, 스코틀랜드인, 아일랜드인이 주축을 이루었던 이 집단을 '플랜터스planters'라고 불렀다. 이들의 작은 사회에선 유럽의 고향을 그리는 향수에 토착 문화와 지역 특유의 정취가 어우러졌다. 그들이 만든 '방갈로 문화'는 숙련된 원주민 직원들이 유럽인 마님과 나리 들에게 봉사하는 것이 특징이었고, 지금도 인도와 스리랑카의 주요 차 재배지역에서는 '플랜터스 클럽'을 통해 이 문화를 체험해볼 수 있다.

아삼에서 새로운 차를 기르다

"저는 건강에 해로운 이 열대우림에서 온갖 악천후에 노출되어 있으니, 언제라도 열사병에 걸려 목숨을 잃을 수 있습니다. (간청하건대) 비록 제가 계약에 의거하지 않고 자의로 봉사를 해왔을지라도 정부에서 관대히 제 가족을 위해 얼마간의 지원을 해주시길 바랍니다." — 찰스 브루스, 1836년 10월 1일 존 컴퍼니의 고위 간부들에게 쓴 글

이제 주인공인 차의 역사로 돌아와야 할 때다. 1834년 당시 차 위원회는 동인도회사 측에 인도 땅에서 차가 재배될 수 있을 뿐 아니라 실제로 재배되고 있음을 확신시켰다. 이 소식은 회사 책임자들을 매우 놀라게 했다. 윌리엄 유커스는 당시까지 차에 관한 다섯 건의 보고서를 제출했던 회사 소속 과학자의 말을 인용했다. 유커스에 따르면, 차나무는 이미 1780년대에 성공적으로 재배되었고 그 후에도 몇 사람이 계속 재배하는 데 성공했다. 게다가 1815년에는 아삼 야생 차나무의 존재가 처음으로

보고되었다. 하지만 모든 사실은 묵살되었다.

하지만 이것은 서막에 불과했다. 차 위원회의 첫 번째 사건이 마지못해 차나무가 아삼에 자생한다는 것을 인정한 것이라면, 두 번째 사건은 중국종 차나무 씨앗을 최초로 상업적 목적으로 수입한 것이었다. 이는 훗날 '인도 차 산업의 재앙'으로 불리게 된다.

존 컴퍼니의 간부는 찰스 브루스를 비웃었다. "어릴 때는 선원 생활을 했고, 아삼에서 오랫동안 체류한 것은 전적으로 돈을 벌기 위해서였으며, 그마저도 브라마푸트라 강에 있는 전투함을 지휘하면서 보낸 게 전부"라는 이유에서였다. 브루스가 과학자도, 훌륭한 사업가도 아니었음은 분명하다. 하지만 그는 정글을 개척하는 법이나 아삼의 원주민인 나가 족과 우호적인 관계를 유지하는 법을 알았다.

로빈슨 크루소처럼 창의력과 활기가 넘쳤던 그는 유럽인이라면 1년도 버티기 어려웠을 말라리아가 들끓는 야생에서 성인기를 보냈다. 미얀마와 중국 국경에 이르는 먼 지역까지 탐험하며 120종에 이르는 야생 차나무의 계통도를 그리기도 했다. 그의 메모에는 높이 약 13미터, 지름 1미터의 큰 나무(이런 크기는 매우 드물지만)를 포함해 차나무를 발견한 내용도 있다. 브루스는 아삼에서 차나무를 번식시키는 것에 확신을 가졌고, 인내심을 갖고 이를 실행했다. 그는 또 정글에서 가져온 어린 차나무로 다원을 조성하기도 했다.

찰스 브루스의 안내로 아삼에 파견된 감독관들은 차에 대해선 아무

| 오래된 차나무는 수령이 수천 년이 넘는 것도 있다.

정보도 얻지 못했다. 이 감독관들은 "야생 차나무로는 인간이 수 세기 동안 재배해온 차나무에서 얻는 좋은 차를 생산할 수 없을 것"이라고 추정하며 다음과 같이 제안했다. "열등한 아삼 차나무가 아니라 중국종 차나무를 정부가 후원하는 실험 다원에서 재배해야 한다."

당연히 개척자들은 중국종 차나무는 재배할 수 없다는 전문가의 조언을 새겨듣지 않았다. 콜카타에서 브라마푸트라 강을 따라 북쪽으로 1600킬로미터 떨어진 곳에서 찰스 브루스는 홀로 아삼 차나무를 부단히 재배했다. 한편 회사는 해마다 중국으로부터 더 많은 차 씨앗을 들여오고 차 가공 기술자를 초빙하기 위해 노력했다.

로버트 포천의 위대한 모험

"한마디로, 그녀의 민망한 평판은 지옥 같은 나라 전체를 충격에 빠뜨렸어. 또한 우리가 함께 앉아 검은 보헤아를 훌쩍거리는 머리를 감싼 중국 복색의 여인들마다 원숭이를 닮은 가느다란 손가락을 뻗어 친애하는 당신을 만돌린 뜯듯이 할퀴어댈 거야. 왜냐면 어디든 그야말로 지옥이니까. 그리니치, 바스, 혹은 욥바까지도! — 이디스 시트웰, 『파사드』

중국의 법망을 피해 간다 해도 품질 좋은 차 씨앗을 확보하는 일은 만만치 않았다. 법망을 피해 기꺼이 씨앗을 팔려는 상인을 찾는다 해도, 미리 씨앗을 삶아 발아하지 못하게 했을 가능성이 높았다. 양호한 상태로 구입한 씨앗과 차나무 들도 도착할 무렵이면 이상하게 곰팡이가 피거나 병들거나 죽어 있었다. 대담하고 현명한 누군가가, 출입이 금지된 중국 내륙 지방으로 직접 들어가서 좋은 씨앗과 차나무를 가지고 오는 방법밖엔 없었다.

차 위원회는 1834년에 성공적인 시도를 했는데, 사실 그해는 자와의 야콥손이 중국을 여섯 번째 방문한 해이기도 하다. 이런 탁월한 용기와 재능을 가진 사람들 중 최고는 단연 스코틀랜드 식물학자 로버트 포천으로, 그는 아편전쟁이 끝난 이듬해 생애 첫 중국 여정을 감행할 정도로 배짱이 두둑했다. 포천은 의심 없이 통과될 정도로 중국어 실력이 훌륭하지는 않았지만, 만리장성 너머의 먼 타국에서 여행 온 관광객인 것처럼 행세하면서 눈길을 피해갔다.

포천은 스스로 모험을 하고 있음을 항상 의식하고는 있었지만, 저서에 썼듯이 스스로 가장 재미있어하는 일은 뭔가를 찾아 수집하는 일이었다. 중국인 흉내를 내면서 출입이 금지된 내륙 오지나 해안을 돌아다니는 것이 그에게는 아주 자연스러운 일임을 사람들도 점차 인정하게 되었다. 유명한 탐험가인 리처드 버턴 경이나 다른 동시대 사람들처럼 포천도 자신이 수집하는 것에 대해 열정적이도록 계몽된 빅토리아 시대의 신사였다. 때로 '까다로운 난관'으로 위협을 느낄 때도 있었지만 그는 이를 별로 내색하지 않는 사람의 전형이었다. 이런 난관들은 매우 빈번하게 포천의 이야기 곳곳에 묘사되어 있어서, 좋은 사례를 하나만 고르기가 어려울 정도다.

1843년에 출간된 그의 책 『중국 탐험』에는 열병에 걸린 그가 수집한 귀중한 표본을 지니고 작은 배에 타서 해적들에게 공격받으면서도, 어떻게 항구가 있는 해안까지 도착할 수 있었는지 묘사되어 있다.

| 로버트 포천(위)과, 그가 중국 여정에서 본 것을 바탕으로 그린 중국의 차 재배지.

가끔은 그도 고요한 순간을 즐겼다. 두 번째 중국 방문은 동인도회사의 요청에 따른 것이었다. 그는 중국 북부에 있는 훌륭한 차 생산지에서 차 씨앗과 차나무, 경험이 풍부한 차 생산자들을 데리고 돌아왔다. 변장을 하고는 늘 그랬던 것처럼 '까다로운 난관'들을 거치면서, 그는 녹차와 홍차가 같은 나무에서 생산되며 가공법만 다른 것임을 이해한 첫 번째 서양인이 되었다. 그는 젖은 모래를 가득 채운 상자에 씨앗을 넣어, 죽이지 않고 겨울을 나는 비밀을 알아내기도 했다. 마침내 포천은 중국에서 가장 멋지고 성스러운 장소 중 하나이자, 세계에서 가장 훌륭한 페코와 소우총이 생산되는 우이 산 지역의 중심지에 도달했다. 그는 높은 봉우리 위에 있는 절에 올라가 평화로운 분위기 속에서 승려들과 친구가 되기도 했다. 그가 만난 모든 중국인과 그랬던 것처럼.

포천은 저서 『중국의 차 생산지 방문기』에서 다음과 같이 묘사했다. "신분이 높은 승려가 담배 주머니에서 중국 담뱃잎을 조금 꺼내어 손가락으로 둥글게 말더니 나에게 주었다. 나는 담뱃대에 불을 붙여 피우기 시작했다. 그는 소년을 불러 차를 가지고 오게끔 했다. 잠시 후 나는 그 향기로운 식물, 그 무엇과도 섞이지 않은 순수 그 자체의 차를 그것이 나고 자란 언덕에서 마셨다." 분명 이때가 포천의 삶에서 가장 소중한 순간이었을 것이다.

중국 정부가 그에게 현상금을 내걸자, 그는 곧 중국을 탈출해서 1851년 인도에 도착했다. 물론 많은 양의 차 씨앗과 다구, 매우 훌륭한 중국 기술자, 그리고 차나무 1만2000그루도 함께였다. 포천의 삶에 관한 이야기는 세라 로즈가 쓴 『모든 중국차에 대하여』라는 책으로 2010년에 출간되었다.

아삼 컴퍼니의 탄생

"요컨대 더 공정하게 말하면 아삼 컴퍼니는 새로운 모험의 모든 위험을 떠안았으며, 그들이 값비싼 대가를 치르고 얻은 경험은 후발 주자들에게 대단히 큰 도움이 되었다고 해야 할 것이다." — 대영제국 훈장 서임 퍼시벌 그리피스 경, 『인도 차 산업의 역사』

야콥손에게는 안타깝지만 찰스 브루스가 서구인으로서는 최초로 중국인만 차를 재배하고 가공할 수 있는 것이 아님을 증명했다. 브루스의 노력으로 1839년 영국인들은 중국이 원산지가 아닌 첫 번째 차를 맛볼 수 있었다. 이 차에는 그 희소성 때문에 전대미문의 가격이 매겨졌는데, 두 번째 아삼 차 95박스는 1840년 런던에서 또다시 엄청난 가격을 달고 나왔다. 그가 생산한 차가 유서 깊은 트와이닝스 사를 감동시키면서, 짧은 예언 하나가 조심스럽게 발표되기에 이른다. "차 문화가 오래되고, 가공에 대한 경험이 쌓이면서 아삼에서 생산되는 차의 일부는 언젠가 반드시 중국이 지금까지 공급해온 고품질 차와 비슷한 수준을 갖추게 될 것이다." 이런 상황은 많은 투자자를 움직여 아삼 컴퍼니 설립에 영향을 끼쳤다. 영국 동인도회사 이사회의 승인도 받았다. 동시에 인도에 있던 동인도회사 집행부는 시의적절하게 독립 왕국이던 아삼을 합병했다. 동인도회사 소유의 실험 다원 대부분도 이 새로운 회사에 처음 10년간 무료로 임대되었다. 찰스 브루스는 차 부서의 최고 책임자로 임명됐다.

하지만 토양이 맞지 않아서, 일손이 부족해서, 혹은 잘못된 재배 기술로 인하여 어처구니없는 실수가 잇달았다. 관리자에서 말단 노동자까지 모든 사람이 차에 대해 완전히 무지했다. 한편, 차나무 재배는 '맹수가 우글거리는' 정글에서 펼쳐지는 다른 식물들과의 전쟁을 의미하기도 했다. 이리저리 뻗어나가는 덤불은 하루 30센티미터씩 자라며 무서운 속도로 인간이 힘들여 개간해놓은 땅을 뒤덮었다. 차 농사는 또한 질병과의 전쟁이기도 했다. 심지어는 아삼 컴퍼니의 의사들마저 일터에서 죽어갔다.

존 컴퍼니의 책임자들은 1845년경 이미 재앙의 조짐을 알아차리기 시작했다. 더 이상의 손실을 막기 위해 존 컴퍼니 이사들은 아삼 컴퍼니로 하여금 존 컴퍼니 소유의 주식을 구입하도록 노골적으로 강요했다. 하지만 유감스럽게도 아삼 컴퍼니는 존 컴퍼니의 주식을 인수할 입장이 아니었다. 이미 파산이 진행되고 있었기 때문이다. 동인도회사가 전 세계에 인도 차 농사는 성공이 보장된 사업이라고 공표한 지 2년도 채 안 되어,

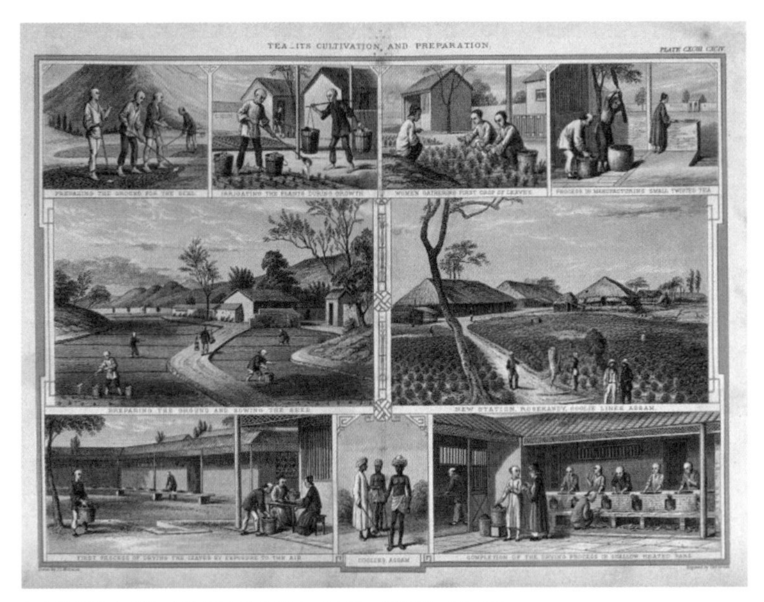

| 아삼 컴퍼니 설립 당시 차를 재배하고 가공하는 공정을 그린 그림.

20파운드였던 주가는 반토막이 났다. 이런 상황에서 회사는 희생양이 필요했고, 찰스 브루스는 해고되었다. 그는 아삼 컴퍼니에 들어올 때와 똑같은 방식으로 떠났다. 아삼 차나무를 보급하지 않는 책임자들을 '바보'라고 부르면서 말이다. 그리고 그가 옳았다.

로버트 포천이 중국에서 돌아온 지 1년이 지난 1852년, 아삼 컴퍼니는 마침내 첫 번째 배당률을 2.5퍼센트로 발표했다. 이익은 주로 포천이 가져온 씨앗을 판매한 결과였다. 찰스 브루스의 해임으로 공석이 된 책임자 자리에 1853년 조지 윌리엄슨이 임명되었다. 윌리엄슨은 아삼 컴퍼니가 성공 가도를 닦고 아삼 차 산업 발전에 지대한 공헌을 한 위대한 인물로 기억된다. 그의 시대가 되어서야 다른 많은 문제가 비로소 제대로 정리되었다. 그는 아삼 차나무에 대한 찰스 브루스의 판단이 처음부터 옳았다고 보고, 신속히 아삼종의 장점을 인정했다. "생산량을 놓고 볼 때 중국종이 아삼종보다 못하다는 것은 이제 잘 알려진 사실이다. 중국종은 더 이상 필요 없다."

윌리엄슨의 후계자 중 한 명은 무성해진 중국종 차나무의 시범 다원을 두고 나중에 다음과 같이 기록했다. "이 연구를 진행한 전임자들에게 책임을 묻지 않다니 매우 유감스럽다. 왜냐하면 중국 차나무를 연구하는 이런 다원들 때문에 중국종과 아삼종의 교배 품종이 아삼 전역에 퍼졌고, 결국 아삼 전체에 끔찍한 피해를 남겼기 때문이다."

조지 윌리엄슨은 아삼에 토착 차나무가 성공적으로 자리 잡도록 조치를 취했다. 오늘날 중국, 타이완, 일본을 제외한 대부분의 차 생산국에서는 이 아삼종만을 재배한다. 로버트 포천이 그 숱한 위험을 뚫고 구해 온 중국 차나무는 인도에서조차 전혀 재배되지 않는다. 더 춥고 더 높은 히말라야 기슭에 위치한 다르질링 지역만이 예외다. 이곳에서는 1841년 이후 실험적으로 심은 중국 차나무들이 잘 자랐다. 다르질링의 알루바리 다원은 1856년에 설립되었는데, 150년이 지난 지금까지도 다르질링의 중국 차나무는 이 지역 전체에서 여전히 잘 자라고 있다.

잔혹한 영국인들, 다원을 독점하다

"차 장수가 천국의 문 앞에 서 있었네. 늙고 지친 얼굴이었지. 그가 힘없이 운명에게 부탁했네. 문 안으로 들여보내달라고. 성 베드로가 그에게 물었네. 천국으로 들어갈 만한 어떤 일을 했는가? 차 농사를 짓느라 해마다 지구 위를 달렸지요. 베드로가 종을 건드리자 날카로운 소리를 내며 문이 열렸네. 들어와 하프를 켜게나, 그가 말했네. 자넨 이미 충분히 지옥을 겪었으니." — 아룹 쿠마르 두타, 『차 가람!: 차 이야기』에서 인용

인도 차 영웅담에서 간과된 영웅이 아삼 사람인 마니람 두타 바루아다. 그는 자생 차나무를 브루스 형제에게 소개하는 등 여러 방법으로 형제를 도와준 첫 조력자이며, 아삼에서도 대단히 부유한 귀족으로서 아삼 왕을 섬겼다. 1839년 동인도회사가 아삼을 합병한 후 그는 새로 설립된 아삼 컴퍼니에 현지 대리인으로 입사했다. 이 새로운 대리인은 영국인을 잘 이해한 만큼 경제도 잘 이해했고, 차가 아삼의 미래가 될 것임을 깨닫고 차에 투자하기로 결정했다.

그가 아삼 컴퍼니에 들어간 것은 차 재배와 가공에 관한 기본 지식을 얻기 위해서였다. 목적을 달성하자 그는 1845년 퇴사하여 자신의 다원을 만들었다. 그러자 즉시 유럽인 재배자들의 노골적인 증오를 받았는데, 이들 중에는 배은망덕한 찰스 브루스도 있었다. 바루아는 거센 반대를 무릅쓰고 콜카타를 통해 중국인 차 가공자를 데려왔다. 이후 조르하트 인근에 시나모라 다원을 설립함으로써 인도인 최초의 개인 재배자로서 '당당히' 나섰다. '시나모라Cinnamora'는 아삼어로 '중국인이 만든'이라는 뜻이다. 그는 번창했지만 백인 경쟁자들은 마음을 졸였다.

1857년 마침내 이 당돌한 토착민에게 본때를 보여줄 기회가 왔다. '세포이 항쟁'이 인도에 거주하는 영국 지배자들을 공포에 빠뜨렸을 때였다. 당시 차를 생산하는 다원 두 곳의 주인이던 바루아는 항쟁이 일어났을 때, 동인도회사의 영국 총독이 통치하기 전 아삼의 라자(통치자—옮긴이)였던 오랜 친구를 대변하기 위해 콜카타에 남아 있었다. 그는 아삼에서 영국인을 몰아내고 친구를 라자로 복귀시키려는 음모를 꾸미고 있다는 날조된 혐의를 뒤집어쓰고 체포되었다. 그리고 아삼으로 압송되어 억울한 재판을 받고 1858년 2월 26일 교수형에 처해졌다. 백인들의 증오가 만들어낸 비극이었다. 조지 윌리엄슨이 이끄는 아삼 컴퍼니의 수뇌부는 이전 대리인이었던 바루아를 체포한 경찰에게 정부 표창을 주어야 한다고 추천했다. 이들은 자신들의 몫으로 바루아의 재산을 요구했고, 이 재산은 예상대로 몰수되어 조지 윌리엄슨에게 헐값에 넘어갔다. 바루아의

| 마니람 두타 바루아를 비롯해 영국인들에게 저항하다 순교한 이들을 위해 세워진 기념비.

후손인 아룹 쿠마르 두타는 『차 가람!』(가람 차이Garam Chai는 인도 말로 '뜨거운 차'를 의미—옮긴이)에서 그 이후 벌어진 일들을 기록했다.

조지 윌리엄슨은 부당하게 취득한 재산을 마음껏 누리지 못했다. 바루아의 자산을 사들인 후 신망을 잃는 바람에 다원을 운영할 수 없었던 것이다. 중국인 차 가공자를 포함한 모든 노동자가 떠나버려서 1858~1859년에는 차를 전혀 생산할 수 없었다. 결국 시나모라 다원은 새로 설립된 조르하트 티 컴퍼니에, 싱글로 다원은 또 다른 구입자에게 헐값에 팔아야 했다. 그제서야 조지 윌리엄슨은 자신이 저지른 죄를 깨닫고 크게 달라졌다. 그는 사업가에서 자선사업가로 변신해 시나모라 다원과 싱글로 다원을 판매한 금액 전액을 아삼인들에게 기부했다. 도서관과 교육 기관을 설립했으며, (…) 1865년 인도를 떠나 런던에서 죽었다.

인도인과는 어떤 경쟁도 용인할 수 없다면서 유럽 식민주의자들이 인도 사업가들에게 가져다준 선대의 불행에도 불구하고, 바루아 가문은 오늘날 아삼 차에서 중요한 역할을 하고 있다. 차 재배를 선도한 인도 사람으로는 다르질링의 차우두리와 라이, 바네르지 등 다른 지역에도 있긴 했지만 극소수에 불과했다. 1947년 독립한 후에도 인도인들은 자국 차 산업을 주도하지 못했는데, 그것이 식민주의의 현실이었다.

기계가 차를 만들기 시작하다

"값싼 달콤함이 잊힌 후에도 싸구려 쓴맛은 오래 남는다." — 데번 샤

조지 윌리엄슨이 1859년 아삼에서 은퇴할 무렵, 차 산업은 급속히 성장하고 있었다. 개인 사업가 수십 명이 최고급 차를 심고, 재배하고, 수확하는 올바른 방법을 배웠다. 동인도회사는 인도에서 누리던 모든 특권을 1년 전 영국 정부에 넘겼다. 따라서 위아래를 막론하고 동인도회사의 모든 관리는 영국에 돌아가 가난하게 살거나 평범한 사무직을 얻는 것보다 더 나은 선택지를 찾아야 했다. 많은 사람이 차를 재배하는 것이 가장 단순하고, 즐거우며, 이익이 남는 신사들의 일이라고 여겼다. 당시 누군가

| 닐기리 우타카만달람의 과거 모습.

는 이런 분위기를 다음과 같이 전했다.

> 재산이 많진 않지만 교육받은 삶의 지위를 유지하려는 사람들, 장사나 직장생활을 못 견디는 이들, 또 군인이나 선원생활에는 흥미가 없지만 영국적인 것에 에너지와 진취성을 발휘하고 싶어하는 영국 사람들에게 차 재배는 특별한 동기를 부여했다.

광대한 새 땅에 차나무가 심어졌으니 동기는 충분했다. 대부분이 아삼 지역에 심어졌지만 히말라야 기슭의 다르질링 인근과 남쪽 닐기리 산의 고지대인 우타카문드(우타카만달람의 옛 이름—옮긴이) 주변에도 차밭이 조성됐다. 양배추와 차나무도 구별하지 못하는 다원 관리자들, 콜카타와 런던에서 높은 급료를 받는 비서들을 거느린 고소득 이사들, 모든 투자자가 자신들이 고대 크로이소스 왕 같은 부자가 되리라고 확신하고 있었다. 아삼에 머물렀던 한 의사는 나중에 이 광풍을 두고 말했다.

> 차는 즐거움을 주면서도 취하지 않기로 유명하지만, 그렇다 하더라도 새로운 지역에서의 차 농사는 이상할 정도로 사람들에게 바람을 넣었다. 그들의 헛꿈은 보물을 찾는 탐험가의 꿈에 비견될 정도였다.

인간의 탐욕은 차를 만나 다시 한 번 아삼 컴퍼니 초창기의 어리석은 짓을 되풀이했는데, 이번에는 규모가 훨씬 더 컸다. 수백만 파운드가 차를 명목으로 낭비되었고, 1865년경 투자자들은 '차'라는 단어만 들어도 넌더리를 냈다.

신사업이 차의 광풍에서, 그리고 그로 인한 재정 파탄에서 회복되는 데는 5년이 걸렸다. 이 무렵이 되어서야 살아남은 업계 종사자들은 자신들의 사업을 이해했다. 투기라는 병을 용케 피한 오래된 다원들은 번성했다. 사실 차 산업의 미래는 일각에서 의심하는 것보다 밝았다.

1871년 어느 날, 브라마푸트라 강을 내려오던 증기선이 강 한가운데서 멈춰 섰다. 브라마푸트라 강은 변화가 심한 모래톱으로 악명 높았는데, 배가 그중 한 곳에 좌초한 것이었다. 선장은 수리할 곳이 많아 다시 출발하기까지 꽤 시간이 걸릴 것이라고 승객들에게 설명했다. 일부 승객이 기다리는 동안 강가를 둘러보기로 했다. 물가에 기어오른 승객 중에는 존 잭슨, 윌리엄 잭슨이라는 형제가 있었다. 이들은 북부 아삼의 다원을 떠나 고향인 영국으로 돌아가는 중이었다. 그들은 정박지 인근에서 우연히 10년 동안 쉴 새 없이 사용했는데도 멀쩡한 휴대용 증기 엔진을 발견했다. 기계 보는 눈이 있던 윌리엄은 디자인을 매우 마음에 들어했고, 제조사의 주소를 적었다. 이런 행운으로 마셜 선즈 앤 컴퍼니라는 영국 회사는 차 생산에 필요한 기계를 생산하는 엄청난 기업이 되었다.

잭슨 형제는 집으로 돌아와서 증기 엔진 회사에 자신들이 디자인한 유념기揉捻機를 생산해달라고 요청했다. 수작업보다 훨씬 더 능숙하고 빠르게 차를 유념하는 최초의 기계였다. 그때까지 지구상의 차는 전부 손으로 만들어졌다. 손으로 비비고 숯불 위에서 건조한 다음 맨발의 노동자들이 상자에 밟아 넣었다. 마침내 윌리엄 잭슨은 이 모든 단계를 처리하는 기계를 발명하고 특허를 냈다. 차 생산과정을 기계화함으로써, 잭슨과 경쟁자들은 '위생적인 환경에서 찻잎을 과학적으로 가공하는 방법'을 도입한 것이다. 중국차를 못마땅해하던 사람들은 곧 아삼 차의 이런 장점을 강조하기 시작했다.

차 가공을 기계화하자 노동력이 엄청나게 절약되었고, 특히 찻잎에 상

| 누아라엘리야 지역에서 사용되는 유념기(위)와 다르질링 지역에서 쓰이는 건조기.

처를 낸 뒤 산소에 노출시키는 유념과정이 크게 단축됐다. 유념과정은 느리고 지루해서 찻잎 36킬로그램을 손으로 유념하려면 한 사람이 꼬박 하루를 일해야 했다. 반면 잭슨이 만든 기계는 하루에 60명분의 일을 해냈다. 숯불 위에서 찻잎을 건조하는 중국식 방법도 마찬가지로 매우 느리고 비용이 많이 들었다. 차 1킬로그램을 건조할 숯을 준비하려면 양질의 나무 8킬로그램이 필요했다. 하지만 잭슨의 기계로는 어떤 땔감을 써도 품질이 일정했다. 아삼 석탄 250그램만 있으면 차 1킬로그램을 건조할 수 있었고, 커다란 건조기 한 대는 35명분의 일을 했다. 잭슨이 차 가공과정을 혁신한 것은 윌리엄슨이 차 재배과정을 혁신한 것과 같은 결과를 낳았다.

1872년 잭슨이 발명을 시작할 무렵 인도에서 차 생산비는 파운드당 11펜스였지만, 1913년경 기계를 개선하며 파운드당 약 3펜스로 비용을 절감했다. 잭슨 유념기 8000대는 중국에서 50만 명의 노동자가 할 일을 해냈다.

잭슨 형제는 클리퍼선 경주가 마지막으로 열린 해에 영국으로 돌아갔다. 수에즈 운하를 통과하는 증기선이 차 운반비를 크게 낮춘 것처럼, 이들의 기계는 단기간에 인도의 차 생산량을 몇 배나 증가시켰다. 19세기 동안 영국의 공식 차 수입량은 약 1만1300톤에서 13만6000톤으로 약 12배 증가했다. 하지만 같은 기간 파운드당 평균 가격은 5실링에서 1실링 이하로 떨어졌다.

초기 단계의 무모한 투자자들은 어리석었을지언정 틀리지 않았다. 첫 번째 아삼 차가 런던에서 팔리고 정확히 50년이 흐른 1889년, 영국으로 수출된 인도 차 물량이 처음으로 중국차를 능가했다. 영국 식민지에서 생산되는 차는 세계 차 시장의 대부분을 차지하기 위한 서막을 열고 있었다.

세계 곳곳으로 전파된 차나무

"내가 차를 만든다는 건 늙은 어머니 그로건이 말한 걸 그대로 한다는 것이고, 물을 만든다는 건 소변을 본다는 거야." — 제임스 조이스, 『율리시스』

농업 역사상 가장 치명적인 두 차례의 재앙이 어떻게 정확히 같은 시기에 일어날 수 있었는지는 여전히 미스터리다. 이전에는 들어보지도 못했던 미생물 하나가 1860년대 후반 유럽의 모든 포도나무 뿌리를 죽이기 시작했다. 포도나무를 미국 토종 포도나무의 뿌리에 접붙이는 방법을 알아내지 못했다면 유럽은 오늘날 와인의 불모지가 되었을지도 모른다. 다행히 미국산 포도나무의 뿌리는 이 병해에 내성이 있었다.

같은 시기에 비슷하게 해로운 생명체가 실론의 커피나무 잎을 공격했다. 그러나 어떠한 치료법도 발견되지 않았다. 커피나무는 전멸했고, 농민들은 파산했다. 곧이어 일어난 일들은 '진정한 투지' 혹은 '차를 향한 돌진'이라 부를 만하다.

실론은 『아라비안나이트』에 전설의 섬 세렌딥으로 나오는데, 커피 곰팡이로 인해 먼지가 덮힌 것처럼 보이는 커피나무 잎이 처음 발견된 1869년에는 차 재배지가 겨우 8만 제곱미터에 불과했다. 20년 후 차 재배지 면적은 800제곱킬로미터 이상에 달했고, 다음 20년 사이에 400제곱킬로미터가 더 늘었다. 차 농사를 위한 피와 눈물의 희생은 아서 코넌 도일의 말에 잘 표현되어 있다.

> 위대한 산업 하나가 몰락했을 때, 몇 년 안에 부유해지기 위해 또 다른 것으로 일어서겠다는 용기를 내기란 쉬운 일이 아니다. 실론의 다원들은 워털루의 사자가 그러하듯 용기를 보여주는 진정한 기념비다.

하지만 다른 전형적인 제국주의자들과 마찬가지로, 코넌 도일도 자신이 극찬한 이 '실론의 다원'에 차나무를 심고 가꾸고 수확하기 위해 인도에서 끌려온 타밀 족 노동자 수십만 명에겐 어떠한 관심도 두지 않았다.

실론 차는 1878년 런던에서 처음 팔렸고, 토머스 립턴이 등장한 1890년경에는 수출량이 1만3600톤에 이르렀다. 립턴은 다원 몇 곳을 헐값에 사들인 다음, 실론에 있는 모든 다원을 소유한 듯한 인상을 풍기는 광고

캠페인을 시작했다. 다음 해 그의 다원 중 한 곳에서 생산된 차 소량이 런던 옥션에서 모든 기록을 깨고 파운드당 36파운드에 팔리면서 립턴은 대단한 성공을 거두었다. 립턴의 마케팅 수완 덕분에 실론 차가 세계적으로 유명해지긴 했지만, 이는 인간의 노력 때문만이 아니라 아삼종 차나무 덕분이기도 하다. 즉, 중국종과 달리 어디서나 잘 자라고 번성할 수 있다는 확실한 증거가 실론에서 드러난 것이다.

그 후 아삼종은 전 세계에서 번성했다. 마침내 네덜란드가 수마트라와 자와에서 중국종을 아삼종으로 교체한 뒤로, 차는 빠르게 인도네시아 경제의 주축이 되었다. 실론의 성공을 이어가기를 바라면서 유럽 제국주의자들은 아삼종을 전 세계에 확산시켰다. 영국은 아프리카 대륙에서 남아프리카공화국(1877년), 말라위(1878년), 케냐(1903년), 우간다(1909년) 순으로 도입했고, 독일도 카메룬(1884년)과 탄자니아(1905년)에 차나무를 심었다.

러시아는 흑해 연안에 있는 오늘날 조지아 지역에서 1848년에 중국종 차나무로 실험 재배를 시작했다. 1892년 같은 지역에서 러시아 황제가 아삼종 차나무를 가지고 차크베라는 다원을 만들었는데, 이곳은 세계 최대이자 최북단에 있는 다원이다. 러시아의 성공에 힘입어 터키와 이란이 연이어 러시아 국경 바로 건너편에 다원을 조성했다. 니콜라이 2세는 자신이 생산한 차를 자랑스러워했지만 황후는 그러지 않았다.

러시아 차에 대한 진정하고 완전한 이야기는 바실리예비치 폴리욥킨

이 소련 붕괴 이후 출간한 책에서 읽을 수 있다. 소련의 영웅이었던 그는 이후 보드카와 차에 반대하는 사학자로 돌아섰다. 믿기 힘들겠지만, 러시아의 차 생산량은 체르노빌이 모든 것을 파괴하기 전까지만 해도 국내 수요량의 20퍼센트 정도를 충당했다. 나는 언제나 러시아 차가 다소 가볍지만 매우 낭만적이라고 느꼈다. 차의 대가 니겔 멜리칸의 지도로 조지아의 소규모 재배자들은 다시 차를 생산하기 시작했고, 그중 일부는 품질이 매우 좋다. 조지아 차는 회복될 것이다.

터키 차는 조지아와 국경을 마주한 리제에서 대부분 생산되며, 20세기 터키의 강력한 지도자 아타튀르크의 지시로 재배되기 시작했다. 터키에서 커피는 오스만제국의 역사만큼이나 오래된 국민 음료였다. 하지만 신흥 독립국인 아라비아에 모카 지역을 빼앗기자, 아타튀르크는 터키인이 앞으로 차를 마셔야 하며 국내에서 자체적으로 차를 재배해야 한다고 주장했다. 이스탄불의 톱카프 궁전에서 보스포루스 해협을 바라보면서 마시는 터키 차는 세계에서 가장 맛있는 차 중 하나다.

이제 몇몇 나라만 더하면 차 생산국 목록이 마무리된다. 남태평양에서는 파푸아뉴기니와 오스트레일리아의 퀸즐랜드가, 남아메리카에서는 페루와 에콰도르, 브라질, 아르헨티나가 차를 생산한다. 미국은 티백에 들어가는 차의 절반 이상을 아르헨티나에서 계속 수입해왔는데, 이 수입차는 보통 수준이라고 하기조차 아까울 정도로 맛없는 쓰레기다.

윌리엄 잭슨의 형인 존은 미국 정부를 설득해서 사우스캐롤라이나에서 차를 시험 재배하게 했다. 그러다 25년 뒤인 1912년에 농사가 중단되었는데, 이는 차가 잘 자라지 않아서가 아니라 비용 과다로 수지가 맞지 않아서였다. 2010년 현재, 미국에서는 유일하게 사우스캐롤라이나 주 찰스턴 인근에서만 차를 재배해서 기계로 채엽한다. 워싱턴과 하와이에도 떠오르는 차 재배지역이 있으며, 캘리포니아에는 실험 다원이 조성될 계획이다. 이렇게 다원이 생겨나고는 있지만 훌륭한 차는 여전히 손으로 채엽해야 하는 형편이다. 그리고 제3국가의 인건비는 미국의 그것과 비교가 안 될 만큼 저렴하다.

홍차의 유행

"차는 신묘한 약초다. 차나무를 기르면 이로운 것이 많은데, 무엇보다 차를 마시면 영혼이 정화된다. 차를 제대로 즐기는 사람은 좋은 집안에서 태어나 살림살이가 넉넉한 이들이지만, 평민이나 사회의 비천한 자들이라 해도 차를 마시지 않고 지낼 수는 없다. 차는 진정한 일상생활의 필수품이며, 지역 경제를 키우는 자산이 되어주기도 한다." — 서광계徐光啟, 『농정전서農政全書』

증기, 냄새나는 증기가 차 무역을 산업화 시대로 인도했다. 오랜 세월 동안 손으로 만들던 제품은 이제 증기 엔진을 단 기계로 가공되고, 증기선에 실려 수에즈 운하를 통해 운반되었다. 증기선엔 노련한 선원들이 타고 있었고, 화물 적재율도 높았으며, 무엇보다 행운이 따라야 하는 최고 성능의 클리퍼선이 항해하는 데 필요한 시간의 절반이면 항구에 도착했다. 1871년의 마지막 클리퍼선 경주에서 전설적인 커티사크 호가 상하이에서 런던까지 가는 데는 107일이 걸렸지만, 증기선이 인도 차를 싣고 콜

| 런던 템스 강가의 커티사크 호. 화재로 소실 된 것을 새로 복원했다.

카타에서 출발해 런던에 도착한 것은 45일 만이었다.

아삼 차나무로 만든 홍차는 수작업 과정을 모방한 기계들을 이용해 '정통 방식orthodox method'(채엽-위조-유념-산화-건조-분류의 과정을 거치는 방식—옮긴이)을 따르는 기계화 공정으로 표준화되면서 강력한 상품이 되었다. 인도와 실론에서 생산된 이 식민지 홍차는 중국 홍차보다 맛이 더 강하고 떫었기 때문에, 초기에 유통될 때는 소비자들의 입맛에 맞추기 위해 중국차와 섞어야 했다.

영국 작가인 알레이스터 크롤리는 1906년 실론에서 불교를 공부했다.

그는 자신의 책 『고백』에서 다음과 같이 말했다.

> 날씨에 뭔가가 있는 것 같다. 사람들이 그곳에 지나치게 오래 머물면 섬세함이 무뎌진다. 차의 맛과 향은 내게 얼마간 상징적인 것이었다. 실론인 가게 주인에게 중국차를 조금 사려던 어느 날의 일이다. 이웃한 다원의 주인이 우연히 가게에 있었는데, 그가 갑자기 끼어들더니 자신이 만드는 차에서 중국차의 풍미가 나게 할 수 있다고 거드름을 피우며 말했다. 그래서 나는 이렇게 말했다. "아, 그래요. 그런데 혹시 그 차에서 실론 차의 풍미를 제거할 수는 있나요?"

이런 차 속물들은 식민지산 영국 차가 널리 확산되면서 금세 기가 꺾였다. 1860년부터 1914년까지 약 50년 동안, 남아프리카의 금과 다이아몬드 광산 사업을 제외하면 대영제국에서는 다원에 투자하는 게 가장 큰 이익을 내는 사업이었다. 영국 노동자들은 '제국'의 홍차를 구입할 것을 강요받았다. 이 홍차들은 찻잎의 스타일(페코, 소우총)이나 생산지(기문, 보헤아)가 아니라 마자와테, 브룩 본드, 타이푸, 립턴 같은 브랜드명이나, 라이언스 같은 티숍 이름으로 표기되었다.

어째서 영국인 중 누구도 1884년 이전까지 티숍을 생각해내지 못했는지 이해하기 어렵지만, 실제로 그랬다. 첫 번째 티숍은 런던브리지 가까이에 있는 빵가게 안에 차려졌고, 곧 반응을 얻었다. 영국인들은 차를 이

성異性과 마셔야만 하는 것으로 여겼고, 이런 이유로 '라이언스'는 엄청난 성공을 거두며 하룻밤 사이에 전국적으로 유명해졌다. 이후로 영국인들은 티숍이 없던 시절을 상상조차 할 수 없게 되었다.

대규모 판촉 광고의 영향으로 영국인들은 제1차 세계대전 이후 (엄청나게 단) 차를 점점 더 많이 소비했다. 영국 연방에 속한 국민도 마찬가지였다. 오스트레일리아인은 1899년에 1인당 3.5킬로그램이라는 놀라운 양을 마셨고, 1897년 미국인은 1인당 700그램을 소비했다. 유럽의 차 소비 역시 크게 늘었고, 특히 러시아에서 급증했다. 모스크바의 가장 유명한 티하우스는 매일 차 15킬로그램을 우려냈는데, 연간으로 치면 6톤 가까이 되는 양이다!

중국의 차 수출량은 1886년에 최대치에 이르렀는데, 그해 전체 수출량의 27퍼센트를 러시아가 수입했다. 이는 영국이 수입하는 양의 절반, 미국이 수입하는 양의 두 배 수준이었다. 아편전쟁 후 러시아 자본가들은 1861년 한구漢口(현재의 우한)에 벽돌차 공장을 세웠고, 이후 점진적으로 중국 전역에서 벽돌차 가공에 대한 통제권을 확보해나갔다. 대상 무역은 1880년까지 물량이 계속 증가했고, 같은 해 시베리아 횡단 철도의 첫 구간이 개통되었으며, 1900년에는 철도가 완공되면서 대상 무역은 역사 속으로 사라지게 되었다. 이전에는 차가 러시아인의 손에 들어가기까지 몇 개월이 걸렸지만, 이제는 열차로 7주면 가능했다.

미국의 차 음용 습관과 차 산업을 뒤흔든 두 번의 혁신이 20세기의 첫

10년 동안 있었다. 그중 하나는 1904년 개최된 세인트루이스 만국박람회에서 촉발됐다. 당시 미국에서 소비되던 차의 대부분은 중국산이었고, 미국 중서부 지역에서는 (왜 그런지 전혀 알 수 없지만) 대부분 녹차를 마셨다. 이에 인도 차생산자협회는 인도 차를 대중화하기 위해 박람회장에 특별 부스를 설치하고 영국인 리처드 블레친든의 감독 아래 터번을 두른 숙련된 인도인들을 진행 요원으로 배치했다. 그러나 중서부의 무더운 여름 날씨는 뉴델리에 버금갈 정도였고, 땀을 뻘뻘 흘리던 방문객들은 블레친든이 우려낸 이 뜨거운 이국 음료를 좀체 마시고 싶어하지 않았다. 블레친든 역시 땀을 흘리기 시작했고, 당시에는 실업 수당도 없었다. 그는 필사적인 심정으로 얼음을 가득 채운 유리잔에 차를 부어서 고객들에게 제공했다. 사람들은 이 음료를 마시고는 돌아와서 더 받아갔고, 그 맛을 즐겁게 기억하며 집으로 향했다. 이렇게 해서 미국인의 새로운 음료인 아이스티가 탄생한 것이다.

사실 아이스티는 얼음과 차만큼이나 오래된 음료다. 다만 냉장고가 탄생하기 전에는 더운 날씨에 얼음을 구하기가 어려웠다. 1877년 버지니아에서 발행된 한 잡지는 아이스티를 접대용 음료로 추천했고, 1890년 미주리 주에서 전 남부연합 소속 군인들이 아이스티 3300리터를 마셨다는 기록도 있다. 다른 나라에서는 일반적이지 않지만, 미국은 아이스티를 연간 500억 잔 이상 소비한다. 뜨거운 차가 100억 잔 소비되는 데 비하면 엄청나게 많은 양이다.

매년 9만 톤 이상의 차가 아이스티와 핫 티를 제조하는 데 사용된다. 이 물량의 5퍼센트 이하만이 잎차로 판매된다. 이것은 두 번째의 우연한 혁신적 발명품인 티백 덕분에 가능했다.

1908년 뉴욕의 차 수입업자인 토머스 설리번은 운영비를 아끼기 위해, 시음용 차를 작은 실크 주머니에 넣고 손바느질로 봉한 다음 소매상과 개인 고객 들에게 보냈다. 맛을 본 사람들이 실제로 주문을 하자 그는 당황하면서도 기뻐했다. 그러나 제품을 받은 고객들은 샘플 차처럼 우리기 편하게 실크 주머니에 포장되지 않았다고 불평했다. 그것을 본 설리번은 곧 실크를 거즈로 대체하는 아이디어로 첫 번째 티백 제품을 생산했고, 엄청난 돈을 벌었다. 블레친든처럼 설리번도 이전에 이미 발명된 것을 유행시킨 것이다. 최초의 티백 특허는 런던에 사는 스미스라는 사람이 1896년에 냈다.

오늘날 티백은 비싸고 정교한 기계들과 특수 종이 및 섬유로 생산된다. 이런 발전은 인스턴트 티와 마찬가지로 생산 원가와 비용 절감 같은 경제적 이유로 인한 것이다. 그러나 아무리 간편하다 해도 티백은 차의 품질을 손상시킬 수밖에 없다. 티백 차는 대체로 차의 풍미를 망치며, 대부분이 평가할 가치조차 없을 정도로 맛이 형편없다. 하지만 여기서 많은 사람이 마시는 질 낮고 대중적인 차에 대해 아쉬움을 토로하고 싶지는 않다. 나도 이런 티백 차를 마시기 때문이다. 홀리프whole leaf(정통 방식의 홍차 가공과정에서 분류 단계의 맨 위에 걸러지는 비교적 큰 찻잎—옮긴이)가 아닌 더스트Dust나 패닝Fanning(더스트나 패닝은 정통 방식의 홍차 가공과정에서 분류 단계를 거친 후 남는 찻잎 부스러기나 가루를 말한다—옮긴이)으로 만들어지는 아이스티와 티백은 현대생활에서 고유 영역이 있고, 나도 그것을 기꺼이 인정한다. 한편 생분해가 가능한 피라미드 티백이 발달하면서 티백 차를 즐길 이유가 또 하나 생겼다. 사람들은 티백 속에 여러 형태의 홀리프가 들어가 있는 것을 눈으로 확인할 수 있다.

토머스 립턴,
홍차의 새로운 역사를 쓰다

"T는 '토미Tommy'도 되고 '차tea'도 되는데 해안에서는 다들 잘 안다. 그가 주목을 받는 중요 인물이라는 것을. 그러나 그도 바다에서는 조금 뒤처진다." — 1913년 홍차 브랜드 립턴의 창립자 T. J. 립턴이 아메리카컵 요트 대회 우승에 네 번째 도전하는 모습을 그린 캐리커처에 딸린 글귀

현대 광고의 아버지로 여겨지는 토머스 립턴은 1850년 스코틀랜드 글래스고에서 태어났다. 그는 열다섯 살에 8달러도 안 되는 돈으로 미국을 여행했다. 립턴은 버지니아의 담배 회사와 사우스캐롤라이나 찰스턴의 쌀 농장을 거쳐 뉴욕에 있는 백화점의 식품관에서 일했다. 이곳에서 립턴은 미국식 상품화와 광고가 어떤 효과를 내는지 목격했고, 잊지 못할 교훈을 얻었다.

당시 많은 백만장자가 미국으로 이민을 갔는데 립턴은 오히려 모은 돈

을 가지고 고향 스코틀랜드로 돌아왔다. 그는 얼마간 가족이 운영하는 식료품점에서 일하다 1871년 글래스고에 자신의 가게를 열었다. 그는 "나는 립턴 가게로 간다. 아일랜드 베이컨이 이 마을에서 제일 좋기 때문이다"라고 적힌 피켓을 들고, 교통 체증을 일으키며 신문의 주목을 받을 만한 거리 행진을 함으로써 처음으로 광고에 재능을 드러냈다. 립턴은 1880년 무렵 가게 20곳을, 1890년에는 300곳을 소유했다. 그는 영국 전역에서 누구나 아는 이름이 되었고, 혁신적인 소매 거래 방식과 판촉 기술뿐 아니라 성실함과 절제된 생활로도 유명해졌다.

식료품 유통업을 성공시킨 후 차 사업에 뛰어들면서 립턴의 경력은 전환점을 맞았다. 1889년 그는 첫 번째 차 2만 상자가 글래스고에 도착한 것을 축하하며 브라스밴드와 백파이프를 동원해 퍼레이드를 했다. 당시 차 가격은 파운드당 약 3실링이었지만 립턴은 1실링 7펜스에 팔았다.

립턴의 차 제국은 그가 오스트레일리아로 첫 번째 '휴가'를 다녀오고, 이듬해 비밀리에 실론을 방문했을 때 본격화되었다. 실론에서는 커피나무에 마름병이 번져 많은 영국인 커피 사업가가 파산했고, 그나마 살아남은 사업가들은 차를 심고 있었다. 립턴은 파산한 다원 5곳을 매입했고, 12곳 정도를 더 사들여 "다원에서 직접 찻주전자로"라는 슬로건을 내걸었다.

사람들이 '토머스 립턴'과 실론 차를 동일시하기 시작했다면, 그것은 영리한 스코틀랜드인의 의도가 정확히 맞아떨어졌기 때문이리라. 립턴은 실론을 방문한 손님들을 자신이 소유한 해발 1800미터 고원의 차밭에

| 립턴이 처음 구입했다고 알려진 우바의 담바텐네 다원의 차 공장.

데려가서는 저 멀리 발아래에 있는, 구별도 되지 않는 드넓은 정글이 자기 것인 양 으스댔다. 그는 실론 섬 전체가 하나의 거대한 다원이며, 염소수염을 하고 요트 모자와 물방울 무늬 나비넥타이 차림을 한 아버지처럼 인자한 모습의 사내, 곧 자신이 그곳을 관리하는 것처럼 연출했다.

얼마 지나지 않아 립턴은 부서지지 않은 가장 큰 잎 등급을 나타내는 오래된 차 용어였던 '오렌지 페코'를 잎의 크기를 넘어 소비자들이 받아들여야만 하는 차의 종류라고 전 세계가 믿게끔 했다. 그는 광고에서 "실론의 오렌지 페코는 브리스크brisk(상쾌하고 개운한 맛을 뜻함—옮긴이)하다"

고 표현함으로써, '브리스크'를 신선하면서 특별한 차를 뜻하는 감정가들의 전문 용어인 양 내세웠다. 립턴은 차 무역을 다시금 유행시켰고, 자신이 배운 새로운 차 용어를 자랑했다.

또한 혁신가인 그는 가파른 산에 자리한 다원과 계곡에 위치한 공장 사이에 케이블 운반 시스템을 최초로 도입해서 생산 효율을 높이기도 했다. 차를 상자에서 꺼내 무게를 달아 판매하던 시절이었지만, 그는 품질과 신선도, 중량을 일관되게 유지하기 위해 개별 포장해서 판매했다. 차 사업을 시작하고 10년 만에, 백만장자 식료품상은 억만장자 차 상인이 되어 세계적으로 유명해졌다.

그는 뉴저지 주 호보컨에 있는 창고 하나를 미국 본사 건물로 삼았다. 이 건물에 거대한 립턴 티 간판을 세우면 뉴욕 항구 어디에서나 보였기 때문이다. 오늘날 립턴은 단순한 슈퍼마켓 체인 이름이 아닌, 글로벌 상표의 트레이드마크가 되었다. 립턴은 1898년 빅토리아 여왕에게 작위를 받아 토머스 경이 되었다. 같은 해 그는 자신의 회사를 토머스 립턴 유한회사로 전환했다. 물론 경영권은 여전히 그가 갖고 있었다.

동시에 립턴은 자신이 추구해온 것 중 가장 낭만적인 일을 시작했다. 즉, 최고 권위의 요트 경기인 아메리카컵에 도전한 것이다. 립턴 경은 우승컵을 영국으로 가져가기 위해 다섯 번 도전해서 모두 실패했지만, 스포츠 정신과 훌륭한 인격으로 미국에서 폭넓은 존경과 사랑을 받았다. 그는 "미국에서 나와 피로 맺어진 유일한 형제는 뉴저지 주의 모기 몇

Sir Thomas J. Lipton
1850 - 1931
Lipton

Lipton in Ceylon
LIPTON'S TEAS
LIPTON'S TEA
Lipton

| 립턴 경.

마리일 것"이라며 종종 삶의 회한을 토로했다. 평생 독신으로 산 립턴은 1931년 81세의 나이로 세상을 떠났다.

립턴 티는 20세기를 통틀어 차 시장에서 세계 최고의 성공을 거두었다. 이는 또한 대영제국의 성공이기도 했다. 립턴이 선도한 식민지 차는 서구에서 중국차를 확실하게 대체했고, 이 시기 동안 영국이 식민지에서 진행한 사업은 인도와 실론, 아프리카를 포함한 새로운 차 생산국에서 확고하게 자리 잡았다. 이 차들은 전부 홍차였고, 그때부터 홍차가 완전히 대세가 되었다. 옛 중국 무역은 점점 더 축소되어 중심에서 밀려났다. 이 시점에 차의 고향이자 한때 전 세계에 차를 공급했던 중국의 상황을 다시 언급하는 것도 의미가 있다.

중국의 몰락

"아편전쟁에 이어 1856년, 1861년, 1871년, 1894년에도 전쟁이 이어지면서 중국은 서서히 개방되어갔다. 상인들 간의 대립은 기독교 종파 간 대립을 방불케 했다. (…) 중국의 유물들은 훼손되거나 전 세계로 흩어졌다. 3000년 문명의 풍요를 상실한 것은 장인의 기교와 디자인 등 중국의 정신이 파괴된 것이나 다름없었다. 중국인들은 표절자, 하층 노동자로 전락했다. (…) 차로 인해 중국 문화 자체가 거의 파괴되었다고 말할 수 있을지도 모르겠다." — 헨리 홉하우스, 『변화의 씨앗: 인류를 바꾼 5가지 식물』

영국의 시인 월터 새비지 랜더만은 자신의 시에서 중국의 몰락을 애도했다. 찻잔에 가득 고인 차를 보며 그는 읊었다.

그러나 지금 내 눈 앞에서는
빛나는 수확물 사이로
그대 달콤한 허브의 김이 솟아올라
밝은 옷과 아름다운 얼굴,

기다란 눈, 촘촘히 땋은 머리에 가닿네

또한 무수한 다리와 거룻배

수많은 어린아이와 새에게도

모든 신의 이름으로! 오, 이 오랜 땅에

그대들과 그대들의 법이 굳건하기를!

아시아에서는 일본이 유일하게 1641년에 쇄국을 결정하면서 유럽에 저항했다. 상황이 달랐다면 인도나 중국에서도 쇄국 정책을 폈을 것이다. 일본의 역사는 다행스럽게도 차 무역에 연루되지 않았기에 가능했던 결과라 할 수 있다.

청나라 황제인 강희제는 광저우 항에 길이 730미터, 폭 36미터의 구역을 정해 무역을 열망하는 유럽인들이 그곳에서 활동하도록 하는 칙령을 내렸다. 황제는 이 엄격한 '특별 구역' 덕분에 백성들로부터 존경을 얻었다. 그는 실명이 아니라 연호로 역사에 남았고, 사후에도 시호 또는 법명으로 언급되었다. 이후 150년 동안 강희제의 칙령은 유지되어 1685년부터 1840년까지 차가 중국 수출품의 70~90퍼센트를 차지했고, 영국 동인도회사가 벌어들인 수익의 3분의 1 가까이가 여기에서 나왔다.

차이나 주식회사와 존 컴퍼니의 독점 거래는 세계를 변화시켰다. 이 변화는 우연히 일어난 것이 아니라, 진정한 글로벌 상품으로 첫 손가락에 꼽히는 차를 이용해 세계 경제를 무자비하게 통합하려는 모종의 힘이 초래한 결과다. 그것은 결코 예측되거나 의도된 적이 없었고, 일찍이 중요성을 깨달은 사람도 없었다. 아편이 중국을 변화시킨 것과 마찬가지로 "먼 곳에서 비싸게 구입한" 차와 설탕도 유럽의 식사와 소비 양상을 변화시켰다. 차와 아편 무역 혹은 설탕과 노예무역은 우연히 이루어진 게 아니며, 따라서 역사적 '인과관계'로 설명해야 할 것이다. 인류 역사의 경향과 흐름은 오랜 시간이 지나고 난 후에야 그 의미가 명확해지는 것 같다. 그럼에도 나는 차나무의 발견이 역사를 형성한 중대한 요소 중 하나라는 사실이 여전히 신기하기만 하다!

중국 문명의 화려함과 장구함은 인간사에서 비교할 대상이 없다. 대부분의 사람은 중국의 인쇄술과 도자기, 화약에 대해서만 알고 있다. 하지만 중국은 4세기에서 17세기까지 온갖 발명에서도 앞서 있었다. 여기에는 철의 생산부터 펌프, 모든 종류의 공장, 운하, 관개, 치수, 방적기, 마구, 석궁, 종이, 쟁기, 갖가지 다리, 배의 돛과 키, 방수 제품, 자석, 나침반, 혼천의渾天儀뿐 아니라 약학과 천문학, 생물학 등 순수하게 지적인 영역도 포함된다. 차만 하더라도 서양인들이 약 400년 전에 처음 맛을 알게 되었을 때, 중국은 이미 그것을 4000년 동안 즐겨왔다. 그것은 중국이 인류사에 공헌한 길고 긴 목록 중 하나에 불과하다. 그러나 차는 중국의 몰락을 초래한 것들 가운데 하나이기도 했다.

첫 번째 아편전쟁 직전인 1840년, 중국은 국내 차 생산량의 10퍼센트 이하를 수출하고 있었다. '강제 개항' 후 40년이 지난 1880년대에는 해외 소비가 절정에 이르렀다. 저명한 학자인 로버트 가델라의 추정에 따르면 당시 중국은 차 생산량의 약 30퍼센트를 수출했다. 하지만 영국은 식민지 자본으로 표준화된 단일 상품인 홍차를 판매할 세계 시장을 만들었고, 이 홍차의 대부분이 중국이 아닌 인도와 기타 지역에서 재배되면서 중국의 차 수출량은 1886년에 정점을 찍은 후 점차 감소했다.

중국 농민들은 농장식 재배, 기계화된 생산과 경쟁할 수 없었다. 중국은 이미 최악의 마약 문제와 엄청나게 많은 중독자 때문에 고통받고 있었다. 아편 값을 지불하느라 은이 고갈되어 인플레이션이 발생했고, 그 결과 기근과 고통이 매년 증가하고 있었다. 정치적 불안과 그에 따른 혼란 가운데 기약 없는 실업 상태에 놓이자 백성들은 해외로 이주할 수밖에 없었고, 푸젠 성에서만 매년 7~10만 명이 유출됐다. 세계에서 가장 오래되고 번성했던 사회는 붕괴되었고, 차 무역으로 중국이 겪은 참상의 증거는 전 세계 차이나타운에 뿔뿔이 흩어진 화교들로 남아 있다.

오늘날 월마트 쇼핑객들처럼, 유럽인들은 중국을 처음 만났을 때부터 줄곧 중국에서 생산되는 모든 것을 더 많이 원했고, 1610년부터는 특히 차에 탐닉했다. 차 수요는 세기가 바뀌면서 계속 증가하더니 결국 1840~1842년 아편전쟁을 유발했고 중국의 주권을 희생시켰다. 이후 중국은 '자유무역으로 개방되었고', 차 수출은 1886년 이래로 급속히 쇠퇴했다. 중국차는 세계 경제를 하나로 만드는 데 결정적인 역할을 했으나, 중국은 오히려 그렇게 하나가 된 세계 경제에서 배제되기 시작했다. 외세에 의해 중국이 강제로 '개방'된 지 약 100년 후, 마오쩌둥毛澤東은 중국이 오랫동안 추구해온 쇄국 정책으로 되돌아가려고 애썼다.

런던에 처음 소개된 때로부터 정확히 300년, 그리고 런던 옥션에 마지막으로 등장한 뒤로 20년이 지난 1958년 10월 22일, 중국차는 다시 민싱레인의 경매에 등장했다. 그러나 이번에는 처음으로 중국인 생산자가 자신들의 차를 직접 판매했다. 공산주의 체제하의 중국은 다루기 힘들어졌지만, 적어도 차를 다시 팔긴 팔았다. 닉슨 대통령이 1972년에 중국을 방문한 후 미국에서도 다시 중국차가 판매됐다. 1990년경 중국은 약 9만 톤의 녹차를 수출했고, 그 3배 이상을 생산했다. 녹차는 전 세계에서 생산되고 소비되는 차의 25퍼센트를 차지하며, 대부분이 중국과 일본에서 재배되어 소비된다.

오늘날 백차, 녹차, 황차, 보이차, 우롱차를 포함한 모든 차는 전 세계 어느 곳에서나 구할 수 있다. 이제는 모든 차가 전 세계의 차 음용가들에게 일상화되었다. 문화로서의 차와 상업으로서의 차가 여전히 떼려야 뗄 수 없는 관계인 것은 확실하다. 그러나 돈벌이가 최우선인 것은 아니다. 또 무궁무진한 건강상의 이점이 있긴 하지만 약도 아니다. 차는 인간에게 단순한 즐거움, 매일 행하는 의식, 정신을 새롭게 하는 수단, 공동체의 중심이자, 평화의 상징이다. 차에 대해 우리가 말할 수 있는 모든 것은 결국 그것이 우리를 어딘가에서 다른 어딘가로 데려간다는 사실이다.

채엽기

언제나 '사람 손으로 하는 것'을 최상으로 쳐온 차 가공과정은 1880년대가 되어서야 겨우 기계화되었다. 당시 초기 단계에 있던 잭슨 유념기는 하루에 노동자 수백 명 몫의 일을 해냈다. 1900년대 이후 조지아에 있던 러시아 황제 소유의 다원인 차크베에서 채엽이 기계화되었고, 이 지역은 훗날 '러시아' 정통 홍차를 생산하는 집단 농장이 되었다. 터키 쪽 국경을 넘어서 흑해 해안선을 따라 남쪽으로 160킬로미터 정도 떨어진 도시 리제를 중심으로 1930년대에 만들어진 다원들은 일본에서 먼저 개발해 쓰던 가위 모양의 기계식 채엽기를 받아들여 이용했다. 타이완, 일본, 터키의 일부 차는 여전히 손으로 채엽하지만 기계식 채엽기의 도움도 받는다. 아르헨티나와 몇몇 지역에서는 찻잎을 '따는' 것이 아니라 기계를 이용해 찻잎을 '잘라낸다'.

4장 | 차의 새 시대를 열다

깊은 잠에 빠진 홍차

"그러나 그게 당신에게 무슨 문제가 되죠, 아가씨?" (그리고 나에게는 무슨 상관이지?) — 이디스 시트웰, 「뱃사람」

윌리엄 해리슨 유커스는 비즈니스 저널리즘의 아버지다. 그는 밴더빌트, 모건, 휘트니 같은 거물들이 활동하던 19세기 후반 미국의 황금시대에 뉴욕에서 사업을 했고, 행운까지는 아니더라도 이들과 마찬가지로 명성을 얻었다. 그는 오늘날의 ABC가 있게 한 것 외에, 어린이를 사랑했으며, 『차와 커피 무역』이라는 잡지를 창간하기도 했다.

이 잡지가 창간된 1899년은 차와 커피가 여전히 가장 왕성하게 거래되는 국제 상품으로서 19세기 전체 해상 화물의 3분의 1 정도를 차지할 때다. 도쿄에서 아프리카 팀북투에 이르기까지 어떠한 차 사업도 유커스의 시야에서 벗어날 수 없었다고 말하는 것이 정확할 듯하다. 그는 1935년 매우 상세한 자료들을 수집해 두꺼운 책 2권에 담고, 『차에 대한 모든 것』이라는 딱 맞는 제목을 붙여 600부만 출간했다. 이 귀한 책들은 1990년대에 재출간되기까지 두 권에 1000달러 이상에 팔렸고, 오늘날까지도 차의 역사에 관한 한 필독서로 남아 있다.

1930년대에 일본과 일본의 식민지였던 타이완은 미국에서 소비되는 차의 약 40퍼센트를 공급했다. 대부분 녹차나 우롱차였고, 시카고의 주얼 티 컴퍼니 같은 회사들에 의해 유통됐다. 이 회사는 1500명이나 되는 판매원을 모집해 거의 100만 가정에 가가호호 배달했다.

제2차 세계대전은 모든 면에서 전 세계의 차 사업을 바꿔놓았다. 서구에서 300년 이상 형성되어온 전통이 파괴되어 다시는 부활하지 못했고, 새로운 시도들이 이를 대체했다. 가장 먼저 시작을 알린 것은 티백으로, '현대적 편리성'이라는 명목하에 전후 미국 전역에서 보편적으로 받아들여졌다. 영국에서는 처음에 저항에 부딪혔지만 1970년대 이후에는 완전히 압승했고, 얼마 지나지 않아 차 생산국을 제외한 지역에서는 티백에 포장되지 않은 차를 찾기조차 어려워졌다.

오래되고 명망 있던 몇몇 회사는 미국 도시에서 부자들에게 계속 잎차를 공급했다. 보스턴의 마크 웬들, 뉴욕의 심프슨앤베일, 필라델피아의 존 와그너 앤 선즈, 샌프란시스코의 프리드 텔러 프리드 같은 회사들이 대표적이다. 그러나 다른 형태의 차 사업은 거의 살아남지 못했다.

차는 '홍차black tea'라고만 불릴 뿐 제대로 된 이름도 없이 갈색 음료로 팔렸고, 슈퍼마켓의 미끼 상품으로 대량 소비되었다. 내용물과 '편의성' 면에서도 테틀리, 립턴 혹은 레드 로즈나 화이트 로즈 같은 브랜드들 사이에 예전에는 있었을지도 모르는 어떤 차별성 같은 것은 이미 사라진 듯했다.

소비자들이 당연하다는 듯이 가장 값싼 티백을 구매했으므로, 회사들 사이에서도 가격 경쟁이 시작되었다. 티백 생산자들도 원료를 값싼 차로 대체함으로써 비용을 줄였는데, 주로 케냐와 아르헨티나 같은 새로운 차 생산지에서 기계로 수확되고 가공된 것들이었다. 차가 진하고 수색이 검기만 하면 맛은 중요하지 않았다. 잘게 잘라져 티백 속에 감춰졌기 때문에 찻잎의 외형 역시 전혀 문제가 되지 않았다. 한때 시인들이 찬미했던 하이슨, 공부차, 보헤아 같은 차들도 모두 시장에서 사라졌다. 차에서 낭만이 사라진 것이다.

1940년대 이후 만연한 이런 상황은 1980년대까지 지속되었는데, 내가 처음으로 차와 관련된 책을 쓰기 위해 연구에 착수한 것도 이때부터다. 나는 차 사업이 단지 잠든 것이 아니라, 극소수를 제외하면 혼수상태에 빠져 있음을 알았다.

그 예외적 존재들 중 내가 처음 만난 사람은 미국을 선도하는 고급 차 수입업자로, 샌프란시스코에 있는 덕망 높은 회사인 할리 컴퍼니의 마이클 스필레인이었다. 그는 9세 때부터 어머니 무릎에서 차를 맛보는 법을 배웠다. 어머니 마리 스필레인이 남편과 사별하고 차 수입회사를 운영하게 된 후부터였다. 죽은 남편의 동료들은 마리가 차를 배우는 동안 회사를 지켜주겠다고 약속했고, 그는 서둘러 배운 것들을 아들에게 가르쳤다. 마이클은 대학을 졸업한 후 사업에 뛰어들어, 오랫동안 할리 컴퍼니와 거래해온 세계 각지의 회사 및 가문 들과 단순한 접촉이 아닌 끈끈한 유대관계를 물려받았다. 그는 내게 맛을 평가하는 기초 지식과 무역 용어를 가르쳐주었다. 회사 이익의 대부분은 마이클이 독일에서 수입한 새로운 가향차에서 나왔다.

또 다른 예외적 존재는 그레이스 레어 티의 소유자인 리처드 샌더스다. 이 회사는 잎차만을 220그램씩 팔았는데, 1954년 설립된 후 최고급 미국 차 브랜드로 자리매김했다. 미국에서 유통되는 차는 거의 모두 티백 제품이었으므로 이들 '스페셜티 차specialty tea'(고급 잎차를 의미한다—옮긴이)를 취급하는 회사와 개인 상인 들은 티백 회사들로 구성된 미국차협회에서 무시당했다.

이 극소수의 사업자들이 사실상 미국 스페셜티 차 거래의 거의 대부분을 담당했으나, 물량으로 보면 미국 전체 유통 물량의 1~2퍼센트 수준에 불과했다. 이 외의 스페셜티 차는 미국 회사인 비글로스가 공급하거나 트와이닝스, 잭슨스 오브 피커딜리, 포트넘앤메이슨 같은 영국 회사에서 수입한 것들이었다.

차 문화에 새로운 바람이 불다

"좋은 차는 인도 영화 같아서, 입안 가득 풍미의 군무가 펼쳐진다." — 비앙카 샤, 자유로운 관찰 소감

존 하니는 '하니앤선즈 파인 티스'라고 새롭게 이름 붙인 아주 작은 회사의 사장이었다. 그는 미국의 차 르네상스가 이 책 『홍차 애호가의 보물 상자』의 출간과 더불어 오리건 주 포틀랜드에 사는 일레인 코건이 『뉴욕 타임스』 편집자에게 쓴 편지에서 시작되었다고 말한다. 코건은 뉴욕 어디를 가도 근사한 차를 마실 수가 없는데, 품질이 너무 낮고 차를 제대로 우릴 줄 아는 사람이 아무도 없기 때문이라고 썼다. 1983년 10월 그 편집자는 「차로 고상 떨며, 커피에 고집을 부리는 사람들」이라는 제목의 사

설에서, 코건의 고향인 노스웨스트 지역을 두고 차에 열광하거나 고급 커피를 마시며 거들먹거리는 태도를 싸잡아 비난했다. 그러나 여기에는 여전히 매우 진실된 감정도 담겨 있다.

> 차를 주문했는데 티백 하나와 뜨거운 물 한 컵을 가져다줄 때, 차 음용자들이 느끼는 무기력과 지긋지긋함에 대해서는 코건의 말이 맞다. 게다가 그런 레스토랑에서는 물도 대개 미지근하다. 최악의 상황은 과하게 우러난 티백이 미지근한 요오드에서 출렁거리는 스티로폼 컵을 테이크아웃 하는 것이다.

코건의 불만과 그것을 뒷받침할 이 책을 들고, 존 하니는 첫 번째로 선택한 호텔 월도프아스토리아를 찾아갔다. 그렇게 출발한 그의 회사는 오늘날 훌륭한 차 회사로 성장했다.

언론은 스내플의 성공담이 전해지자 차에 관심을 가졌다. 스내플은 전국적으로 관심을 끈 최초의 RTDReady-to-Drink(병이나 캔에 담겨 손쉽게 마실 수 있는 음료—옮긴이) 차 음료다. 그러나 어떻게 그리 빨리 돈을 벌 수 있었는지가 주된 관심사였고, 차 자체는 곁들이에 불과했다. 스내플은 곧 10억 달러가 넘는 금액에 매각되었는데, 출시될 당시 미국 전체 차 시장 규모가 연간 13억 달러로 추정되니, 지금 봐도 여전히 인상적인 액수다.

1990년대 이전에는 '미국 차 시장'이라는 말조차 과장처럼 들렸다. 선구자인 업턴 티 임포츠는 1989년에 보스턴 인근에서 우편 주문 소매상으로 시작했다. 톰 에크는 소프트웨어 엔지니어로 일하면서 전 세계를 여행했고, 미국 밖에서는 어디서나 좋은 차를 구할 수 있다는 사실을 알았다. 그는 자신이 '스페셜티 차'에 매혹된 유일한 미국인이 아닐 거라고 확신했고, 이 공백을 메우기로 결심했다. 시스템을 구축하고 회사를 운영하는 데는 스스로 전문가였으니 어렵지 않았다. 그는 차 사업가가 되기 위해 필요한 자세와 열정을 모두 갖추고 있었다. 계간 『업턴 티Upton Tea』는 창간호부터 모든 우편 주문 차 상품 안내서의 모델이 되었다. 전국의 소비자들이 구입할 수 있도록 거의 모든 종류의 차를 대표하는 수백 가지 메뉴를 실었다.

다음으로 등장한 사람은 데번 사였다. 업계의 뛰어난 인물 중에서도 두드러졌던 그는 서늘한 인도 닐기리에서 매형이 운영하는 다원을 찾아가 방학을 보내곤 했다. 대학에서 경영학 학위를 딴 후 그는 남인도 닐기리 지역 차 중개상의 조수로 시작해서 성실히 그리고 빠르게 차 전문가의 단계를 밟아나갔다. 많은 인도인 전문가처럼 그도 20대 중반에 미국으로 이주했고, 전자제품 수입업자로 금세 성공했다. 돈은 좋았지만 그는 이렇게 사는 것이 차 장수로 태어난 사람에게 어울리지 않다고 생각했다. 미국인들은 차를 마시지 않는다는 친구와 가족 들의 경고를 무시하고, 데번은 그들을 변화시킬 수 있다고 확신하며 인디아 티 임포터스를 설립했다. 그는 처음 수입한 차 6상자를 장인의 차고에 쌓아놓고는, 차를 사지 않는 곳에서 수요를 이끌어내는 일에 착수했다. 예를 들어 데번 이전에는 미국에 RTD 차이chai(진하게 우린 홍차에 향신료와 우유, 설탕을 넣어 마시는 인도의 국민 음료— 옮긴이)가 없었다. 그는 지속적으로 차에 대한 미국인의 미각을 발전시키는 데 결정적으로 기여했다.

1992년에는 젊은 사업가 윌 로젠츠바이크가 '리퍼블릭 오브 티'를 설립했다. 그 과정에는 동료이자 차 애호가인 바나나 리퍼블릭의 창립자 멜 지글러의 투자와 조언이 있었다. 이들의 이야기는 『리퍼블릭 오브 티Republic of Tea』라는 책으로 나왔는데, 창립자들이 사적인 편지에서 언급한 내용이 담겨 있다. 책은 이들이 세상에 내놓은 첫 번째 차 메뉴와 동시에 출간되었다. 이 책은 차의 대중성과 매력에 대한 진정한 이유, 즉 차가 하나의 예술 작품이 될 수 있는 농산물이라는 점을 이야기한다.

로젠츠바이크와 지글러는 차가 인간이 만들어낸, 진실되고 의미 있는 창조물임을 깨달았다. 차는 오트밀이나 소금 같은 상품이 아니라, 와인처럼 장인이 만든 생산품인 것이다. 또한 그들은 차에 가치를 부여해야 하고, 따라서 감각적이며 낭만적인 방식으로 판매해야 한다고 여겼다. 리퍼블릭 오브 티는 가격 상한선을 모두 무시하고 자신들의 차가 지닌 가치에 따라 가격을 매겼다. 그럼으로써 이런 방식으로 차가 단기간에 성공할 수 있다는 것을 증명했다.

오리건 차이의 등장은 잠재 시장을 발견한 또 하나의 혁신이었다. 헤더 맥밀런은 인도에서 오래 지내다가 포틀랜드로 돌아온 후 인도의 국민

| 오리건 차이.

음료 차이가 참을 수 없이 그리웠는데, 차이는 당시 미국에서는 들어보지도 못한 음료였다. 그는 모친이 쓰던 부엌에서 오리건 차이를 탄생시켰고, 곧이어 추종자들이 생겼다. 오리건 차이는 데번 샤가 공급하는 닐기리 홍차로 만들어야 제맛이 났다. 맥밀런은 뉴욕 팬시 푸드 쇼에 부스를 차린 다음 전국적으로 첫선을 보였고, 그의 차이는 『뉴스위크』의 주목을 받았다. 헤더의 사례가 콜로라도, 나아가 전국의 차이 생산자들에게 용기를 주면서 오리건 차이는 곧 미국의 차이를 이끌었다. 새로운 이정표가 된 것이다.

차 문화는 항상 차 산업과 불가분의 관계였고, 스페셜티 차 산업의 성장과 함께 미국에서도 차를 특별히 여기는 사람들이 생겨났다. 그 과정에서 이 책도 어느 정도 도움이 되었다. 이 책은 유커스 이후 처음으로 차에 대해 '진지하게' 탐구한 책이었다. 독자들은 자신의 영향력을 입증했고, 그 시대의 추세였던 '미식가'들 가운데서도 차를 좋아하는 자신들의 존재감을 드러냈다.

제대로 된 차가 점차 사람들에게 알려지면서 레스토랑 셰 파니스의 헬렌 구스타프슨은 차 문화를 밝히는 등불이 되어주었다. 펄 덱스터는 캘리포니아에서 『차』라는 잡지를 창간했고, 미네소타에서 린다 애슐리 리머가 등장했다. 우리는 차 네트워크의 숨은 중심이 되었고, 차에 대한 정보나 소개를 요청하는 사람들에게 시달리게 되었다.

또 다른 이정표는 1994년 차의 즐거움과 다양성을 언론인들에게 알리기 위해 개최된 제1회 '하니 티 정상회담'이었다. 처음에는 아무도 차에 대해 관심을 갖지 않다가 1~2년 후 차가 주는 건강상 이점들이 언론에서 계속 다뤄지자 상황이 달라졌다. 차에 대해 생각조차 않던 미국인 수백만 명이 갑자기 관심을 가지게 되면서 스페셜티 차 사업이 번창하기 시작했다. 하니 티 정상회담은 그 후 몇 년 동안 참석자들에게 차 관련 비즈니스를 시작하는 방법을 가르치는 데 집중했다.

미국인들은 건강에 관심이 많기 때문에 차가 건강에 좋다는 과학적 증거가 쏟아지자 차의 판매가 급증했다. 차의 건강상 이점은 높게 평가받아 마땅하며, 이런 분위기를 만든 것은 전적으로 차 협회의 공로다. 그러나 그것이 전부는 아니다. 베이비붐 세대를 중심으로, 50세가 넘으면 커피는 좋은 친구가 될 수 없지만 차는 그럴 수 있다는 사실을 깨닫기 시작했다. 하지만 동시에 스타벅스도 거침없는 성장세를 보였고, 커피를 되찾기 위한 운동도 점차 확산됐다.

유행이 되려면 오락적 요소도 있어야 한다. 차가 다른 시대, 다른 장소에서 전해진 '고상한' 문화적 가공물이라는 편견, 또한 모든 것에는 제대로 즐기는 방식이 따로 있고, 차는 더 그렇기에 할머니 할아버지에게나 사랑받는다는 낡은 편견에서 벗어나야 한다. 과거 차를 마시는 공간의 이미지는 확실히 여성적이었고, 그곳에서 사람들은 차 자체보다 모자나 리넨으로 만든 옷에 더 많은 관심을 기울였다. 오스카 와일드의 『진지함의 중요성』에 그려진 것처럼.

차는 뉴욕에 있는 플라자 호텔의 팜 코트 같은 '고상한 곳'에도 나중에야 메뉴에 추가되었는데, 존 하니가 팜 코트 블렌드를 만들어준 후에도 그곳에서는 여전히 시원찮게 우려낸 끔찍한 차를 내놓고 있었다.

'고상한 곳'에서는 어떤 관리자도 차에 대해 신경 쓰지 않았지만, 켄터키 주 페리빌에 있는 엘름우드 인의 브루스 리처드슨, 소호 구겐하임 지하에 있는 맨해튼 T. 살롱의 미리엄 노벨, 볼더에 있는 두샨베 티하우스, 시애틀의 티컵, 북부 캘리포니아의 리사 티 트레저스, 로스앤젤레스의 차도, 워싱턴 D. C.의 칭칭 차와 티이즘을 운영하는 이들 같은 선구적인 사업가들은 예외였다. 이런 초기의 명소들은 언론에 크게 다루어지면서, 조용히 성장하는 차 문화 안팎에서 차에 대한 인식을 크게 제고하는 데 중요한 역할을 했다.

진정한 차 문화의 번영을 위하여

"차는 의약품, 음료, 화폐, 영적 교감(제국과 산업, 예술의 원천으로서)과 더불어 세상의 보물이 된 기적의 식물이다." — 제임스 노우드 프랫

1990년대 초반 나는 데번 샤와 로이 퐁, 그리고 차에 대해 사명감을 갖고 있는 사람들로부터 차에 관한 모든 것을 배웠다. 이들의 직업의식은 교육자나 성직자에 비견될 만했다. 나도 이들을 통해 차를 사명으로 삼게 되리라는 걸 깨달았고, 여기에 속하게 된 것을 굉장한 행운이라고 느꼈다.

학생이 준비를 갖추면 선생님이 모습을 보인다. 1993년 7월, 미국 최초의 중국 전통 티하우스가 샌프란시스코 러시안힐 아래에 있는 내가

사는 곳에서 겨우 두 블록 떨어진 곳에 생겼다. 간판을 보고 들어가니 관계자는 아직 문을 열지 않았다면서도 나를 돌려보내지는 않았다. 그 이후 나는 전혀 다른 사람이 되었다. 나는 중국의 10대 명차뿐 아니라 현지에 가지 않는 한 볼 수 있으리라고 기대하지도 않았던 이국적인 차 수십 종을 접했다. 응대해준 그레이스와 로이 퐁도 자신들의 차에 대해 들어본 서양 사람을 만날 거라고는 기대조차 하지 않았던 모양이었다. 이제 막 시작하는 차 상인으로서뿐 아니라 도교 수행자로서, 로이 퐁은 나를 차 탄생지의 차 문화에 천천히 입문할 수 있도록 안내했다. 그리고 마침내 나를 자신들의 티하우스인 임피리얼 티 코트의 명예 지배인으로 선임했다. 서양인들에게 중국차를 전도하겠다는 나의 노력을 인정해준 결과였다.

개완 다루는 법, 공부차 우리는 법, 그리고 푸젠 성 백차나 윈난 성 로열 골드 같은 경이로운 차에 관한 멋진 정보들을 어떻게 널리 알리지 않을 수가 있었겠는가?

로이가 등장하기 직전, 데이비드 리 호프먼은 중국에 가서 구매해 온 훌륭한 보이차를 내게 보여주었다. 그는 이 보이차들에 '실크로드 티'라는 자신의 브랜드 이름을 붙여 샌프란시스코 골든게이트 교 건너에 있는 벼룩시장에서 팔았다.

헬렌 구스타프슨과 나는 데이비드를 포함하여 우리가 아는 샌프란시스코 인근의 모든 차 애호가를 임피리얼 티 코트 만찬에 초대했다. 그들과 런던 브라마 차 박물관의 설립자이자 성질이 고약하기로 유명한 에드워드 브라마를 만나도록 주선했다. 데이비드와 로이가 심도 있는 대화를 나누고 있을 때 어디선가 "이 두 사람이 다른 사람들은 통 들어보지도 못한 차를 이야기하고 있네"라고 하는 말이 들려왔다. 그제야 나와 로이, 데이비드, 헬렌이 그 방에서, 아니 어쩌면 미국에서 유일한 중국 전통 차 애호가일지도 모른다는 생각이 들었다.

나는 당연히 모든 종류의 차에 깊은 관심을 가진 학생이었고, 선생님 복도 많았다. 마닉 자야쿠마르는 육군 대령으로 근무했던 스리랑카에서 극단주의자들이 그의 가족을 표적으로 삼기 전까지, 훌륭한 우바 다원 다섯 곳을 책임지고 있었고, 그중 한 곳을 세계 최초의 유기농 다원으로 전환하기도 했다. 마닉은 캘리포니아에서 고급 차 수입 사업을 하기 전까지 인도네시아와 일본에서 시간을 보냈다. 나는 베트남에서 처음으로 차를 수입한 가브리엘라 카르슈, 로스앤젤레스에서 ABC 티하우스를 세운 타이완 사람 토머스 수를 만났다. 놀라운 인맥인 낫 릿과는 친구가 되었다. 그는 유능한 건축가로서 프랭크 로이드 라이트 밑에서 일했지만, 링글링 브라더스 서커스의 단원이 되기 위해 회사를 그만두었고, 다음에는 파리의 르 코르동 블루에서 파티시에 훈련을 받았다. 그 후 진정한 사명을 깨닫고, 네 번째 직업으로 필라델피아에 더 하우스 오브 티를 개업했다. 우리 모두는 차에 관한 참된 진리를 전하려는 열정에 차 있었고, 실제로 많은 이들에게 차를 소개했다.

우리가 공유하고 있었고, 또 다른 사람들과 나누고자 했던 것은 차에 대한 이 뜨거운 열정이었다. 헬렌이 자신의 책 『찻잎의 고통』에서 귀하고 소중한 중국차를 우리와 함께 평가하고 나서 쓴 글처럼 말이다.

> 나는 스스로에게 작은 맹세를 했다. 나는 이 차들을 알릴 것이다. 셰 파니스에서 이 차들을 제공하게 할 것이다. 이 차들의 위대함을 널리 알릴 것이다. 그 위대함의 증인이 될 것이며, 앨리스를 재촉할 것이다. 나는 그날 오후 이 소중한 느낌을 계속 지니고 있었고, 다음 날 아침에는 부엌을 가로지르며 앨리스에게 전화해서는 수화기에다 대고 소리를 질렀다. 그는 당장 시작하겠다고 나를 안심시켰다.

어떤 사람은 배와 항해에 열광하고 또 어떤 사람은 말이나 자동차에 열광하는 것처럼, 우리는 차에 미쳐 있었고 이 열정을 우리 안에만 가두어둘 수 없었다. 나는 차를 알리려는 열정에 있어서만큼은 누구에게도 뒤지지 않았다. 그리고 더는 외로운 괴짜가 아니라, 차 세계에서 인정받은 일원이었다. 어떻게 보면 내가 차를 선택한 것이 아닐지도 모른다. 사람들은 차나무에 깃든 영혼이 다른 사람들을 선택했듯이 나를 선택한 것이라고 말하기도 했다. 1995년까지만 해도 차에 대한 열정은 여전히 낯선 것이었고, 우리 중 누구도 미국이 차를 소비하는 사회가 되리라고는 상상하지 못했다.

미국에서 차를 마시는 사람들은 1995년 무렵에야 비로소 차를 마신다는 공통점을 가진 집단으로서 우리의 도움이 필요하다는 걸 깨닫기 시작했다. 차는 동부와 서부 해안 도시에서 반년마다 열리는 팬시 푸드 쇼에서 몇 년 동안 가장 빠르게 성장한 사업 분야였다. 차 사업을 시작하려는 회사들은 차 공급처에 관한 정보 부족, 사업 계획 수립, 은행 대출 등의 문제에 직면했다. 브라이언 키팅이 이런 문제에 대한 자료를 수집해서 1995년 『차는 뜨겁다』라는 보고서를 처음으로 펴냈다. 덕분에 신규 사업자가 기존 사업자에게 전화해서 도와달라고 부탁할 일도 줄어들었다.

건강보조식품 사업 전문가이자 시애틀에서 티하우스를 운영하는 브라이언은 차가 국민적 유행으로 새로이 자리를 잡아가고 있으며 이런 출발선에서 여러 정보가 필요하다는 사실을 알았다. 하지만 차 사업 정보가 차 교육을 위한 자료로 쓰일 수는 없었고, 차 교육은 당시 매우 절실한 문제였다. 새로운 고객들은 "녹차와 홍차가 어떻게 다른가요?" 같은 질문을 쏟아내며 차 사업자들을 지치게 했다. 이런 기본 정보조차 쉽게 구할 수 없었던 시절이었기 때문이다. 일대일로 하는 차 교육의 시작 단계부터 초심자들은 시간 낭비라고 여길 법한 사소한 질문을 끝없이 해댔다.

이런 문제를 해결하고 스페셜티 차에 대한 요청에 부응하기 위해 마이클 스필레인의 지휘 아래 1996년 미국 프리미엄차협회American Premium Tea Institute, APTI가 설립되었다. 우리가 모델로 삼은 단체는 산업 전반에 관한 표준을 만들고 소비자 교육을 담당하는 캘리포니아 와인협회였다.

이때까지 미국 차협회는 아무런 도움을 주지 않았다. 협회의 구성원이었던 티백 생산 업체들이 앞으로의 일, 그러니까 프리미엄 차 혹은 스페셜티 차가 지금은 미약하지만 슈퍼마켓 고객이 일단 마시기만 한다면 다시는 티백에 밀리지 않으리라는 사실을 어느 정도는 예측했기 때문이다. 우리는 소비자 교육에 앞서, 이제 막 커가는 사업 내부에서 지속적으로 교육을 담당할 수 있는 전문가를 양성하기 위한 교육을 시작해야 했다.

만약 차 르네상스에 우등생 명부가 있다면 APTI의 설립자들을 포함해 한뜻으로 자원했던 이사회가 상위권을 차지할 것이다. 여기에는 피츠커피 앤 티의 엘리엇 조던, 하니앤선즈의 마이클 하니, 반즈앤왓슨의 켄 루디, 세레니피티의 토마슬라프 포드레카, ABC 티하우스의 토머스 수, 리퍼블릭 오브 티의 론 루빈이 있고, 밈 엔크, 릭 라인하르트, 리처드 가주카스 등도 당연히 포함된다.

APTI는 설립 1주년이 되기 전인 1996년 샌프란시스코에서 제1회 전국 심포지엄을 개최하면서 전문가뿐 아니라 소비자에게도 문을 열었다. APTI는 개발을 마친 교육과정과 자격증을 준비했지만 가장 중점을 둔 것은 차와 관련된 일을 하는 사람들이 서로 협력하는 분위기를 만들고, 차 마시는 모임에 들어오는 모든 사람을 환영하는 것이었다.

미국 차협회는 APTI 구성원들의 용기 있는 노력에 자극을 받아 비슷한 단체를 만들었으며, 이 단체와 APTI가 2002년에 합쳐져서 탄생한 것이 오늘날의 스페셜티 티 인스티튜트Specialty Tea Institute, STI다. 차를 알려면 공부가 필요하고, 이를 위해서는 먼저 교육 훈련이 전제되어야 한다. STI는 구시대적 교육 방법인 도제 시스템이 없는 상황에서 차에 관한 기본 교육을 맡고 있다.

1990년대 후반에는 국제 차 거래에서 역사적 변화들이 있었는데, 한 가지만 설명하는 데도 한 장을 할애해야 할 것이다. 전 세계에서 가능해진 항공 운송과 인터넷 접속은 기존 기술들의 종말과 함께 많은 변화를 불러왔다. 그 가운데 소비자에게 실제 혜택으로 돌아간 것은 보이차의 '합법화'가 유일했다. 보이차는 중국차의 상당 부분을 차지하지만, 미국 차 검증 기관이 '곰팡이 냄새'가 난다고 여겨 한 세기 동안이나 합법적으로 수입되지 못했다. 곰팡이 냄새는 부정할 수 없었지만 차이나타운에서는 이 차가 반드시 필요했다. 그러다 마침내 보이차가 합법적으로 수입되기에 이르렀다.

이전 시대의 종말을 보여주는 좀 더 상징적인 사건은 1997년에 있었던 자딘 매시선 차 사업부의 해체였다. 1832년 자신의 이름을 회사 이름으로 지은 영리한 스코틀랜드인들은 차와 아편 무역으로 부자가 되었고, 1840~1842년의 아편전쟁 발발에 결정적인 영향을 미쳤다. 전쟁은 중국을 파괴했지만 회사는 실질적으로 홍콩을 손에 넣었고, 이외에도 많은 이익을 얻었다. 윌리엄 자딘의 생애는 제임스 클라벨의 소설 『타이판Taipan』에 드문드문 각색되어 묘사되었다. 회사가 행한 약탈의 결과는 오래도록 지속됐지만, 한때 장악했던 차 무역에서 퇴출된 것은 뉴스거리도 아니었다.

또 다른 사건은 1998년 6월 29일에 런던에서 열린 마지막 차 경매다. 1679년에 첫 번째 경매가 열린 후 300년 만의 일이었다. 런던 옥션은 1834년 동인도회사의 독점이 종료되기 전까지 분기별 행사였다. 차가 영국에서 '자유무역' 상품이 된 후 옥션은 민싱레인에 자리 잡았고, 이곳은 자금을 공급하는 차 산업의 '월 가'이자 세계 차 무역의 본거지였다. 옥션은 매달 열렸고, 그러다가 매주, 마침내 전 세계 차의 3분의 1이 런던에서 사고 팔린 1950년대까지 차 생산국별로 매일 열렸다. 차 생산국들은 독립 후 자체적으로 옥션을 열었고, 전화와 인터넷의 등장은 최근에야 사라졌으나 이미 절반은 잊힌 것이나 다름없던 구체제를 완전히 끝내버렸다.

삶의 에너지,
우정과 사랑의 매개

1990년대 차와 관련된 주된 뉴스는 구체제의 종말이 아니라, 차가 건강에 좋다는 사실이었다. 중국에서는 이것이 이미 2000년 전부터 전해진 일반 상식이었지만, 오늘날에는 과학의 이름으로 재조명되고 있는 것이다. 다양한 차의 여러 이점이 의학적으로 증명되기 시작했고, 건강에 대해 강박관념이 있는 미국인들은 새로운 건강 정보가 전해지면 무엇이든 순순히 따랐다.

가장 먼저 연구가 시작된 것은 녹차다. 국민 음료로서 차의 효능에 관한 연구는 일본에서 가장 먼저 실시되었고, 1990년 초반 녹차가 암을 예방한다는 것이 알려지면서 미국 내 녹차 소비도 급증했다. 이 상황은 10년 후 백차에도 되풀이되었다. 미국의 팝스타 브리트니 스피어스가, 백차에 녹차보다 더 많은 항산화 성분이 함유돼 있어서 자신의 개인 트레이너가 추천했다고 말하기 전까지 미국인들은 백차에 대해 들어보지도 못했다. 그때부터 우롱차도 자연스럽게 체중에 신경을 쓰는 사람들 사이에서 작은 붐을 일으켰고, 보이차도 일종의 만병통치약으로서 명성을 얻었다.

미국에서 1990년대 내내 차 판매가 늘어난 것은 주로 차의 건강상 이점이 속속 밝혀졌기 때문이다. 건강에 관한 일시적 유행으로 시작됐을지 모르지만, 차 소비 증가 추세는 계속 이어졌다. 녹차와 백차, 그리고 다른 차도 이제는 생활의 일부가 되었다. 대중매체는 차가 건강에 좋다는 주장을 효과적으로 널리 퍼뜨렸다. 1998년 차와 건강에 관한 제2회 국제 과학심포지엄이 수많은 의학 단체와 차 협회의 후원을 받아 워싱턴 DC의 미국식품의약국FDA 강당에서 열렸고, 여기서 강한 인상을 주어 차와 건강에 관한 연구 자체가 새로운 사업이 될 정도였다. 2003년 제3회 심포지엄과 2007년 제4회 심포지엄 사이 매년 110편 이상의 논문이 나왔다. 차가 건강에 민감한 미국인들의 음료로 자리매김한 것은 이렇게 다양한 과학적 증거 덕분이었다. 사람들은 차가 얼마나 건강에 좋은지 계속 듣다가 그것을 한번 마셔보았고, 그러고는 계속 마시게 되었다. 차가 정말 좋다는 것을 알게 되었기 때문이다.

1990년대에는 미국에서도 새로운 차 마니아가 많이 생겨났다. 이전까지 연간 시장 규모는 커봐야 20억 달러 미만이었고, 미국 '차 시장'이라는 말조차 우스웠다. 그러나 2000년 들어 시장 규모는 5배 성장했고, 이제는 언급할 가치가 있을 정도로 커졌다. 비단 금액으로 환산한 시장 규모뿐만 아니라 서서히 모습을 드러내기 시작한 미국의 차 르네상스 역시 거대한 문화적 변화를 의미하는데, 이는 미국인들이 건강뿐 아니라 다른 이유로도 차를 마시게 되었음을 보여준다. 불교 신자들이 말하는 것처럼 어떤 이들에게 차는 자신을 옥죄는 팍팍한 삶에서 벗어나게 하는 '위안'이 되어주었다. 단순한 즐거움이든 정신적 활력이든, 차는 많은 사람에게 점차 일상의 필수 요소가 되어갔다.

정도의 차이야 있겠지만 미국은 스코틀랜드식 스콘에서 일본의 다도, 러시아의 사모바르, 중국의 녹차와 보이차, 인도의 차이에 이르기까지 세계의 차 문화를 모두 포용한다. 새로운 차 애호가들은 다른 것은 나몰라라 한 채 어떤 한 종류의 차 혹은 특정 음용 방법에만 몰입하지 않는다. 모로칸 티는 모로코에만 존재하며, 독일 북해 연안 지방인 오스트프리슬란트에선 결코 마실 수 없다. 그래서 이 지방에서는 오스트프리젠 티만 마신다. 인도인이 '차이'만 아는 것처럼 말이다. 반면 미국의 새로운 차 애호가들은 차의 종류나 민족적 전통의 관점에서 차를 마시지 않는다. 그들은 세계의 모든 차 전통에 기꺼이 마음을 열고 각양각색의 문화를 자유롭게 흡수하며 차가 주는 다양한 기쁨을 즐긴다. 이들은 지구의 새로운 문화적 종족을 대표해 미국에서 증가하고 있으며 이미 그 수가 상당하다. 나는 차 회사 타조와 아다지오의 해인 1999년 말에 이 책 개정판을 내면서 이 새로운 차 애호가들에게 헌정했다.

차를 마시는 분위기가 날로 확산되면서 차 관련 사업은 모든 방면에서 지속적으로 성장했다. 1999년에는 스타벅스가 차 확산운동을 일으키며 타조를 인수했고, 몇 년 안에 차만 파는 스타벅스가 등장할 거라는 관측이 나왔다. 더 중요한 것은 스타벅스가 타조의 설립자 스티브 스미스의 창조적 에너지까지 덤으로 얻었다는 점이다.

스티브 스미스는 일본의 차 거물 야마모토 야마가 1993년 인수한 회사인 스태시에서 차 구매를 담당하면서 회사의 성공에 크게 공헌했다. 그는 1년 후 타조를 세웠지만 겨우 5년 만에 스타벅스에 팔아버렸다. 스타벅스는 타조를 인수하고 스미스까지 영입하면서 미국 차 업계의 주요 일원이 되었거나 그렇게 될 거라고 여겨졌다. 하지만 실제로 스타벅스에서 그의 영향력은 미미했는데, 스타벅스는 차뿐 아니라 모든 분야에서 스미스의 열정에 호의적이지 않았다. 스타벅스는 단지 수익성 있는 브랜드와 말차 라테를 손에 넣은 것에 만족할 뿐이었다.

미국에서 차 판매의 새로운 향방을 제시한 곳은 스타벅스가 아니라 아다지오였다. 아다지오는 타조가 매각된 그해에 설립되었다. 러시아계 유대인인 마이클 크레이머의 어머니는 아들 마이클에게, 자신이 차 사업을 하면 생계를 꾸려갈 수 있겠느냐고 물었다. 타당성을 조사하던 마이클은 생계를 넘어 대박을 터뜨리기에 충분한 잠재력이 있다고 보았다. 마이클은 동생 일리야를 설득해 골드만삭스를 그만두게 하고, 컴퓨터를 잘 다루던 동생의 능력을 성장 일로에 있는 차 사업에 접목했다. 형제는 힘을 합쳐 아다지오를 온라인을 선도하는 쇼핑몰로 만들었다. 크게 성장하는 온라인 시장에서 그들은 최고급품에서 보급용에 이르기까지 모든 차와 다구를 팔았다.

아다지오는 이들 형제의 비전과 재능에 대한 기념비만은 아니다. 마이클과 일리야는 여러 측면에서 미국의 차 르네상스를 탄생시킨 차 애호가가 사업가로 변모한 새로운 흐름을 상징한다. 사람들은 차에 열광하지만, 차를 이익이 남는 사업으로 만드는 데는 그렇게 열정적이지 않았다.

노스캐롤라이나 채플힐에서 유명한 차 소매점 서던 시즌을 설립한 캐럴라인 커헤인도 이들에 뒤지지 않는다. 수입업자이자 탐험가인 조슈아 카이저가 세운 리시는 고품질 잎차의 주요 공급처가 되었다. 차 사업이 전국적으로 확산된 사례를 설명하자면 이런 이야기는 몇 배나 늘어난다. 샌프란시스코에는 사모바르 티 라운지 3곳이 있고, 로스앤젤레스에는 차도 매장이 4군데나 있다.

미국의 새로운 차 애호가들과 이들의 사업체는 2003년 제1회 세계 차 엑스포를 주최하기에 충분할 정도로 많아졌다. 이 행사의 이름은 '나를 차로 인도해줘Take Me 2 Tea'로 정해졌다. 우리의 활동에 동참하겠다는 열정으로 전 세계에서 모인 사람들과 함께 미국 차 업계는 라스베이거스에 모여 파티를 열었고, 모든 전통은 새로운 국면을 맞았다. 미국 차 사업은 유아기와 유년기를 지나, 르네상스를 맞았고 성숙기에 접어들었다. 세계 차 엑스포는 조지 제이지의 주도하에 매년 진화한 모습으로 실체를 드러낸다.

최근 몇 년 동안 미국의 차 르네상스는 전 세계 차 거래에 많은 변화를 가져왔다. 차는 알코올 음료에 더 많이 활용되고, 화장품과 요리, 다양한 비누, 물약에도 사용된다. 나무 상자 대신 종이로 만든 포대에 담아 운송되며, 생분해되는 피라미드 티백도 일상화되었다. 미국은 유기농 차 시장을 키웠으며. 버블티와 말차 같은 외국의 유행도 받아들였다.

미국 차 음용가들이 녹차와 백차를 선호하자, 다르질링과 스리랑카 등 다른 지역의 다원 매니저들도 자극을 받아 다르질링 녹차, 실버 실론, 골든 실론 같은 새로운 차를 만들어냈고, 때론 큰 성공을 거두기도 했다. 미국의 새로운 차 애호가들은 차 소비가 주춤했던 영국에 차에 대한 열정을 불어넣었고 프랑스와 인도에까지 영향을 미쳤다. 지금은 3000만 명이 넘는 미국인이 차를 일상적으로 마시면서 미국 차 시장은 연간 100억 달러 규모로 성장했다.

미국은 어쩌면 거대한 전환점에 있는지도 모른다. 경제적 측면에서도 자영업 가운데는 미래의 차 사업이 가장 유망한 축에 들 것이고, 이는 대규모 사업에서도 마찬가지일 것이다.

2011년 이미 100개 이상의 프랜차이즈 매장을 거느렸던 티바나가 뉴욕 증권시장에 상장을 신청했다. (300개의 매장으로 늘어난 티바나를 스타벅스가 2012년 약 6500억 원에 인수했다. — 옮긴이)

| 티바나 컬렉션.

문화적으로 말하자면, 우리는 미래의 문화를 만드는 사람들이다. 우리는 새로운 시장뿐 아니라 차 애호가라는 새로운 종족을 대표한다. 차는 초반에는 항상 거의 알아차리지 못하는 수준으로 한 사회에 들어간다. 그러나 마니아들의 느리지만 꾸준한 노력과 차 자체가 지닌 장점으로 마침내 승리를 거둔다. 과거를 돌아보아도 사회에서 차가 확산되는 것을 막거나 몰아내기란 불가능했다. 차는 단지 그 자체만 즐기는 것이 아니기 때문이다. 차는 삶의 에너지를 보여주고, 친구들과 우정과 사랑을 나누는 데 매우 중요한 역할을 하기도 하며, 음식과 아름다움, 유머, 미술과 음악을 즐기는 데도 핵심적인 요소다. 차는 항상 우리가 지불한 것 이상을 돌려준다.

미국은 차를 마시는 국가가 되어간다. 바로 얼마 전 와인을 마시는 나라가 된 것처럼 말이다. 오늘날 품질 좋고 가격이 적당한 와인은 어디서나 쉽게 구할 수 있고, 매일 수백만 명이 즐긴다. '카베르네 소비뇽'을 발음할 수 있다면 '대홍포大紅袍'의 발음도 익힐 수 있을 것이다.

21세기의 홍차

21세기 차에 관해 새롭고도 명확한 사실이 세 가지 있다. 첫째, 전 세계 차 생산은 300만 톤을 넘어설 정도로 경이적인 증가세를 보인다. 둘째, 서구의 차는 여전히 커피 및 청량음료와 경쟁 중이다. 셋째, 차 생산국과 개발도상국에서도 차 소비가 늘어나고 있다.

오늘날 전 세계로 수출되는 차는 평균 75만 톤 수준이고, 이보다 훨씬 더 많은 물량이 매년 각 생산국에서 자체 소비된다. 중국, 일본, 타이완을 제외한 지역에서는 이 많은 물량이 경매를 통해 팔려나가는데, 이는 런던 옥션을 본뜬 것이다. 차 생산국에서 열린 경매는 1861년 인도 콜카타의 티 옥션이 최초였다. 그 후 스리랑카 콜롬보에서 1883년, 남인도의 코치와 아삼 지역의 구와하티, 다르질링 지역의 실리구리, 방글라데시의 치타

공에서 1947년에 티 옥션이 시작되었다. 케냐의 몸바사는 1956년, 말라위의 림베는 1970년, 인도네시아의 자카르타에서는 1972년에 티 옥션이 생겨났다.

일반적으로 실론, 다르질링, 아삼의 다원에서 직거래되는 최상품의 차를 제외하면, 옥션에서 판매되는 홍차는 대개 품질이 평범하다. 녹차와 우롱차는 수요가 기하급수적으로 증가했지만 국제 거래에선 여전히 10퍼센트 이하를 차지한다. 반면 이들 차가 동아시아 국가들의 국내 소비에서 차지하는 비율은 90퍼센트 이상에 달한다.

오늘날 전 세계 홍차의 대부분은 CTC Cut-Tear-Curl(자르고, 찢고, 둥글게 뭉치는 기계적 홍차 가공과정—옮긴이) 방식으로 만들어진다. CTC 기계는 1930년대에 발명되어, 이전의 수가공을 기계로 대신한 정통 가공법을 광범위하게 대체했다.

CTC 홍차는 찻잎이 아닌 아주 잘게 분쇄한 잎을 뭉친 덩어리로, 맛이 강하며 다소 거칠다. 제3세계 소비자들은 CTC 홍차가 같은 양의 잎차보다 3분의 1 정도 더 많은 양을 우려낼 수 있기 때문에 선호하고, 차 생산업체들은 티백용으로 이상적이라는 것을 알고 있다. CTC 홍차는 생산국 내수 시장과 외국 티백 시장을 위한 것이기도 하지만, 생산자들에게도 더 확실한 이윤을 보장한다. CTC 기계는 우천시 채엽한 찻잎을 가지고도 홍차를 생산할 수 있으며, 고급은 아니지만 안정적인 품질의 제품을 만들 수 있어 가격 변동이 심한 정통 홍차보다 더 높은 이윤을 가져올 때가 많

| 다양한 입자의 CTC 홍차.

다. 유일한 단점이 있다면 CTC 가공법으로는 훌륭한 홍차를 만들어낼 수 없다는 점이다. 따라서 고품질 홍차를 좋아하는 사람들의 수요가 늘어나지 않는다면 정통 방식으로 만든 홍차는 역사 속으로 사라질지도 모른다.

제2차 세계대전 이전에 대영제국은 전 세계 홍차 생산국이 수출하던 양의 절반을 수입했다. 런던 옥션에서 정해진 가격은 세계 시장에서 실질적인 기준가로 기능했다. 1940년부터 1990년까지 50년 동안 전 세계적으로 홍차 공급량은 최소 3배 증가한 반면, 대영제국의 수입량은 이 물량의 10퍼센트 이하로 떨어졌다. 1679년에 시작된 영국의 티 옥션은 결국 1998년 막을 내렸다.

이제 영국은 더 이상 세계를 선도하는 차 소비국이 아니다. 중국을 제외하면 인도가 선두다. 영국의 시장 규모는 금액 기준으로 여전히 크기는 하지만 독일과 비슷한 수준이다. 독일의 차 소비량은 영국의 7분의 1 정도에 불과한데 시장 규모가 비슷한 것은 당연히 품질 차이 때문이다. 독일에서 판매되는 차의 품질이 더 좋기 때문에 가격이 7배나 더 높은 것이다.

진귀한 경험으로의 초대

"차는 인생의 에너지나 마찬가지다. '섬세한' 백차에서 시작하여 '떫은' 녹차로 발전해가며, 점점 '향기로운' 우롱차처럼 원만해지고, '강한' 홍차처럼 원숙해지다가 마지막으로 '흙냄새' 나는 보이차로 숙성된다." — 라비 수토디야

차라고 해서 전부 언급할 가치가 있는 것은 아니다. 세계 차 생산량은 2010년 이후 평균 450만 톤 이상으로, 모든 사람에게 1년에 200그램을 공급할 수 있는 양이다. 수확량은 늘어나고 품질은 낮아지는 추세지만, 여러분이 걱정할 필요는 없다. 오늘날의 차 애호가들은 전 세계 모든 차의 다양한 맛과 향, 수색水色과 문화를 경험하는 특혜를 누리고 있다.

이미 먼 옛날부터 소수의 행복한 사람들은 차를 사랑한 나머지 전 세계 차 가운데서도 가장 좋은 차를 찾아다녔는데, 그 차는 오늘날 내가 동

료 차 애호가들에게 대접하는 차와 다르지 않았을 것이다.

지역별로 생산되는 차를 살펴보는 것은 차 애호가들에게 도움이 될 뿐 아니라, 차를 분류하는 데도 편리한 방법이다. 지금부터 우리가 관심을 가질 만한 가치가 있는 차들을 천천히 둘러보도록 한다.

제2부

차에 관한 모든 것

5장 | 중국차

'1만 종의 차'

한때 모든 중국차는 황제 직속의 다환국을 거쳐 분류되었다. 새로운 차가 끊임없이 추가되면서 분류 체계는 점점 더 복잡해지고 이들의 일은 끝이 없었다. 놀랍게도 마지막 왕조인 청나라가 붕괴되었는데도 이들의 작업은 중단되지 않았다. 이 기관은 자력으로 운영되었는데, 새로운 차 200여 개를 목록에 추가한 다음 1920년대에 해체되었다.

중국과 차의 관계는 프랑스와 와인의 관계와 같다. 윈난 성만 해도 40~50종의 차를 생산하고 있고, 그 외에도 차를 생산하는 성은 18군데나 더 있다. 공산주의가 통제를 완화하기 전까지 차이나 주식회사는 모든 차에 이름을 붙이고 거래를 주도했다. 지금은 공식적으로 '중국토산축산진출구총공사中國土産畜産品進出口總公司, CHINA TUHSU'로 알려져 있다.

이 무익한 체제 아래서 각 성은 자체 브랜드로 차를 관리하기 위해 별도의 무역 회사를 운영했다. 상하이의 차 무역 회사는 에버그린, 베이징은 스프라우팅, 저장 성은 템플 오브 헤븐 등이다. 그리고 그 외 다른 지역의 회사들도 건파우더(옛날 화약처럼 생겼다고 해서 이런 이름이 붙은 녹차로, 쌀알보다 조금 더 크며 둥글고 단단하게 말려 있다—옮긴이)를 각자가 나름대로 정한 등급으로 판매했을 것이다. 이 많은 브랜드들이 전 세계 차이나타운의 상점 매대에서 여전히 발견되고는 있지만, 오늘날의 중국차 대부분은 관료적 통제에서 벗어나 비교적 자유롭게 재배되고 가공되며 판매된다.

이 책에서는 차 분류별로 몇 가지만 다루고자 한다. 독자들은 자신들이 알고 있는 다른 명품들을 언급하지 않는다고 이의를 제기할 수도 있겠지만, 너무 많아서 다 언급할 수가 없기 때문이다. '1만 종'은 중국인들이 정확하게 제시할 수 없는 큰 수를 가리키는 표현이니, '1만 종의 차'는 '중국에 있는 모든 차'를 의미한다. 그리고 그 표현이 대략 맞는 것 같다. 이제 이 차들의 이름은 더는 황제의 기관에도, 심지어 공산당의 관료들에게도 허락을 구할 필요가 없다. 계속해서 새로운 차 이름이 생겨나고 있는 상황이라, 중국을 정기 방문해서 차를 구입하는 나의 지인들조차도 차 분류에 관해 도움을 청하면 고개를 젓는다.

분류에서 벗어나는 차가 많고 혼란스럽기 때문에 중국인들은 차를 크게 6가지, 즉 녹차, 백차, 황차(외국인들에게는 거의 알려져 있지 않다), 홍차, 흑차, 가향차 혹은 꽃차로 나눈다.(저자는 일반적으로 사용되는 6대 분류에서 우롱차를 빼고 가향차를 넣었다. — 옮긴이)

장베이 구(강북차구)

'양쯔 강의 북쪽'이라는 뜻이다. 장쑤 성의 북쪽 지방, 안후이 성, 후베이 성, 간쑤 성의 남부, 산시 성, 허난河南 성, 산둥 성의 동남부 지역을 포함하는 영역으로 중국의 4대 차 재배지(나머지 3개는 강남차구, 화남차구, 서남차구다 — 옮긴이) 중 하나다. 주로 일반적인 유형의 녹차가 생산되지만 산시와 간쑤에서는 긴압 차의 생산 비중이 훨씬 더 크다. 장베이江北 차 재배지는 매우 넓으며, 평균 기온이 양쯔 강 이남보다 2~3도 정도 낮다.

녹차

• 미차

녹차는 현대 잎차의 가장 초기 모습으로, 송나라 후기인 12세기 후반부터 생산되기 시작했을 것이다. 녹차는 재스민 차로 만들어지는 엄청난 양을 제외하고도 중국차 생산량의 절반 이상을 차지한다.

녹차는 차를 생산하는 모든 성에서 만들어지며, 때로 '광저우 녹차'(혹은 '푸젠 녹차'나 '광시 녹차' 등)라는 이름으로 판매된다. 녹차는 중국 국민차이며 미차眉茶에 속한다. 가공된 찻잎의 굽은 모양이 눈썹을 닮았다고 해서 붙여진 이름이다. 춘미春眉는 잘 다듬어진 숙녀의 눈썹을 가리키고, 수미壽眉는 곤두선 듯한 노인의 눈썹을 가리킨다. 최고급 춘미는 자두 맛이 나고 달걀노른자 같은 색을 띤다. 이런 특별한 춘미를 마시는 사람은 그것을 자랑하고 싶어한다.

차 무역이 활발했던 18세기에는 중국인과 영국인 고객 사이의 의사소통에 어려움이 많았다. 중국인들은 매년 봄 첫 번째로 채엽한 최상품의 차를 우전雨前이라고 불렀다. 영국인들에게는 이것이 영국 동인도회사의 돈 많은 간부이자 런던의 차 상인이기도 한 필립 하이슨의 이름처럼 들렸다. 춘미는 이런 배경이 없었다면 완전히 망각되었을 이 사업가의 이름을 따서 영미권에서는 지금도 여전히 하이슨Hyson 혹은 영 하이슨Young Hyson이라고 불린다.

• 주차

녹차는 생산된 지 몇 달이 지나면 신선함이 사라지면서 맛도 없어진다. 녹차 거래에서 흔히 언급되는 것처럼, 녹차는 '장기 보관에 적합한 차는 아니다'. 그러나 이것이 곧 차의 매력이 없어진다는 뜻은 아니며, 단지 시간이 지나면서 신선함 그리고 맛과 향이 서서히 줄어든다는 뜻이다.

이런 문제를 해결하기 위해 찻잎을 작은 공 모양으로 말았고, 이런 외형 때문에 주차珠茶 혹은 건파우더라는 이름의 녹차가 생겨났다. 중국을 제외한 나라에서는 왜 주차로 불리는지 정확히 아는 사람이 별로 없는

| 주차.

듯하다. 영국 노동자들이 과립 모양이나 회색을 띤 녹색에서 화약을 떠올린 것일까?

주차는 꼭 이른 봄이 아니라도 어느 계절에 채엽된 잎으로든 만들 수 있다. 이 차는 고급 차가 아닐뿐더러 지나치게 오래 우리거나 매우 뜨거운 물에 우리면 마실 수 없을 정도로 쓰다. 그럼에도 모로코와 중동에서는 이 차를 몹시 선호하는데, 보통 민트와 블렌딩하여 설탕을 듬뿍 넣어 마신다.(모로코의 전통차인 모로칸 민트를 말한다.—옮긴이) 이제는 항공 운송 덕분에 어디서나 신선한 녹차를 구할 수 있으니, 중동 지역을 제외하고는 굳이 주차를 마실 이유가 없다.

주차는 다른 녹차보다 부피에 비해 무게가 더 나가기 때문에 우릴 때 다른 차의 절반 정도만 넣으면 되고, 주로 저장 성에서 생산된다.

모로코의 차 문화

모로코에서는 차(녹차에 한정해서)를 우리고 음용할 때 주로 음식과 함께한다. 또한 민트 차를 마시는 것은 손님을 후하게 대접하는 예절인 동시에 매일의 일과다. 그들은 민트차를 '모로코의 위스키'라 부르며, 자신들이 저지르는 유일한 악덕이 바로 이 위스키를 마시는 것이라고 이야기한다. 모로코에서는 차를 준비하여 내는 일을, 나이가 많은 남자나 여자들에게만 허락되는 일로 여긴다. 연륜과 지혜를 지닌 사람들만이 완벽하게 해낼 수 있는 일이라고 생각하기 때문이다.

• 용정차

이제 용정龍井이라는 이름을 가진 녹차의 최고봉, 중국 녹차 중에서 가장 유명한 차를 이야기할 차례다. 이 대단한 차의 원산지는 남송의 수도였던 항저우의 도심에서 겨우 8킬로미터 정도 떨어져 있다. 이곳에서 자란 차는 당나라 시대에 이미 유명했다고 한다. 송나라 시인 소동파蘇東坡는 유명한 시에서, 용정을 아름다운 여인에 비유하기도 했다. 이 차의 현대식 이름은 (이 또한 몇 세기 전 이야기지만) 후파오虎跑 샘에서 유래한 것

| 용정차.

으로, 이곳에 용이 거처한다는 전설이 있다.(잘 알려진 것처럼 용은 물에서 사는 것을 좋아한다.)

청나라의 위대한 황제인 강희제는 용이 나타난다는 이 장소를 방문하여, 후파오 샘 주위에서 자란 차나무의 잎으로 만든 이른 봄 차를 이 우물의 물에 우려서 마셨다. 그 뒤로 가장 오래된 차나무 18그루는 오직 황제에게 바쳐지기 위해 따로 관리되었다. 몇 세기 후 같은 계절에 근처의 영빈관에서 있었던 역사적인 첫 만남에서 마오쩌둥과 리처드 닉슨은 황제가 마신 것과 같은 차를 마셨다.

용정은 이런 전설에 어울리는 충분한 가치가 있고, 높이 평가받을 만하다. 중국에서는 용정의 '4가지 특징', 즉 옥빛의 수색, 풋풋한 향기, 감미로운 밤栗의 맛, 유일무이한 외형에 찬사를 보낸다.(우리나라에서는 짙은 향, 부드러운 맛, 비취 같은 녹색, 아름다운 잎새로 표현한다.—옮긴이)

용정은 납작하고 반질반질하며 매끄럽다. 우러날 때 펴지는 모양을 보면 대개 온전한 싹으로 이루어져 있다. 에메랄드 빛으로 우러난 차는 가벼우면서도 그윽하며, 방금 딴 풀의 달콤함을 머금고 있다. 이것이 바로 시를 쓸 때 옆에 둔다고 알려진 용정차다.

최상품 용정 450그램을 만들려면 어린잎 3만 장 이상을 손으로 채엽한 후 위조를 거쳐 뜨거운 솥에서 살청殺青(열로 찻잎의 산화효소를 불활성화함으로써 찻잎이 산화되는 것을 막아 녹색으로 유지시키는 것—옮긴이)하면서 차 가공자가 손으로 약 15분 정도 유념해야 한다. 물론 유념은 '납작하게' 한다. 온도와 손의 압력, 시간이 완벽히 맞아 떨어지지 않으면 품질이 좋지 않다. 한 시간 정도 식힌 후 찻잎을 다시 살청하는데, 이번에는 더 낮은 온도에서 짧게 한다. 그런 다음 크기별로 등급을 나누어 포장한다.

최상품인 청명清明은 항상 '비가 오기 전에' 채엽하는데, 전통적으로 4월 5일 청명절 이전에 수확한다. 다음 등급인 곡우穀雨는 4월 20일 전에 채엽해야 한다. 작설雀舌은 싹과 잎 한 장으로만 이루어진 가장 낮은 등급이다. 후파오 샘의 물이 차 맛에 상당한 영향을 주기 때문에, 전해 내려오는 전설대로 마신다면 이 차들의 차이를 가장 뚜렷하게 느낄 수 있을 것이다.

용정은 내가 아는 녹차 중에서 가장 우아하다. 위대한 용정은 하늘이 내린 차로서 매혹적인 맛을 낸다. 하지만 중국의 하늘은 좀처럼 외국인을 허용하지 않는다. 항저우에서 직접 구입하지 않았다면, 여러분이 마시는 용정차는 항저우 외 지역에서 만든 제품일 가능성이 높지만, 그래도 이 차의 풍부한 느낌은 받을 수 있을 것이다. 찻잎이 노란색을 띤다면 신선함을 잃어가고 있는 것이다. 차가 신선한 동안에는 마실 때마다 맛과 향을 즐길 수 있다.

작설

'참새의 혀雀舌'라는 뜻의 중국어다. 두 잎 사이에 피지 않은 싹이 났을 때 채취되기 때문에 그 모습에서 나온 이름이며, 용정차와 다른 녹차 및 황차의 등급을 나타내는 용어이기도 하다.

• 벽라춘

용정차에 이름을 하사한 것과 같은 행차에서 강희제는 멀리 떨어지지 않은 벽라춘碧螺春 생산지도 함께 방문했을 것이다. 벽라춘은 상하이에서 조금 떨어진 내륙 장쑤江蘇 성에서 만들어지며, 타이후太湖 호를 내려다보

| 벽라춘.

는 둥팅洞庭 산에서 재배된다. 이 이름은 보통 '푸른 달팽이'(혹은 소라) 또는 '봄'으로 번역되는데, 나로써는 나선형으로 단단히 감겨 있는 완제품을 보아도 이 이름의 유래가 이해되지 않았다.

어느 봄날, 나의 스승인 그레이스 퐁과 함께 찻잎이 우러나는 동안 나선형으로 돌면서 가라앉는 것을 발견했고, 그레이스는 이것이 '나선 모양'을 의미하는지도 모르겠다고 말했다. 분명 강희제가 이런 이름을 붙인 것은 이 차가 달팽이를 닮아서가 아니라, 찻잎이 우러날 때 물속에서 나선 모양으로 회전하기 때문일 것이다. 그 전에는 '깜짝 놀라게 하는 향'(우리나라 자료에는 흔히 '사람을 죽이는 향기를 지닌 차嚇煞人香茶'로 소개된다—옮긴이)이라고도 불렸는데, 이 차는 사실 향이 아주 약하거나 거의 없다.

벽라춘은 보풀이 일어난 것처럼 보일 정도로 솜털이 많은데, 아직 피지 않은 싹과 잎으로 이루어지며 매우 이른 봄에 만들어진다. 완성된 차 450그램을 만들려면 6만 쌍 이상의 싹과 잎이 필요하다. 손으로만 가공하고, 나무로 불을 때서 데운 솥에서 건조된다.

벽라춘은 섬세하기 때문에 우리는 데도 기술이 필요하다. 물 온도는 용정차에 적합한 80도보다 낮아야 하고, 찻잎 위에 물을 부어서는 안 되며, 개완이나 유리잔에 물을 담아 그 위에 찻잎을 띄워야 한다. 유리잔에서 우리면 찻잎이 뜨거운 물속에서 우러나며 펼쳐지는 모습을 관찰하는 재미가 있다. 벽라춘 잎이 하나하나 빙글빙글 돌면서 가라앉는 활기찬 장면은 보기만 해도 즐겁다.

- **황산모봉**
- **육안과편**

중국의 영산靈山 중 하나인 황산黃山 산은 약 75개의 봉우리로 이루어졌다. 일부는 역사적이고 일부는 신화적인 여러 중국 이야기가 이곳에서 나왔다. 중국은 이미 오래전에 황제의 명령으로 바위를 깎아 정상까지 계단을 만들었다. 오늘날 중국의 가장 큰 차 생산 지역인 안후이 성이 산

아래 사방에 펼쳐져 있다.

이 성스러운 산 경사면에서 자라는 차 중 하나가 한때 '모윤'이라는 이름으로 알려진 녹차로, 서양에서는 용정차보다 더 높게 여겨졌다. 그 차가 지금은 황산모봉黃山毛峯이라는 지극히 중국적인 이름으로 불린다. 차를 만들기 위해 채엽된, 아주 작은 솜털로 덮인 찻잎을 묘사한 이름이다. 적당히 뾰족하고 완벽한 형태를 갖춘 잎은 미묘한 향과 섬세한 맛을 내며, 여러 번 우려도 풍미에 변함이 없어서 열 번 이상 우려 마시기도 한다. 황산모봉은 단연 가장 많이 우려낼 수 있는 차다. 중국 미식가들이 높이 평가하는 녹차들과 달리, 이 차는 매력을 은연중에 드러내는 것이 아니라 대놓고 과시한다 할 정도로 풍미가 도드라진다. 그러면서도 다른 유명한 녹차에 비해 덜 까다롭고 편안하니, 매우 훌륭한 녹차라고 할 수 있다.

과편瓜片은 안후이 성의 루안六安에서 생산되며, 황산모봉에 비해 섬세함이나 탁월함이 조금 떨어지기 때문에 매력이 덜한 여동생으로 여겨지기도 한다. 그러나 이 차 또한 중국의 10대 명차에 뽑힌 적이 있으니, 이는 중국인들이 교육을 잘 받은 귀족뿐만 아니라 미천한 농부들 역시 차를 사랑한다는 사실을 보여준다. 과편은 풍성한 차여서 어떤 경우에도 거절하는 사람이 없다. 찻잎 형태는 수박 조각을 연상시킨다. 육안과편六安瓜片이라고도 불린다.

- **모첨차**
- **운무차**

족보를 좋아하는 중국인들은 용정차, 벽라춘, 황산모봉, 육안과편으로 시작하는 10대 명차 목록도 좋아한다. 이 목록에는 위에 언급한 것 말고 녹차 두 종이 더 올라 있는데, 중국 바깥에서는 거의 알려지지 않았다. 건조한 북쪽 평원 끝에 위치한 허난 성에서 생산되는 모첨차毛尖茶인 신양모첨信陽毛尖과 남쪽 구이저우貴州 성에서 생산되는 도균모첨都勻毛尖이 그것이다.(신양과 도균은 각각 지역 이름이다.—옮긴이)

도균모첨은 외형과 맛, 그리고 다른 측면에서도 굉장히 독특하다. 이 차는 벽라춘처럼 매우 낮은 온도의 물로 유리잔에서 우려야 한다. 이렇게 해야만 이 은색 찻잎이 물속에서 일정한 간격을 두고 춤 추듯이 오르내리는 것을 볼 수 있기 때문이다. 이렇게 움직이는 찻잎은 마침내 유리잔 바닥에 곧게 서는데, 그 모습이 도균에 자리한 아주 작은 숲 혹은 '깃발을 매단 창'처럼 보인다. 차 자체도 찻잎이 보여주는 '쇼'만큼이나 마음을 즐겁게 해줄 만큼 훌륭하다.

모첨은 모봉과 비슷하게, 솜털이 덮이고 아직 피지 않은 싹의 끝부분을 묘사한 것이다. 모봉의 잎은 날카로워 보이는 반면, 모첨의 잎은 약간 굽어 보이는 것이 중요한 차이다. 모첨이든 모봉이든 모두 아주 훌륭한 봄 차를 뜻하며, 고난도의 채엽 및 가공 기술의 산물이라고 확신해도 좋다. 이는 고장모첨古丈毛尖 같은 덜 '유명한' 모첨차에도 관심을 가질 가치가 있음을 의미한다. 일반적으로, 이런 이름이 붙은 차는 모두 아주 적은 양만 생산되며, 거의 항상 수작업으로 가공된다.

극히 제한된 양만 생산하지만, 모첨이 중국이 생산하는 가장 희귀한 녹차는 아니다. 그 영예는 단연 운무雲霧라는 이름에 돌아간다. 존 블로펠드는 운무에 대해서 다음과 같이 이야기했다.

언젠가 한 은둔 도사가 마을로 내려와서 안후이의 차 회사에 운무차 약간을 건네면서 세상에서 가장 좋은 차라고 말했다. 도사가 거래를 마치기 전, 어떤 불교 승려가 같은 산의 다른 봉우리에서 직접 채엽했다는 '최상'의 운무차를 들고 나타났다. 관리인은 차를 비교하기 위해 이들을 초대해 우려줄 것을 청했다.

다관의 물이 끓자 승려는 물을 사발에 부은 다음, 하얀 솜털이 덮인 찻잎 한 줌을 넣고 뚜껑을 닫았다. 향 한 개를 태울 정도의 시간이 지난 후 뚜껑을 여니 하얀 안개가 석 자 높이로 피어올랐다가 섬세한 향을 남기고 흩어졌다. 승려는 큰 사발에 담긴 차를 작은 잔 여러 개에 나누어 따른 다음 관리인과 참석자들에게 대접했고, 최고의 찬사를 받았다.

이번에는 도사가 자신의 특별한 찻잎으로 차를 준비했다. 사발 뚜껑을 들어 올리자 사랑스러운 소녀의 모습을 띤 구름 같은 증기가 나왔고, 소녀의 형상은 점점 퍼지다가 작아지더니 마침내 흩어져버렸다.

패배를 예감한 승려는 역정을 냈다. "이 이상한 현상은 도사의 차가 내 차보다 더 훌륭하다는 의미가 결코 아니오. 이것은 도술에 의한 속임수에 불과하오." 도사는 냉소를 머금고 성큼성큼 걸어 나가면서, 소매를 털며 경멸감을 표했다. 곧바로 승려도 자신의 차 봉지를 집어 들고 화를 내며 자리를 떠났다. 멍해진 관리인은 말문이 막혔고, 둘 중 어떤 차라도 거래해야겠다고 생각했을 때는 이미 두 신선 모두 사라진 후였다.

운무의 생산량은 극히 적지만, 은둔자의 전설이 생겨날 정도로 전통이 깊다. 이 차의 이름은 태곳적 산봉우리를 둘러싼 구름바다에서 유래했다. 구름 덮개는 수분을 공급해서 찻잎이 자랄 때 습도를 유지해줄 뿐 아니라 직사광선을 막아 찻잎이 천천히 자라게 하며, 햇빛 부족을 화학적으로 보완하게 한다. 그 과정에서 엽록소는 증가하고 카페인의 생성은 더뎌진다. 이런 화학반응으로 차 맛이 매우 탁월해지는데, 차가 야생에서 자랄 때는 맛이 배가된다. 이 차는 아직도 중국에서 인기가 높다. 전설적인 여산운무廬山雲霧가 가장 유명하지만, 다른 운무차도 이름이 알려지면서 중국 외 지역에서도 맛볼 수 있게 됐다.

태평후괴

안후이 성에서 나는 녹차 중 으뜸으로 친다. 20세기에 시대차柹大茶 나무 품종에서 처음으로 생산되기 시작했는데, 차나무 중 잎이 가장 기다랗고 흰 솜털로 덮인 것이 특징이다. 이 놀라운 차는 황산 산맥의 북쪽 경사면에서 자라는데, 이 지역은 비와 안개, 구름이 적절히 어우러지며 북쪽 경사면에 그늘을 만들어 차가 자라는 데 이상적인 환경이 갖추어져 있다. 태평후괴太平猴魁라는 이름은 인근의 타이핑太平 현(지금은 황산黃山 시 황산黃山 구에 위치—옮긴이)이라는 지명에서 유래했다. 잎이 곧고 빳빳하고 무거우며, 양 끝이 뾰족하고, 여러 차례 우려내도 맛과 향을 그대로 유지하는 것으로 이름이 높다. 이 차에서 희미하게 난향이 나는 것은 야생 난초가 황산 전역에 무수히 자생하기 때문이다.

백차

지금으로부터 천 년 전 송나라 시인 황제인 휘종徽宗은 백차白茶를 세련된 맛의 최고봉으로 꼽았다. 여전히 많은 이는 백차가 여전히 그런 영광을 누릴 만하다고 주장한다. 은침銀針 혹은 실버 니들 화이트Silver Needle White는 부드럽고 섬세한 최고급 차로서, 원칙적으로는 싹이 잎으로 피기 직전에 채엽된다. 유념과 살청과정 없이 위조만을 거친 후 건조시켜 완성된 최종 제품은 은침이라는 이름에 마침맞게 어울린다.

은침에는 카페인이나 엽록소가 없다고는 하지만, 근래에는 싹으로만 만들어진 백차에 카페인이 더 많이 함유되어 있다는 주장이 일반적으로 받아들여진다. 폴리페놀 성분은 아주 미미하다. 무게에 비해 부피가 커서 찻잎을 너무 적게 넣지만 않으면 차를 잘못 우릴 일은 거의 없다. 은침은 맛이 매우 신선하고 섬세한 단맛이 오래도록 남는다. 중국인들은 여기에 말린 장미와 국화를 곁들이는 것을 좋아한다.

백차의 다른 형태는 아직까지 많지 않다. 긴 눈썹이라는 뜻이 담긴 수미차壽眉茶는 증기를 쐰 후 햇빛에 건조된, 거칠어 보이는 잎차다. 가장 사랑스럽고 귀한 것이 백호白毫인데, 백호란 찻잎 가장자리를 갉아먹는 이로운 곤충 덕택에 얻을 수 있는 은색 혹은 하얀색 부분을 의미한다. 백모단白牡丹은 우릴 때 물속에서 꽃 모양으로 피어나도록 찻잎 여러 장을 묶어서 만든 새로운 차다.(서양에서 백모단이라고 부르는 차는 2종인데 나머지 하나는 정통 백차의 변형된 형태로, 싹에 잎도 포함해서 만든 것이다.—옮긴이) 이때 매우 섬세한 맛도 함께 우러난다.

우롱차

우롱차烏龍茶(반발효)와 홍차(발효)는 중국에서 비교적 최근에 개발된 것이다. 이런 차들을 녹차 및 백차(비발효)와 구분하는 것은 '발효fermentation'다. 사실 발효는 산화oxidation를 잘못 지칭한 것이다.('타닌tannin'도 화학적 성질을 잘못 이해해서 사용되는 용어다. 차에 들어 있는 폴리페놀은 타닌산tannic acids과는 아무 관계가 없다.)

갓 채엽된 신선한 잎은 위조과정에서 부드러워질 정도로 충분히 수분을 증발시킨다. 녹차는 위조된 잎을 그동안 해온 대로 뜨거운 솥에서 유념하면 완성된다. 이때 차 가공하는 사람은 찻잎을 계속 앞뒤로 비빈다. 이런 유념과정을 통해 찻잎은 모양을 갖추는 동시에 건조된다. 한편 솥의 열기는 찻잎을 '살청'함으로써 화학적 변화가 더는 일어나지 않도록 막는다.

홍차와 우롱차는 위조된 잎을 살청과정 없이 유념해서 만든다.(우롱차는 찻잎에 가볍게 상처를 내는 주청과정 후 살청을 하고 유념하는 것이 일반적이다.—옮긴이) 찻잎은 유념과정을 통해 상처 입고 끈적끈적한 덩어리가 되고, 이때 찻잎의 성분이 공기에 노출된다. 본격적으로 산화되도록 찻잎 덩어리를 넓게 펼치면 찻잎이 갈색으로 변하기 시작한다. 사과를 잘라놓으면 갈색으로 변하는 것과 같다. 이런 방식으로 건조하기 전까지 완전히 산화시키면 홍차가 된다. 한편 부분적으로만 산화되면 부분산화차 혹은 우롱차라고 불린다.(산화의 정도만 가지고 홍차와 우롱차를 구분하는 것은 아니다. 저자는 차 가공과정을 매우 단순화하여 설명했다.— 옮긴이)

정확하게 원하는 결과를 얻으려면 알맞은 시점에 산화과정을 통제하거나 중단해야 한다. 푸젠 성과 광둥 성, 바다 건너 타이완에 있는 중국인들은 이 과정을 완벽하게 수행해왔다. 이 지역에선 전통적으로 찻잎을 펄펄 끓는 솥에 넣어 증기를 쏘이고 잎에 잔잔한 상처를 내서 우롱차를 만든다. 이때 솥 안의 찻잎을 매우 빠르게 휘저어서 타거나 눌어붙지 않게 한다. 그런 다음 바로 꺼내 일반적으로 천 주머니에 넣은 채 꼭꼭 밟고 비틀어서 조금 더 유념한다. 그러고 나서 찻잎이 더 산화되게 잠시 두었다가 추가 건조를 위해 솥에 다시 넣는다. 산화가 진행될수록 찻잎의 색상과 향이 달라지고, 이 변화에 따라 건조 간격이 결정된다. 마지막으로 찻잎을 약한 숯불 위에 올린 대나무 광주리 안에서 바짝 건조한다.(우롱차

가공법에 대한 이 설명은 생초보인 독자들을 대상으로 한 것이어서 전후 순서가 바뀌거나 생략된 부분이 많다. — 옮긴이)

중국인들은 불을 '차의 스승'이라고 부른다. 전기가 숯불을 대체한 것을 제외하면 모든 최고급 우롱차가 산화와 건조를 반복하는 과정을 거친다. 최상품은 여전히 주로 손으로(그리고 발로) 가공된다. 이는 여러분이 즐기는 차가 누군가의 노련한 손, 고단한 무릎과 엉덩이, 그리고 이런 차를 만드는 데 들어간 자부심을 대변한다는 뜻이다. 이렇게 만든 차 맛이 지극히 만족스러운 것은 당연한 일이다.

• 보헤아

푸젠 성에 있는 '우이 산'은 유럽인들이 도착하기 전, 심지어 그 위치가 알려지기도 전에 영어권에서 보헤아Bohea로 통용되었다. 그들에게 보헤아는 중국의 어떤 차 생산지와도 다른, 하늘이 내린 차 산지였다. 미국의 탁월한 차 역사학자인 로버트 가델라 박사는 1500년대에 불교와 도교의 종교 단체들이 그림 같은 봉우리와 아름다운 사원이 있는 이 우이 산맥에 자리 잡고 홍차와 우롱차를 완성했다고 주장했다.

우이 지역의 가장 전설적인 우롱차인 암차巖茶는 주로 절벽에서 자랐기에 '원숭이가 따는 차Monkey picked'라는 신화가 생겨났다. 나의 훌륭한

| 우이 산의 다원(위)과 우이 산에 있는 대홍포 모수 세 그루.

선생님인 로이 퐁을 비롯한 차 상인은 여전히 이 신화를 전파하고 있다. 암차는 오늘날 매우 귀해서 원숭이들이 따는 것이 맞을지도 모른다고 여겨질 정도다. 사실 '원숭이가 딴 차'라는 이름은 일반적으로 차 생산자들이 가장 자랑스럽게 여기는 우롱차와 철관음에도 사용할 수 있을 것이다.

위대한 우롱차는 전설 속에만 있는 것은 아니다. 살아 있는 대홍포大红袍 모수母樹 세 그루는 매년 약 450그램의 차를 생산한다. 이것으로 만든 대홍포를 마시고 병이 나아 목숨을 보전한 명나라 고위 관리가 차나무에 자신의 붉은 관복을 덮어주고 절을 한 덕분에 유명해졌다. 이 옛 차나무들은 수령이 수백 년이나 되었다고 알려진다. 우이암차, 즉 보헤아가 우롱차의 동의어는 아니지만, 동서양의 차 역사에서 중요한 역할을 해온 것은 분명하다. 일단 마셔보면 그 이유를 알게 될 것이다.

우이 산

푸젠 성 내륙에 자리한 산맥. 울창한 숲으로 둘러싸인 낭떠러지에서 옛날부터 차나무가 자생했고, 아마 거기서 우롱차가 탄생했을 것이다. 우이암차에는 대홍포大红袍, 철라한鐵羅漢, 수금귀水金龜, 백계관白鷄冠 등 최고급 중국차가 포함된다. 우이 산맥의 길이는 500킬로미터에 달하며, 해발 1000미터가 넘는 높은 봉우리가 푸젠 성과 장시 성의 경계에 걸쳐 있다. 이 산맥이 북쪽의 찬바람을 막아주고 남쪽의 온난다습한 공기를 품어주는 역할을 한다. 이곳에서 2000종의 차가 생산되는데, 거의 대부분이 우롱차다.

• 철관음

철관음鐵觀音은 지극히 훌륭한 우롱차를 생산하는 차나무 품종이다. 푸젠 성 남쪽 안시安溪 현에서 생산되는 철관음은 중국 10대 명차 중 하나로도 알려져 있으니, 매혹적인 역사가 아니더라도 흥미로울 만하다.

안시 현은 철관음 품종 차나무가 처음 발견된 곳이다. 철관음에 관한 전설은, 관음보살에게 바쳐진 한 낡고 오래된 절을 지키려고 성심으로 노력한 가난한 농부 웨이魏의 이야기에서 유래되었다. 불교의 관음보살은 자비의 상징으로, 기독교의 성모마리아에 필적하는 존재다. 어느 날 밤 관음보살은 웨이의 꿈에 나타나 자신이 상을 내린 장소를 알려주고는 마을 사람들 모두와 나누라고 말했다. 그곳에서 발견한 것은 겨우 차나무 싹 하나였지만, 웨이는 이것을 하늘이 주신 선물처럼 키웠다. 결국 이 차나무는 지역 전체에 퍼졌고, 덕분에 안시 현은 풍요로워졌다. 차의 이름에서 '철'이 의미하는 바는 명확하지 않다.

철관음은 중국 남부에서 하는 방식처럼 공부차 스타일로 우려야 가장 훌륭한 맛이 난다. 즉, 주먹만 한 자사호紫沙壺에 우린 다음 골무만 한 잔에 따라 마시는 것이다. 이렇게 우린 차는 맛이 엄청나게 강하지만 믿기 어려울 만큼 섬세하다. 어떻게 우려내든 뛰어난 철관음은 향이 강하며 과일 맛 풍미, 맛의 깊이도 으뜸이다.

- **수선**
- **봉황단총**

품질이 더 뛰어난 우롱차는 중국 남부에서만 자생하는 카멜리아 시넨시스의 두 품종으로 만든다. 먼저 수선水仙 차나무는 주로 푸젠 성에서 자라며, 한 줄기에 몇 개의 가지가 뻗고, 잎은 두꺼우며 광택이 있어서 특별한 가공을 요한다. 다음으로 봉황단총鳳凰單叢 차나무가 있다. 이 나무는 광둥 성에서 자생하며, 줄기가 쭉 뻗어 높게 자라기 때문에 찻잎을 딸 때는 사다리를 이용해야 한다.

그밖에 수출은 거의 되지 않지만 모해毛蟹, 대홍포, 소홍포小紅袍 등 다양한 우롱차 품종이 있다. 이들 우롱차의 향과 바디감, 맛, 수색의 차이는 부르고뉴, 보르도, 론 등에서 생산한 레드와인의 차이만큼이나 뚜렷하다. 찻주전자나 개완에서 우릴 수도 있지만, 모든 우롱차는 중국인들이 하는 것처럼 자사호에 우릴 때 최고의 맛을 낸다.

중국 홍차

명나라 이전에는 홍차에 관한 기록이 없다. 존 에번스는 『중국의 차』에서 다음과 같이 서술했다.

> 홍차의 기원을 추정할 만한 사실적 근거는 전혀 없다. 게다가 모든 중국 자료는 홍차가 명나라 건국 전에는 나타나지 않았고, 명나라가 건국된 이후에야 출현했음을 보여준다.

홍차는 '야만인들의 땅'에서는 인기를 얻었지만, 중국에서는 한 번도 제대로 인정받지 못했다. 오늘날 세계에서 가장 훌륭한 홍차라고 평가받는 기문홍차祁門紅茶를 생산하는 노동자들조차도 일터에서는 녹차를 마신다.

홍차는 명나라 때 수출용 차를 생산하기 위해 규모를 넓힌 정부의 다원에서 개발되었다. 당시 주 고객은 가축의 젖과 고기에 전적으로 의존하는 만주인이었을 것이다. 그도 그럴 것이, 홍차는 우유와 잘 어울렸다.

역사의 아이러니로 인해 홍차 고객인 만주인들은 1644년에 베이징을 점령했고, 마침내 새로운 제국 청나라를 탄생시켰다. 만주족은 "한족은 능력만 되면 차에서 우유를 훔칠 것"이라고 말할 정도로 중국인을 전혀 이해하지 못했다. 그들은 한족이 우유를 혐오하고, 그것을 차에 넣는다는 생각은 꿈에도 하지 않는다는 사실을 알아차리지 못했다. 1793년 기록에는 청 황제인 건륭제가 "중국인들은 결코 좋아하지 않을 차 혼합물을 마셨는데, 황제의 차에는 우유가 물만큼 들어 있었다"는 이야기가 나온다. 우유를 넣은 홍차는 만주식 차라고 부르는 것이 옳을 것이다.

유럽인들에게 홍차는 공구Congou라는 이름으로 처음 알려졌다. '기교와 노력'이라는 뜻의 공부功夫가 잘못 전해진 것으로, 홍차를 가공하는 데 들어가는 각별한 과정을 의미한다. 지금도 중국에는 공구라는 이름을 사용하는 홍차 거래상이 많다.

탁월한 홍차들이 쓰촨, 이창宜昌, 푸젠, 닝저우, 후난湖南 등에서 생산되는데, 이중 가장 유명한 홍차는 기문과 운남이다.

• 기문홍차

세계에서 가장 훌륭한 홍차로 꼽히는 기문홍차는 중국 10대 명차 중 하나지만 중국인들은 거의 마시지 않는다.

기문홍차도 철관음처럼 차나무의 한 품종 혹은 하위 품종을 접붙인 것이고, 이 때문에 맛과 향이 탁월하다. 찻잎으로는 유일하게 미르세날 myrcenal이라는 식물 추출 오일이 들어 있다. 월계수 오일에서도 발견되는 바로 이 성분이 기문홍차에 형언할 수 없는 달콤함을 더한다. 기문홍차에서는 시들어가는 흑장미 향이 나는데, 시적 상상력이 부족한 사람들은 이 향기를 맡고 오븐에서 나온 뜨거운 토스트를 떠올릴지도 모르겠다.

이상하게 들릴 수도 있지만, 이 경이로운 차나무가 발견된 안후이 성의 치먼祁門(기문) 지역은 기문홍차의 생산지가 되지 못할 뻔했다. 원래 치먼 지역은 1875년까지 녹차만 생산했다. 위간천余干臣이라는 젊은이가 푸젠 성 하급 관리 직위에서 불명예스럽게 쫓겨나 부친을 볼 낯이 없었다. 그래서 푸젠 성에서 영국으로 수출하는 홍차의 가공법을 익힌 후에야 고향으로 돌아왔고, 치먼에서 홍차를 생산하면 이윤이 생길 거라며 아버지를 설득했다. 하지만 자신도 기문홍차가 후에 세계적으로 유명해지리라곤 상상도 못 했다.

위간천이 1875년 처음 판매를 시작한 이후 기문홍차는 늘 귀하게 관리되었다. 덕분에 모든 기문홍차는 품질이 훌륭하고, 그중에는 특히 뛰어

| 다양한 브랜드의 기문홍차.

난 것도 있다. 대표적으로 맛이 새의 노래처럼 섬세하고 수색은 아스팔트처럼 검은 기문마오펑祁門毛峯과 기문하오야祁門豪芽가 있다. 이 차들은 수가공 제품이어서 극히 적은 양만 생산되며, 구매하려면 예약이 필요하다. 기문홍차의 독특한 풍미는 지극 섬세하고 미묘해서 우유나 설탕을 넣는 것은 차에 대한 모독으로 느껴진다.

- **운남홍차**

중국 윈난 성은 히말라야를 사이에 두고 인도의 아삼과 접해 있다. 이곳은 차나무가 기원한 곳으로 여겨지는데, 여기서 만들어진 홍차가 아삼 홍차와 견주어 맛과 심지어 외형까지 비슷한 점은 흥미롭다. 윈난은 이런저런 이유로 1939년에야 홍차를 생산하기 시작했다. 아삼에 비해 100년이나 늦었지만, 현재 윈난은 중국에서 홍차를 가장 많이 생산하는 지역이다.

운남홍차雲南紅茶는 어떤 홍차보다 더 쉽게 구분된다. 이 지역 밖에서는 알려지지 않은 대엽종으로 만드는 유일한 홍차로, 싹이 유난히 두툼하며 잎이 두껍고 부드럽다. 찻잎은 싹의 비중이 높아서 주로 황갈색을 띠고, 독특한 차의 향 역시 강하고 활력 있는 개성을 지닌다. 그래서 한 프랑스 차 전문가는 운남을 '차의 모카'라고 부른다.

운남홍차는 최근에 만들어진 차임에도 불구하고 이미 세계 최고의 홍차들과 어깨를 나란히 하고 있다. 아침 시간의 즐거움으로 이와 견줄 만한 것이 없어서 이 차를 향한 갈망이 종일 계속될 정도다. 특히 황금색을 띠며 차 중에서 가장 아름다워 이름도 그에 맞게 운남금아雲南金芽라고 불리는 차를 만난다면 더할 나위가 없다. 운남금아는 더 이상의 찬사를 보낼 수 없을 정도로 훌륭하다. 운남홍차는 윈난 성 남쪽 끝에 있는 멍하이勐海에서 주로 생산된다.

보이차

보이차普洱茶는 흑차黑茶로 분류되는 중국의 신비로운 차다. 쿠빌라이 칸의 군대가 보이차를 윈난에서 중국 전역으로 퍼뜨렸을 당시에도 이미 존재하던 오래된 차다.

보이차의 제다법은 명나라 때처럼 오늘날에도 엄격히 보호되는데, 과거에는 보이차를 생산하는 산속 다원에 침입하기만 해도 사형에 처해졌다. 1680년 청나라 조정은 연간 공차 조달량을 3만2500킬로그램으로 늘렸고, 오래된 차 시장 마을의 이름을 따서 '보이(푸얼普洱)'라는 이름을 붙였다. 매년 한 차례씩 차를 운반하는 대상단이 이 마을에서 출발했다.

보이차의 놀라운 맛과 성질이 어떻게 만들어지는지는 국가 기밀이지만, 모든 중국인은 보이차를 즐겨 마시며 보이차가 없는 삶은 상상조차 못한다. 보이차 탄생에 관한 한 가지 가설은 다음과 같다. "옛날에는 말을 탄 대상들이 보이차를 생산지에서 푸얼 현으로 운반할 때 열대우림을 통과해야 했다. 이 과정에서 공기 중에 있는 수분이 찻잎을 발효시키고(아마 곰팡이가 피었을 것이다) 차 맛을 풍부하게 했다. 사람들이 자연스럽게 발효된 차의 풍미를 좋아하자 차 생산자들은 보이차에 발효과정을 도입하기 시작했다. 찻잎이 신선할 때 풍미가 가장 좋은 녹차와 달리 보이차는 오래될수록 좋아진다."

보이차는 알려지지 않은 박테리아를 완제품에 분무한 후 2차 발효과정을 거치는 것으로 보인다. 이를 통해 쿰쿰한 맛과 향 혹은 경이로울 정도로 풍부한 감미로움을 지닌 차로 변하는지도 모른다. 최고의 보이차는 수십 년의 숙성과정을 거친다.

보이차의 원료는 대부분 녹차이며, 산차散茶나 단병차 형태로 만들 수 있다. 이렇게 다른 형태로 만들어진 보이차는 흙냄새를 풍기는 것에서 우아함이 느껴지는 것까지 맛과 향의 폭이 넓어서 다른 유형 혹은 다른 영역의 차로 간주해야 할 정도다.

중국에서 수출되었거나 중국 외부에서 목격된 최초의 보이차는 1806년 중국 황제가 영국 왕에게 선물로 보낸 단병차 형태의 보이차 네 덩어리였다. 유감스럽게도 영국 왕의 반응은 기록되어 있지 않다. 미국의 차 검역관들은 보이차에서 곰팡이 같은 냄새가 난다고 하여 이 차의 수입을 금지하는 규정을 만들었는데, 바로 이 냄새가 보이차 생산자들이 진정한 차를 만들기 위해 부지런히 일해 만들어낸 결실인 것이다!

최근 들어 현대 과학이 보이차의 건강상 이점을 조사하고 있지만, 보이차는 중국계가 아닌 사람들에게 여전히 생소하다. 중국에서는 콜레스테롤을 줄여준다고 알려져 식사 중이나 식사 후에 소화제 삼아 일상적으로 이 차를 마신다. 생보이차인 타차沱茶(일반적으로 사발 모양으로 생긴 보이차를 말한다—옮긴이)는 약만큼이나 효과적으로 혈전을 제거해 혈관을 깨끗하게 해주는 것이 임상적으로 증명되었고, 이런 이유로 타차는 차 소비량이 많지 않은 프랑스에서 소비되는 모든 차의 4분의 1을 차지한다.

가향차

역사상 꽃에 가장 매료된 시기는 명나라 때였다. 꽃무늬 도자기의 시원을 거슬러올라가면 대부분 명대에 이르며, 꽃 한 송이에 사로잡힌 감정은 꽃 그림과 자수, 서사시에서까지 다양하게 묘사된다.

그렇게 꽃을 사랑했던 사람들의 기여로 꽃 향을 입힌 차가 처음 탄생했다. 황제들은 이미 엄청나게 비싼 식물성 오일로 향을 입힌 차를 알고 있었지만, 꽃은 풍부하고 값이 싸서 중국 중산층이 구매할 만한 가향차를 만드는 데 사용할 수 있었다. 명 왕조의 차 교본이었던 『차보茶譜』는 연꽃 차를 계화, 난초, 치자, 오렌지, 장미, 재스민 등 '달콤한 꽃'으로 만들어진 차와 구분했다.

좋은 것이 너무 많아지면 질리듯, 이렇게 향을 입힌 차가 범람하자 명나라 말부터 청나라 초 무렵에는 상류층이 가향차를 '노비들의 차'로 깎아내렸다. 그러나 예외적으로 재스민 차는 중국 북부에서 지금도 여전히 즐겨 마시며, 클리퍼선에 실려 서양에 처음 수출된 19세기 이후 세계에서 가장 유명한 가향차가 되었다.

재스민 향을 입힌 녹차는 중국 내 최소 7곳의 성에서 생산된다. 그중 최고는 타이완 해협 맞은편에 있는 푸젠 성의 푸저우 인근에서 생산되는 제품이다.(타이완에서도 가끔 주목할 만한 재스민 차가 생산된다.) 최고의 재스민 차는 4월 초에서 5월 말까지 채엽된 우전 녹차로 만든다. 이때 채엽한 찻잎을 증기로 찌는데, 그렇게 해야 향을 잘 흡수하기 때문이다. 이렇게 만든 녹차는 재스민이 꽃을 피우는 8월 한여름까지 보관한다.

재스민 꽃은 정오 무렵 꽃봉오리가 단단히 닫혀 있을 때 딴다. 해질녘 온도가 내려가서 봉오리들이 피어나기 시작하면(이때 희미하게 퐁퐁 터지는 소리가 난다고 한다) 가향 작업을 시작한다. 오늘날은 온도와 습도가 조절되는 기계로 꽃과 차를 섞는다. 어떤 재스민 차는 두세 번으로 끝내지만, 최상품은 꽃을 차의 두 배나 들여 이 과정을 대여섯 번 되풀이한다. 가향 작업이 마무리되면 꽃에서 나온 수분을 제거하고 곰팡이가 피는 것을 막기 위해 차를 다시 건조한다. 꽃잎은 보통 모두 제거하지만, 가끔은 차가 매력적으로 보이게 하기 위해 일부 남겨두기도 한다.

싸구려 재스민 차에서는 불쾌한 맛이 나지만, 인호銀毫 재스민 같은 최상품은 뛰어난 섬세함으로 삶의 즐거움을 알려주기까지 한다. 이언 플레

| 펄 재스민.

밍의 소설 속 주인공인 제임스 본드도 인호 재스민 차를 열렬하게 즐긴다. 인호의 다음 등급으로는 춘풍春風, 춘하春毫 등급이 있다.

순수하게 향의 강도만 놓고 보면, 최근 새로 개발된 펄 재스민이 모든 재스민 차를 압도한다. 한정 수량만 생산되는 펄 재스민은 대부분 손으로 둥글게 뭉쳐서 만들며, 찻잔 안에서 펼쳐지며 향을 내뿜는다. 지독한 냉혈한만 아니라면 누구나 이 향에 매혹될 것이다.

중국인들은 녹차와 우롱차, 심지어 홍차에도 서양인에겐 낯선 목련, 죽절초 등 이국적인 꽃으로 향을 입힌다. 내가 좋아하는 향은 계화인데, 유명한 향수에도 사용되는 귀한 꽃이다. 계화 향을 입힌 차는 홍차지만 녹차의 떫은맛과 바디감, 가벼운 과일 맛을 낸다.

중국인들이 가장 좋아하는 꽃차인 재스민 차와 달리, 장미 향을 입힌 차는 수출용으로만 생산된다. 가향 방법은 재스민 차와 동일하지만 사용되는 꽃이 장미이고, 베이스가 되는 차가 홍차라는 점이 다르다. 장미 향을 가향한 홍차는 차라기보다 장미 꽃다발같이 풍성한 향이 나며, 단독으로 마시기보다 주로 블렌딩에 사용된다.

중국인들이 좋아하는 몇 안 되는 홍차 가운데 리치荔枝 향을 가향한 차가 있다. 리치는 중국 남부에서 가장 유명한 과일 중 하나로, 시인들은 희고 부드러운 리치의 과육을 백옥에 비유하기도 했다. 이 상하기 쉬운 섬세한 과일은 1000년 이상이나 중국에서 '양귀비의 미소'로 불려왔다. 당 현종玄宗은 중국 역사에서 가장 아름다운 여자로 여겨지는 양귀비에게 완전히 빠졌다. 황제는 양귀비의 미소를 보기 위해 그녀가 좋아하는 신선한 리치를 당나라 수도까지 밤낮으로 말을 달려 공수해오게 했다. 리치 차는 이 이국적인 과일의 달콤하고 시큼한 추출액으로 향을 입힌 홍차다.

랍상소우총도 가향된 것이 분명하다. 다만 꽃이 아닌 연기로 가향한다는 점이 다르다. 홍차를 소나무 연기 가득한 방에서 훈연하는데, 이 연기는 찻잎을 코팅하는 수준이 아니라 아예 찻잎에 스며든다. 그래서 랍상소우총이 들어 있는 차통을 열면 향이 솟아올라 사람들을 맞이한다. 의심 많은 중국인들은 차에 연기를 입히는 미개한 행위가 중국에서 결코 일어날 수 없다고 장담한다. 중국에서는 랍상소우총에 관해서 들어볼 기

| 랍상소우총 원산지인 우이산武夷山시 퉁무桐木 촌으로 가는 길(위)과 랍상소우총 생산 공장.

회가 거의 없다. 나는 영국 작가 제이슨 굿윈의 책 『차를 위한 시간』의 한 페이지를 그들에게 보여주었는데, 우이 산 깊은 곳에 있는 랍상소우총의 원산지를 찾아가는 과정을 묘사한 부분이었다.

마치 붉은 시럽 같은 우린 차는 맛이 굉장히 풍부하다. 향은 거센 바람 속에서도 맡을 수 있을 정도로 강하다. 랍상소우총의 대단한 애호가였던 윈스턴 처칠 경은 항상 이 차에 스카치 위스키를 섞어 마셨다. 중국이 해외 무역을 하지 않는 동안에는 타이완이 크게 뒤처지지 않는 유사품을 랍상소우총 애호가들에게 공급했고, 이 차 역시 지금껏 음용된다.

황차

'황색 차'라는 의미로, 중국차 여섯 종류 중 하나다. 녹차와 비슷하지만 '황탕황엽黃湯黃葉(황색 수색에 황색 잎)'이라는 특징을 얻기 위해 찻잎을 쌓아두는 추가적인 '민황悶黃' 과정을 거쳐야 하는 것이 다르다. 민황은 쌓아둔 차를 덮거나 싸서 습기를 유지한 채로 25~35도에서 잎이 노랗게 될 때까지 숙성하는 과정이다. 황차는 잎의 크기에 따라 세 가지 유형으로 나뉜다. 그중 '황아차黃芽茶'는 '싹'으로 만들어졌다는 의미이며, '황소차黃小茶'는 '작은 잎', '황대차黃大茶'는 '큰 잎'으로 만들어졌다는 의미다. 황차의 역사는 2000년이 넘는다.

6장 | 일본 차

차와 상상력이 만났을 때

차가 즐거움을 가져다주고 사람의 문화와 상상력을 확장시킬 수 있음을 보여주는 본보기가 바로 일본 차다.

805년 여름, 당나라에서 공부를 마치고 돌아온 승려 사이초最澄가 처음으로 차를 일본에 들여왔다. 하지만 중국의 천태종이 널리 퍼져 있었던 그때만 해도 차는 주목받지 못했다. 1200년 중국에서 돌아온 또 다른 불교 승려 에이사이가 두 번째로 차를 들여오고 선종이 유행하기 시작했다. 이후 일본에서 차와 선종은 불가분의 관계가 되었다. 심지어 오늘날의 녹차 아이스크림도 다도용 가루차를 사용해 제대로 만든 것이라면 차와 불교, 일본 문화의 합작이라고 말할 수 있다.

일본인은 차뿐만 아니라 차와 관련된 모든 것을 독자적으로 훌륭히 보존해왔다. 그러다 1862년 나가사키의 한 여성이 최초로 차를 외국에 실어 보냈다. 이때부터 일본 녹차의 인기는 제2차 세계대전 발발 이전까지 절정에 달해 미국 차 시장의 5분의 2를 차지할 정도였다. "아, 시간이여, 관습이여O tempora o mores!"(마르쿠스 키케로가 남긴 말로, 현시대를 원망하거나 풍자하는 말로 자주 인용된다.—옮긴이) 현재 일본에서 수출되는 차는 전체 생산량의 1퍼센트도 안 된다. 그러니 일본 차를 제대로 알 수 있는 단 하나의 확실한 방법은 일본에서 생활하는 것밖에 없다.

그럼에도 불구하고 나는 감히 주장한다. 지구상에서 가장 고위도에서 생산되는 차 가운데 하나는 일본 녹차이며, 그 대부분은 도쿄 남부, 즉 혼슈本州 섬의 시즈오카靜岡 현에서 생산된다. 일부는 교토京都 인근의 전설적인 차 재배지인 우지宇治에서도 생산된다. 약 480제곱킬로미터의 재배 면적에서 매년 10만 톤 정도의 차가 생산되니 확실히 세계적인 차 생산지다. 이렇게 대규모 수확이 가능한 것은 짙은 안개를 머금은 온난다습한 기후 덕분이기도 하고, 일본인들이 발명한 자동 기계로 채엽을 하기 때문이기도 하다. 차나무는 길고 둥글게 열을 맞춰 재배되는데, 그 모습은 마치 굽이치는 녹색 물결을 연상시킨다. 이런 재배 형태는 기계식 채엽에 편리하다.

• 옥로차

'옥로차玉露茶'는 일본의 최고급 차이며, 세계적으로도 가장 비싼 차에 속한다. 연녹색을 띤 황금빛으로 우러난 찻물은 이 차가 가진 고유의 향이나 맛의 농밀함, 혹은 입안을 가득 채우는 섬세한 풍미를 더 신비롭게 만든다.

1835년 야마모토山本 가문이 개발하여 처음으로 판매된 옥로차는 매해 첫 번째 싹이 올라오는 5월 초부터 3주간 그늘진 차나무 밭에서 생산한다. 과거에는 다원을 덮는 대나무 차양을 설치했지만, 지금은 곡선으로 열 지어 있는 차나무를 견고한 천막으로 간단히 덮어씌운다. 햇빛이 차단된 채 덮개 아래서 자란 찻잎은 더 많은 엽록소를 생산하는데, 이로 인해 일반적인 찻잎보다 녹색이 더 짙어진다. 반면에 폴리페놀은 더 적게 함유돼 달고 부드러운 맛을 낸다.

채엽된 찻잎은 곧장 증기로 살청되어 납작하고 뾰족한 바늘 모양의 진녹색 차로 가공된다. 우지 지역에서는 이처럼 그늘에서 자란 잎을 조금 다르게 가공하는데, 이것이 작게 잘라 보관하는 덴차碾茶다. 이는 다도용 차인 말차의 전 단계인데, 말차는 미세하게 분쇄된 가루차로 겨울에는 한 달 정도, 여름에는 더 짧은 기간 동안만 신선함을 유지하기 때문에 말차가 되기 전에 덴차의 형태로 보관되는 것이다.

옥로차와 덴차는 일 년에 한 번만 생산된다. 왜냐하면 봄 찻잎이어야

| 일본 교토 미나미야마시로南山城村에서 기르는 우지차宇治茶.

만 하고, 또 햇빛이 차단되어 에너지를 빼앗긴 차나무가 회복되려면 시간이 걸리기 때문이다.

• 센차

일본의 연간 차 생산량의 약 4분의 3이 센차煎茶로 분류된다. 솥에 덖은 중국 녹차와 비교하면 일본의 센차는 증기로 찌는 독특한 방법으로 가공되는데, 신선하고 활력 있는 일본 녹차의 비결이라 할 수 있다. 이런

가공법은 단맛, 쓴맛, 짠맛, 신맛 중 어디에도 속하지 않는 맛의 영역을 창조했는데, 이 새로운 맛을 일본어로 '우마미うま味'(우리나라에서는 감칠맛이라고 표현한다—옮긴이)라고 한다.

모든 센차가 같은 수준으로 생산되는 것이 아님에도 불구하고 센차는 언제나 세계적으로 가장 독특하고 비싼 차 가운데 하나로 대접받는다. 품질은 일반 수준에서 최고급까지 다양하며, 최상품은 특별한 의식에 쓰이기 위해 완벽하게 보관된다. 보통 가장 좋은 센차는 처음 채엽한 찻잎으로 만든 이치방차一番茶, 즉 첫 번째 차로 알려진다. 이치방차는 니방차二番茶로 불리는 두 번째 차보다 부드럽고 섬세하다. 니방차는 5월 보름 이후 채엽되고, 따라서 햇빛 아래서 더 강하게 자란다.

한편, 가장 좋은 센차도 오늘날엔 기계로 채엽된다. 옥로차와 마찬가지로 센차도 뜨거운 수증기로 먼저 찻잎을 살청하는 것으로 가공이 시작된다. 위조과정을 통해 수분을 날리고 마지막으로 유념을 되풀이한 후 재빨리 건조시키는데, 이렇게 하면 한때 '거미 다리'라 불렸던 바늘 같은 찻잎을 얻게 된다.

채엽과 가공과정 때문에 센차는 찻잎 부스러기와 가루가 비교적 많다. 찻잎이 그다지 단정하지 않아서인지 몰라도 센차는 늘 개완이 아닌 찻주전자에 우린다. 센차에서 우러나는 감칠맛은 찻잎에 함유된 아미노산 성분 때문이며, 이 성분은 살청과정에서도 파괴되지 않는다. 은은하고 섬세한 풀 향기는 구수한 채소 맛이 나는 중국 녹차와는 또 다른 개성을 갖는다.

규스

'찻주전자'를 뜻하는 일본어다. 잎차처럼 찻주전자도 1690년경까지는 일본에 소개되지 않았으며, 센차도 1800년대 초 이전에는 널리 보급되지 않았다. 일본에서는 바닥이 둥근 찻주전자가 물과 찻잎이 자유롭게 회전할 수 있기 때문에 가장 맛있는 차를 우려낸다고 여겼다. 규스急須에 반드시 옆 손잡이가 달렸다고 생각하기 쉬운데, 그렇지 않다. 다만 그런 찻주전자가 일본 차를 위해 이상적인 형태인 것은 사실이다. 일본에서 "단순성의 완벽함"이라고 표=현하는 것에 부합하게, 옆쪽에서 곧게 뻗어 나온 손잡이는 센차를 준비하는 동안 찻주전자를 완벽하게 다룰 수 있게 해준다. 규스는 미세한 기공이 있는 점토로 제작되며, 주전자 안쪽에 유약을 바르지 않기 때문에 차 향을 어느 정도 품어 유지해주기도 한다. 일본에서는 일상에서 차를 마실 때는 물론 '다도'에서도 규스를 이용해 왔다. 일본식 다도는 찻잎은 맑게, 물은 적게 하여 짧게 우리기를 반복하는 것이 특징이다.

• 반차, 구키차, 호지차, 현미차

일본 차는 찻잎이 자라는 동안 네 번 채엽된다. 마지막으로 채엽되어 쉰 잎은 반차番茶로 만들어진다. 반차는 '마지막 차'라는 의미다. 차나무를 가지치기하여 얻은 작은 가지도 구키차茎茶를 만드는 데 사용된다. 이

차는 풍족하지 않았던 과거의 유물이기도 하다. 구키차를 만들 때 잔가지를 제거하는 작업은 차나무를 관리하는 과정이기도 한데, 차나무가 길고 힘든 시간을 보내야 하는 겨울 동면이 오기 전에 실시된다.

반차는 센차보다 카페인이 적고 풍미도 약해 거의 수출되지 않는다. 차에 관한 지식이 풍부한 친구들은 반차도 훌륭한 차라고 내게 장담한다. 나도 이 같은 견해를 의심하고 싶지는 않다. 왜냐하면 반차는 특히 일부 덕망 높은 승려들에게 사랑받은 역사가 있기 때문이다.

제대로 만들어진 반차를 볶으면 호지차焙じ茶가 만들어진다. 이렇듯 볶는 과정은 1920년 교토의 한 상인이 개발했는데, 그는 팔리지 않아 묵은 반차를 두고 고민하다가 반차를 볶아 새로운 맛과 가벼운 갈색을 띠는 호지차를 탄생시켰다.

반차 혹은 드물게 센차는 현미차玄米茶(우리나라의 현미녹차가 이에 해당된다—옮긴이)의 기본 차로 이용된다. 현미차는 반차나 센차에 탈곡 후 삶아서 볶은 쌀알을 첨가한 차로, 진정 정신이 맑아지는 특별한 맛을 낸다. 차를 구입할 여력이 없었던 농민들은 직접 재배한 쌀을 볶은 뒤 차에 섞어 차의 양을 늘렸다. 소꼬리 곰탕이나 강냉이죽 같은 소박한 음식들도 상황에 따라 일본 식도락가들이 기꺼이 즐기는 음식이 된 것처럼, 현미차도 유행을 선도하는 일본 도시인들이 받아들여 애용되기에 이르렀다.

현미차는 일본을 넘어 세계로 전해진 선물로, 판매량으로 치면 전 세계가 점점 이 차에 고마움을 느끼는 듯하다. 아마도 외국에서 가장 인기 있는 일본 차를 꼽으라면 현미차가 으뜸일 것이다.

말차 다완

일본 다도에서 말차를 만드는 데 쓰는 사발의 일종이다. 이 사발은 두 가지인데, 송나라식인 개방형은 여름용으로 납작한 형태이며, 겨울용 다완은 몸체가 좀 더 수직에 가까우며 주둥이가 두껍다. 말차 사발은 도자기의 종류에 따라 구분되기도 하는데, 라쿠, 시노, 가라쓰, 오리베, 하기 등으로 나뉜다.

7장 | 타이완 차

아름다운 차의 섬,
포모사

타이완 우롱차가 포모사라 불리는 것은 스리랑카 차가 실론이라 불리게 된 것과 같은 맥락이다. 포모사 말고는 어떤 이름으로도 지금처럼 잘 팔리지 않았을 것이다. '포모사formosa'는 '아름답다'라는 의미의 라틴어다. 포르투갈 탐험가들이 최초로 타이완을 포모사라고 부르면서, 과거에 알려졌던 섬의 다른 이름들이 이 이름으로 대체되었다. '타이완'이란 이름은 1644년 이후 청대에 이르러 사용되기 시작했고, 몇 세기 전부터 중국인들이 이곳에 거주하기 시작했다. 타이완의 원주민은 오스트로네시아인이며 말레이인과 같은 민족이다.

이 섬에서는 아주 최근에 차가 재배되기 시작했다. 린펑츠林鳳池가 1850년 처음으로 차나무를 심은 것으로 알려져 있는데, 푸젠 성 우이 산에서 우롱차 차나무를 들여왔다. 푸젠 성은 타이완에서 해협을 건너면 바로 닿는 가장 유명한 우롱차 생산지다. 이 차나무들은 타이완에서도 매우 잘 자랐다. 1869년경 도스라는 영국인이 처음으로 포모사 우롱차를 뉴욕에 수출한 것만 봐도 이를 확인할 수 있다. 린펑츠 가문은 여전히 둥딩凍頂 산 높은 곳에서 차를 재배하고 있는데, 이 산에는 오래된 차나무 몇 그루가 지금도 자라고 있다. 100년간의 혼란기에 중국에서 차가 억압받고 무시되는 동안 타이완은 오랜 역사를 지닌 중국차 전통을 보존하는 피난처가 되어주었다. 차는 중국 문화의 본질이자 생기를 불어넣는 활력이다. 이런 차 문화와 가장 관련 깊은 사람들 중 일부가 중국에 공산국가가 세워진 후 타이완으로 망명했다. 1987년까지 타이완은 계엄령 아래 있었다. 그러나 계엄령이 풀린 후 타이완의 티하우스는 송나라 때부터 번성했던 사회문화적 공간으로 기능하면서 차 문화를 다시 꽃피웠다.

오늘날 타이완 문화는 좋은 차를 알아보고 좋은 차와 함께하는 모든 것을 중시한다. 이런 분위기가 역으로 중국에 확산되고 있다. 일본처럼 타이완도 젊은 세대가 주도하는 격동기 문화가 전통에 스며들면서 발생하는 온갖 변화를 목격하고 있다. 타피오카(카사바라는 열대 나무에서 채취한 식용 녹말—옮긴이)를 첨가한 버블티가 그런 예다. 동시에 타이완 차문화협회는 유서 깊은 중국 다원을 다시 개발하고 가공법을 현대화하는가 하면 훌륭한 차들을 해외에 홍보하는 데 앞장서고 있다. 타이완 차 대부분은 이제 티하우스 문화가 번성한 국내에서 자체적으로 소비된다. 수출량은 연 평균 9000톤에 불과하며, 그중 대부분이 매우 고가품으로, 일본에 수출된다. 일본이 1895년부터 1945년까지 타이완 차 산업을 성장시켰고, 이 식민 통치 기간 동안 타이완 차 맛에 익숙해 진 탓이다.

도시화로 차 재배지가 점점 줄어들면서 차 종사자들은 산악 지대에 다원을 만들고 있다. 고지대에서는 차나무를 심고 재배하기가 까다롭고 채엽도 쉽지 않지만, 이곳 사람들은 맛과 향이 매우 훌륭한 차를 생산한다. 타이완 최고의 우롱차는 세계 최고의 차라고 말할 수 있을 정도다. 수출업자들은 타이완 우롱을 편리하게 옥색 우롱, 호박색 우롱 혹은 샴페인 우롱으로 분류한다.(수색에 따른 분류로 보통 옥색 우롱은 산화를 약하게 시킨 것, 호박색 우롱은 산화를 많이 시킨 것을 말한다.—옮긴이)

• 바오종, 옥색 우롱차, 호박색 우롱차

우롱 또는 부분산화차는 녹차도 홍차도 아니며, 그 자체로 하나의 차로 분류된다. 중국 우롱차에 대해 말할 때 나는 되풀이되는 유념과 산화, 그리고 차가 완성될 때까지 잎을 건조시키는 과정을 묘사한다. 어린잎은 우롱차의 거친 가공과정을 견디기 힘들다. 녹차나 홍차에 쓰이는 섬세한 어린 싹과 두 개의 잎보다 좀 더 억센 잎이 사용되는 이유다.

이런 까닭에 새로운 잎이 처음 올라오는 봄에는 채엽하지 않고 5월 말까지 좀 더 자라게 놔둔다. 이후부터 8월 중순까지 우롱차를 만들 찻잎을 채엽한다. 우롱차는 싹 하나와 두 개의 잎이 아니라, 잎 대여섯 개가 달려 있는 새로 돋아난 줄기 전체를 따서 만든다. 그래서 옥색 우롱과 호박색 우롱에는 줄기나 잔가지가 어쩔 수 없이 남아 있다.

옥색 우롱차의 우린 찻잎을 보면 가장자리에 갈색 띠 같은 것이 보이는데, 이는 매우 약하게 산화되었음을 보여준다. 이보다 산화가 훨씬 덜 된 차는 타이완에서 우롱차라 부르지 않고 바오종·포우총包種이라는 이름으로 판매되는데, 거의 녹차에 가깝다. 바오종은 만들어낼 수 있는 가장 섬세한 옥색 우롱차로도 알려진다.

옥색 우롱과 바오종을 우린 수색은 황금색을 띠며 향 또한 섬세하면서도 어떠한 녹차 향보다 더 뚜렷하다. 향이 가장 진하게 살아 있는 옥색 우롱차는 타이완 중부 난터우南投 현에 있는 아리阿里 산과 둥딩 산에서 생산된다. 이렇듯 최고 품질의 우롱차를 마시면 봄날 숲 속을 거니는 듯한 느낌이 든다.

철관음 품종으로 만들어지는 호박색 우롱차는 옥색 우롱차보다 더 여러 번 우려낼 수 있고, 수색은 오렌지색보다 호박색에 가깝다. 맛과 향이 풍부하며 철관음 특유의 긴 여운을 남기는 달콤함이 있으면서도 고소하다. 이런 차이는 차나무 품종이 다른 데서 비롯되기도 하지만, 가공과정에서 더 많이 산화되기 때문이기도 하다. 이런 차이를 숫자로 측정하는 것이 가능하다면, 20~40퍼센트 정도 산화되는 호박색 우롱차에 비해

| 아리 산의 다원.

옥색 우롱차는 평균 10~15퍼센트 정도 산화되었으리라 추정된다.

• **백호오룡**

'백호오룡白毫烏龍'이라고도 하는 '포모사 우롱'은 대부분 타이완 섬 북쪽 끝에 있는 타이베이台北 인근의 해발고도 약 300미터 고지대에서 자라는데, 이곳은 포모사 품종인 청심우롱青心烏龍이 번성하는 곳이다.(포모

사 우롱은 타이완에서 생산되는 우롱차 전체를 말할 때도 있고, 백호오룡만을 의미할 때도 있다.—옮긴이)

전통적으로 약 60퍼센트 정도를 산화시키는 이 고전적인 차는 맛과 향, 외형이 매우 독특하다. 향이 굉장히 화려해 마치 익은 복숭아의 맛과 향같다. 홍차에서 느껴지는 쓴맛과 떫은맛은 전혀 없다. 어떤 차보다 섬세하고 과일 향이 강한 이 포모사 우롱(때론 동방미인東方美人이나 샴페인 우롱이라고도 부른다)은 부드럽고, 바디감이 있으며, 풍성하면서 가볍다. 최고 등급은 팬시fancy와 팬시스트fanciest로 매겨진다.

포모사 우롱은 샤오뤼예찬小綠葉蟬이라는 차 벌레가 나타난 후인 6월이 되어야만 생산된다. 차 벌레가 찻잎을 갉아먹기 시작하면 차나무가 방

다양한 등급의 동방미인.

어용 화학물질을 만들어 반응하는데, 이 화학물질이 귀한 '흰색 싹'을 만든다. 샤오뤼예찬은 다르질링 홍차의 무스카텔 향을 만들어내기도 한다.

옥색 우롱과 호박색 우롱의 건조한 찻잎은 공처럼 둥글게 말린 형태다. 반면에 전통적인 포모사 우롱은 딱딱하고 부서지기 쉬우며, 유념과정을 거쳐 가늘게 말린 잎의 형태다. 녹색과 검은색, 흰색 반점 같은 것이 무질서하게 섞여 있고 전체적으로 붉은색을 띤 갈색이다. 그래서 외관상으로는 중국 수미차의 먼 친척처럼 보일 수 있다.

차 종사자들은 포모사 우롱을 팔팔 끓인 물에 7분 정도 우릴 것을 권한다. 가장 좋은 맛을 얻을 수 있기 때문이다. 호박색 우롱은 95도 정도, 옥색 우롱은 90도 정도가 적당하다. 이 두 종류의 우롱차는 2~3분 정도 우렸을 때가 가장 맛있다.

미국과 중국의 관계가 나빴던 1972년 이전까지 타이완은 다양한 중국차를 모방해서 수출했다. 그러나 이제는 중국 한족의 뿌리를 갖고 있는 타이완의 하카客家 족이 그토록 오랫동안 생산했던 홍차조차도 세계 시장에서 경쟁력을 잃어가고 있다. 일본처럼 타이완도 수입하는 차가 더 많은 나라가 되어갔는데, 이는 농업 인구가 감소하고 땅값도 급등했기 때문이다. 그러나 다른 차는 몰라도 한 분야에서만큼은 타이완 차 산업이 원래의 뿌리로 돌아왔다. 다른 곳에서 생산되는 그 어떤 차와도 같지 않고 분명하게 타이완 고유의 차 맛을 지닌 우롱차로 말이다.

둥딩 우롱, 아리 산 우롱, 리산梨山 우롱 등 생산지에 따른 우롱차의 인지도가 점점 높아지면서 다른 어떤 차도 이렇게 선명한 맛의 차이와 섬세한 경험을 차 애호가들에게 제공할 수 없게 되었다. 타이완식 고품질 우롱차는 베트남, 최근 들어 뉴질랜드에서도 생산되고 있다. 뉴질랜드에서는 타이완 사람들이 '질롱' 이라는 차 회사를 운영하고 있기도 하다.

8장 | 인도 차

세계 최대의 홍차 생산국

오늘날 인도는 세계 최대의 홍차 생산국이자 소비국이다. 첫 생산 이후 겨우 150년 남짓 지났지만 현재 경작지가 4000제곱킬로미터 이상이고, 200만 명이 넘는 사람이 차 산업에 종사한다.

중국에서는 농민들이 차와 다른 작물을 소규모 땅에서 함께 재배하는 데 비해, 인도의 차 산업은 대규모의 기업형 농장이다. 오늘날엔 매년 80만 톤 이상의 홍차를 생산하는데, 이 중 약 10퍼센트는 여전히 정통 방식으로 생산된다.

경제적 이유로 인도 홍차는 점점 CTC 기계로 생산되고 있다. CTC 홍차는 생산에 필요한 노동력이 적게 들고, 티백 제품을 만들기에 적합하며, 같은 분량으로 더 많은 양을 우릴 수 있다. 하지만 CTC 홍차는 홀리프 혹은 조각난 찻잎이 아니라 거의 가루가 된 찻잎을 뭉친 것이므로, 가장 우수한 CTC 홍차라 해도 음미할 만한 향이 없다시피 하다. 정통 방식으로 가공된 좋은 아삼이나 닐기리 홍차에 버금가는 CTC 홍차는 존재하지 않는다. 다르질링에서는 CTC 홍차를 전혀 생산하지 않는다.

인도에서도 어느 정도 질이 좋은 녹차를 생산한다. 칸그라 지역의 데라둔 인근이 주목할 만한 녹차 생산지다. 이곳에서 중국종 차나무가 재배되며, 다르질링과 닐기리의 일부 다원에서도 중국종 차나무가 재배된다.

• 홍차 라벨에 숨겨진 의미

많은 사람이 '오렌지 페코'라는 용어를 들어봤겠지만, 이것이 차의 종류가 아니라 '잎의 크기'임을 아는 사람은 드물다. 그밖에도 찻잎의 크기를 나타내는 이름들이 있고, 보통 라벨이나 카탈로그에 표시된다.

이 용어들의 의미를 알면 홍차의 정통 가공법을 이해하는 데 도움이 된다. 홍차 생산은 실제로 채엽에서 시작된다고 봐야 하는데, 고급 채엽과 저급 채엽이 있다. 고급은 싹 하나와 잎 두 개만 따는 것을 의미한다. 반면 저급은 차나무 가지 끝의 어린잎을 포함해 더 많은 찻잎을 따는 것을 말한다. 싹은 가지 끝에 달린 아직 덜 핀 잎이다. 싹이 많이 포함된 차는 특별히 '티피Tippy'라고 부르기도 한다.

싹 바로 아래 가장 어린, 가장 최근에 펼쳐진 두 번째 잎을 '페코Pekoe'라 부른다. 페코는 한자어 '백호白毫'에서 유래했는데, '하얀 솜털'을 의미한다. 어린잎이 피면 이틀 정도 은색 솜털이 덮여 있기에 붙여진 이름이다.

싹에서 내려오면서 세 번째, 네 번째, 다섯 번째 잎들은 소우총이라고 불린다. 이들은 저급 찻잎 따기를 할 때만 위쪽의 더 어린 찻잎들과 함께 채엽되며, 좋은 홍차에는 사용되지 않는다. 타이완과 중국에서는 소우총을 우롱차 만들 때 사용한다. 소우총 잎 아래에는 그대로 보존되는 찻잎들이 있는데, 이들은 채엽하지 않는다. 찻잎은 성숙될수록 풍미 성분이 줄어든다.

정통 홍차 가공법은 위조된 녹색 찻잎에 상처를 내고 으깨기 위해 유념기를 사용한다. 그러면 찻잎 세포가 부서져 세포액들이 찻잎 표면으로 나온다. 약 30분 정도 유념한 후 산화과정을 거친다. 그런 다음 오븐처럼 생긴 기계에서 찻잎을 건조한다. 건조를 마친 마지막 단계의 찻잎은 다양한 크기의 조각들로 뒤죽박죽 섞여 있다.

작은 조각은 큰 조각보다 더 빨리 우러나기 때문에 찻잎은 크기별로 분류해야 한다. 홍차를 크기별, 등급별로 구분하는 이유다. 이런 단계를 찻잎 분류과정이라고 말한다. 보통 등급 표시는 찻잎 크기를 나타낸 것이지, 절대로 품질 등급을 매긴 것이 아니다.

오렌지 페코OP 등급은 가장 큰 잎에 매겨진다.(소우총이나 페코 등급은 좀처럼 따로 판매되지 않는다.) 하나의 완전한 찻잎, 즉 부서지지 않은 찻잎

| 홍차 가공 마지막 단계에 있는 분류기.

의 크기를 말한다.(찻잎의 위치에 따라 등급을 매기는 방법 및 명칭은 차 생산지나 전문가에 따라 의견이 분분하다. 저자의 주장도 이런 여러 의견 중 하나다.—옮긴이) 차 생산자가 오렌지 페코 등급의 홍차가 함유하고 있는 싹의 양을 강조하고 싶다면 골든 플라워리 오렌지 페코Golden Flowery Orange Pekoe, 즉 GFOP 등급을 매기면 된다. 싹이 특히 많다고 판단한다면 티피Tippy의 첫 글자를 더해서 TGFOP라고 한다. 다르질링의 일부 다원에서는 앞에 고급Finest을 더해 FTGFOP라고 적기도 한다. 심지어 최고급Super-Fine을 더해 SFTGFOP라는 가장 높은 등급을 매기기도 한다. 실론 홍차의 오렌지 페코는 '오렌지 페코 엑스트라 스페셜 원OP Extra Special 1'

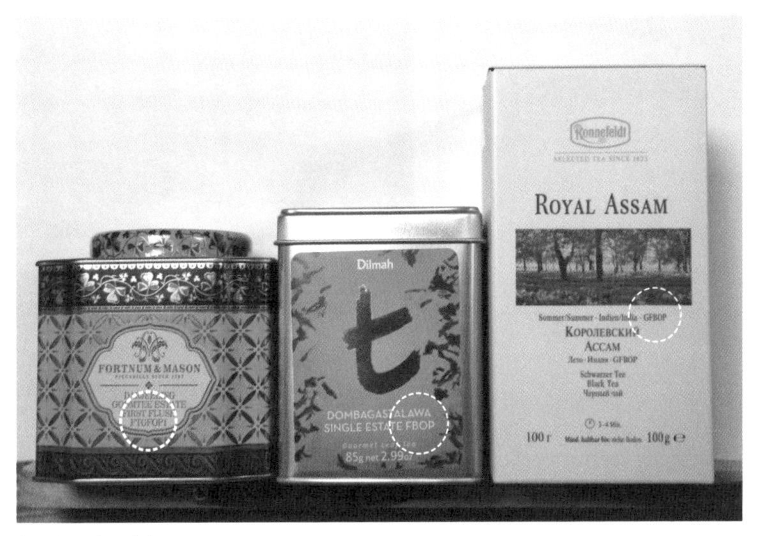

| 홍차 틴에 표시된 등급.

이라고 표시해 더 높은 등급임을 나타낸다.

OP 등급보다 작은 모든 찻잎은 브로큰 등급broken grades인 BOP에 속하는데, BOP는 부서진 오렌지 페코를 의미한다. GBOP는 골든 브로큰 오렌지 페코Golden Broken Orange Pekoe, TGBOP는 티피 골든 브로큰 오렌지 페코Tippy Golden Broken Orange Pekoe다. BOP 등급의 아삼 혹은 다르질링은 FOP 등급보다 가격이 낮지만 풍미가 더 좋을 수도 있다. 차 애호가들은 홍차의 좋고 나쁨을 등급으로 평가하지 않는다.

일반적으로 가장 작은 찻잎 등급인 패닝Fannings과 더스트Dust는 만나기가 쉽지 않다. 주로 티백에 들어가기 때문이다. 하지만 거래할 때는 등급을 매긴다. 예를 들면 PF라고 표시해서 페코 패닝Pekoe Fannings을 나타내는 것이다. 일부 다른 알파벳 약자도 눈에 띄는데, CL은 클로널Clonal을, SPICL은 스페셜 클로널Special Clonal을 말한다. 이 표시는 찻잎이 아니라 차나무를 나타낸다. 다르질링에서 생산되는 녹차에는 모든 등급명 앞에 K를 붙이기도 하는데, 다르질링에서 최초로 녹차를 생산한 리시하트 다원의 매니저 이름에서 따온 것이라고 한다.

인도 홍차의 시작,
아삼

아삼은 지구상에서 가장 넓은 단일 차 재배지다. 브라마푸트라 강으로 나뉘는 방글라데시와 미얀마에 인접한 열대우림 평원에 위치한다. 아삼에서는 홍차만 생산되는데, 훌륭한 홍차가 반드시 고지대에서만 재배되는 것이 아님을 증명한다. 아삼 홍차는 중국 기문홍차나 타이완 우롱처럼 저지대에서 재배되며, 세계에서 가장 강한 홍차 중 하나로 명성이 높다. 확실히 바디감이 강하며 특유의 고유한 몰트 향이 높이 평가된다. 건조한 잎은 운남홍차처럼 황갈색 싹으로 가득 차 있다. 예외적으로 싹이 많이 포함된 아삼은 늘 특별하게 가공되는데, 독특한 과일의 풍미를 느낄 수 있다.

드물게 퍼스트 플러시, 세컨드 플러시로 구분해 판매되기도 하지만, 그

| 아삼의 차밭.

렇다 해도 아삼 홍차의 품질이 떨어지는 일은 결코 없다. 거의 모든 아삼은 강하고 떫으며, 오렌지 빛에서 짙은 적색의 수색을 띠고, 특유의 떫은 맛 때문에 우유나 설탕과 잘 어울린다. 좋은 아삼은 북해 연안에 있는 독일 오스트프리슬란트 지역에서 특히 사랑받으며, 미국에서 생산되는 아이리시 브렉퍼스트를 블렌딩할 때도 선호된다.

오스트프리슬란트 사람들과 아일랜드인들은 전통적으로 밀크티를 즐겨 마시는데, 아삼 홍차만큼 여기에 완벽하게 어울리는 차가 없다. 아삼 홍차에 우유를 부으면 밝은 적갈색으로 바뀐다. 황금색으로 바뀌는 실론 홍차와는 대조된다. 한편 다르질링은 우유를 넣으면 회색빛을 띤다.

인도의 선도적인 사업가 집안에서 운영하는 제이슈리 다원(멜렝, 망갈람, 토콕 다원이 포함된다)은 독자적인 아삼 복제 종을 개발했는데, 찻잎이 금빛 담뱃잎으로 보일 만큼 황금색을 띤다. 제이슈리 다원은 찻잎의 섬세한 솜털을 보존하는 방법뿐 아니라 지구상 어떤 차도 흉내 낼 수 없는 꿀과 몰트의 풍미를 내는 특별한 유념 방법을 개발하기도 했다.

다른 아삼 다원에서도 때때로 P126A 복제종(꿀과 몰트 풍미가 강한 복제종 차나무 파니톨라Panitola 126A—옮긴이) 차나무 잎으로 생산된 차와 매우 유사한 고품질 차를 생산하곤 한다. 이런 식으로 아삼에서도 다르질링 홍차에 필적하는 좋은 차들을 개발해주기를 바라는 애호가들이 많다. 하지만 CTC 홍차 생산량이 증가하면서 정통 가공법으로 생산된 훌륭한 아삼 차가 줄어들고, 차 맛의 미세한 차이도 점차 사라지고 있다. 훌륭한 다원에서 생산되는 큰 잎의 FOP 등급은 맛이 매우 섬세한 데 비해 GFBOP 등급 그리고 더 작은 등급의 홍차는 맛이 좀 센 편이다. 한마디로 아삼은 전 세계 모든 좋은 홍차 중에서 가장 인기 있고 구하기 쉬운 차다.

어퍼아삼

아삼 주의 끝, 중국과 미얀마의 경계에 위치한 차 재배지다. 어퍼아삼의 둠두마 차 재배 단지는 붉은 양토로 이루어져 지역 최고의 차를 생산한다. 영국 통치 시절 어퍼아삼의 시브사가르는 버마아삼으로 불렸는데, 영국이 최초로 토종 차나무를 삽목하여 묘목장에서 번식시킨 것이 이곳 라킴푸르 인근이었다. 이곳을 거점으로 오늘날 아삼의 광활한 차 산지가 형성되었다.

전통과 자부심,
다르질링

다르질링 홍차의 가장 큰 문제는 물량이다. 앞으로도 수요를 충족할 만큼 충분하지 않을 것이기 때문이다. 단적으로 말해 다르질링은 생산 지역도 협소하며 단위면적당 생산량도 아삼보다 훨씬 더 적다. 춥고 높은 지대다 보니 찻잎의 성장도 느리다. 게다가 채엽은 훨씬 더 어렵다. 수확이 좋은 해에도 겨우 1만 톤 정도 생산되고, 이는 인도 전체 차 생산량의 1퍼센트 남짓에 불과하다.

그런데도 다르질링은 의문의 여지 없이 가장 잘 알려진 인도 홍차이며, 다르질링에 맹목적인 열정을 보이는 미식가라면 전 세계에서 가장 뛰어난 미각을 가진 차 애호가라고 할 수 있을 정도다. 프랑스의 위대한 부르고뉴 와인도 그렇듯 다르질링도 드물게 실망스러울 때가 있다. 하지만

다르질링에서 바라본 칸첸중가.

특별한 빈티지에 수확한 다르질링 홍차는 세계 그 어떤 지역에서도 흉내 낼 수 없는 독특한 맛과 향이 두드러져 탁월하다고 밖에 말할 수 없다. 이처럼 축복받은 해에는 왜 다르질링이 그 명성을 누려야 하는지 굳이 설명할 필요조차 없다.

1990년대부터 일부 다원에서 적은 양의 백차, 녹차, 우롱차를 생산하기 시작했다. 품질은 중국보다 못하지만 전망은 있다. 세계에서 가장 높은 봉우리의 하나인 칸첸중가는 다르질링 동쪽에 솟아 있는 주요 볼거리 중 하나다. 하지만 45도가 채 되지 않는 칸첸중가의 경사도 다르질링을 기준으로 보면 거의 평평한 것이나 다름없다. 다르질링에서 60도, 70도에

| 경사가 심한 다르질링의 다원.

이르는 경사에 차나무를 심는 것은 일반적인 일이다.

산악 지대의 가파른 경사는 몬순 기후에서 내리는 많은 비를 처리하는 자연 배수 역할을 한다. 차나무는 해발 1800미터보다 더 높은 곳에서는 잘 자라지 못한다. 히말라야 기슭에서는 550~1900미터 사이에 차나무를 심는데, 이렇듯 다르질링 홍차 대부분이 상당히 높은 지대에서 재배된다. 다원마다 고도가 상이하며, 많은 다원은 남링 다원의 사례를 따른다. 즉 같은 다원에서 재배된 차라 하더라도 저지대에서 재배된 차와 고지대에서 재배된 차를 구별하는데, 예를 들어 '남링 어퍼Namring Upper'

라고 구분해 판매하는 식이다. 다르질링에서도 가장 높은 곳에 위치한 다원은 고팔다라 다원이다.

고지대에서 자랄수록 차의 바디감은 더 가벼워지고 향은 일반적으로 밀도가 높아진다. 그러나 해발고도는 다르질링의 품질을 결정하는 하나의 요소에 불과하다. 경사진 땅 위로 움직이는 구름과 일조량도 차나무에 나름의 역할을 하고 노출, 즉 경사가 면하고 있는 방향도 영향을 준다. 흙의 화학 성분, 온도, 그 지역만의 독특한 강수량 등 여러 변수가 영향을 미치는 또 다른 요소다. 놀랍게도 차 맛에 영향을 미치는 요소에 바람도 한 몫을 한다.

다르질링에서 재배되는 차나무 종류도 다르질링 홍차의 독특함을 설명하는 또 다른 근거다. 대부분이 중국종이거나 중국종과 교배한 나무다. 이런 분포는 중국과 일본, 다르질링과 캅카스 지역을 제외하면 매우 드물다. 중국종 차나무는 인도 토착 차나무인 아삼종보다 추위에 잘 버티지만, 생산량이 훨씬 적고 잎 크기도 더 작다. 중국종 차나무의 작고 두꺼운 잎은 광택 있는 짙은 녹색이며 종종 은색 솜털로 덮여 있다.

부드러운 어린 찻잎이 어느 정도 크면 곧바로 채엽을 해야 하기에, 다원에서 자라는 차나무는 찻잎이 성장하는 기간 내내 7~14일 주기로 직접 손으로 채엽된다. 일반적으로 차나무 한 그루는 1년에 약 100그램 정도의 완성된 차를 생산한다. 이는 평지에서 재배되는 아삼종 차나무 생산량의 3분의 1에도 못 미치는 수확량이다.

다르질링 홍차 1킬로그램은 2만 개 이상의 찻잎으로 이루어지는데, 잎이 큰 아삼종으로 생산한다면 다르질링의 절반인 1만 개면 충분할 것이다. 이 같은 수치는 다르질링 홍차를 생산하는 데 필요한 사람의 노력이 어느 정도인지 가늠하게 해준다.

모든 다르질링은 정통 가공법으로 생산된다. 하지만 오늘날의 다르질링은 과거와는 다른 방식으로 가공된다. 금주법이 미국 와인 산업을 무너뜨렸듯이, 제2차 세계대전과 이어진 인도의 독립은 다르질링의 전통적인 차 가공 방식을 흔들었다.

1950년대 이후 다르질링에서 생산되는 홍차는 독일 차 전문가인 베르트 불프에게 많은 영향을 받았다. 오늘날 모든 다르질링 홍차는 사람처럼 저마다 개성이 뚜렷하다. 막 채엽되어 차 공장으로 옮겨진 신선한 찻잎 '배치batch'는 그 안에 머금은 맛과 향을 구현하기 위해 가공과정에서 복잡한 변주를 거쳐야 한다. 날마다 다원의 다른 구역에서 채엽되는 배치는 별도로 가공되고 포장되어 고유의 식별 번호가 붙여진다. 24시간도 채 되지 않아 신선한 찻잎의 동일한 배치는 번호가 부여된 채 '완성된 차'의 모습으로 상자에 담긴다. 한 배치는 보통 5~10상자 단위로 묶여 경매장에서 단일 로트lot 단위로 판매된다. 차 전문가와 감식가 들에게 봄과 여름에 생산된 각 로트 단위의 다르질링 홍차는 저마다 주목할 만한 개성을 지닌다. 그 고유한 특성의 진가를 인정받으면서 점점 더 많은 소매점에서 미각이 뛰어난 소비자들을 위해 다르질링 홍차를 다원 이름, 수확된 계절, 심지어 식별 번호까지 구분하여 제공한다. 예를 들면 "푸심빙 다원, 퍼스트 플러시, DJ-6"(DJ는 다르질링의 약자—옮긴이) 같은 식이다.

다르질링 홍차의 특징과 성질은 계절에 따라 극적으로 달라진다. 잎은 차나무의 피부 역할을 한다. 잎의 조직과 맛은 날씨와 계절에 따라 계속 변한다. 심지어 한 다원의 동일한 구역에서도 차나무 잎의 조직과 맛은 계절에 따라 변할 뿐 아니라 한 주 한 주, 매일매일, 그리고 아침저녁으로도 변한다. 이런 차이는 차나무의 종류, 바람, 습도, 태양, 그리고 앞서 언급한 다른 요소들이 만들어내는 것이다.

동면 기간이 지나면 다르질링 차나무는 3월 초에 깨어나 첫 번째 새로운 성장, 즉 그해의 첫 번째 '싹(플러시Flush)'을 틔운다. 윤기 나는 회녹색을 띤, 연약하고 가녀린 새순이다.

다원들이 생산하는 그해 첫 번째 배치는 항상 DJ-1이 붙여지며, 이어지는 모든 배치는 순서에 따라 숫자가 매겨진다. 가을 끝무렵에 채엽한 배치는 일반적으로 DJ-500 전후가 된다. 퍼스트 플러시First flush 시즌은 보통 5월 초까지 계속되며, 가끔은 계절에 맞지 않게 비가 와 수확에 낭패를 보기도 한다. 퍼스트 플러시의 독특한 성질은 강렬한 햇빛과 이른 봄 히말라야에서 생성되는 수정같이 맑고 차가운 공기가 만들어낸다.

이런 성장 조건 때문에 다르질링 퍼스트 플러시는 주름이 많은 어린 차가 되며, 녹차처럼 가볍지만 전혀 녹차 같지 않은 화려한 향을 지닌다. 우린 후 찻잎은 뚜렷한 라임색을 띠는 선명한 연둣빛으로 변한다. 퍼스트 플러시는 봄 차 혹은 부활절 차Easter Teas(다르질링 퍼스트 플러시를 특히 좋아하는 독일인들이 부르는 이름이다—옮긴이)라고도 불리는데, 늘 경이로울 정도로 신선하며 꽃과 같은 맛과 향을 지닌다. 기분 좋은 떫은맛도 느껴진다. 퍼스트 플러시는 빨리 우러나기 때문에 3분에서 길어야 3분 30초 정도가 가장 좋고, 더 이상 우리면 안 된다.

퍼스트 플러시의 맛과 향은 비교적 빨리 사라지므로 가을이 오기 전에 마시는 것이 가장 좋다. 그래서 갓 생산한 보졸레 누보처럼 장기 보관에는 적합하지 않은 차라고들 한다. 다르질링 퍼스트 플러시는 서서히, 마치 차의 유령처럼 물러간다. 하지만 생산된 지 몇 주 혹은 몇 달이 지나도 그 맛은 잊히지 않는다.

산화시켜 만든 홍차지만 퍼스트 플러시는 그 외형과 맛이 유난히 신선하다. 나는 이 차를 개완이나 혹은 뚜껑이 있는 잔에 여러 번 우리는 중국식으로 마시기를 좋아한다. 매우 섬세하기 때문에 녹차를 준비할 때처럼 물을 끓인 뒤 약 10~15도 정도 식혀서 우려야 본연의 맛을 제대로 느낄 수 있다.

매년 봄 콜카타 경매에 나오는 다르질링 봄 차의 최상품은 (일반적으로 2~5박스로 되어 있는 로트가 한 단위인데) 굉장히 비싸게 거래된다. 그럼에도 불구하고 점점 더 많은 물량이 인터넷이나 항공 운송을 통해 직거래되고 있다. 중국, 일본, 타이완에서 생산되는 구하기 힘든 일부 차를 제외하면 다르질링 퍼스트 플러시가 세계에서 가장 비싼 차다. 인도의 부유한

다르질링 퍼스트 플러시의 마른 잎과 우린 잎.

구매자들도 다르질링 퍼스트 플러시를 매우 선호하는데, 이들은 독일과 일본의 수입 업자에게 공급하는 중간 상인들과 경쟁해야만 한다.

그해에 최초로 생산해 판매되는 차에는 특별한 프리미엄이 붙는 게 일반적이다. 남링 다원은 항상 첫 차를 판매하는 것으로 유명하다. 아마도 자신들만의 비법이 있는 것 같다. 5월이 지나면서 그 유명한 다르질링 여름 차가 생산되기 시작한다. 이 세컨드 플러시Second flush 잎들은 더 많은 수분을 머금어 매우 매력적인 차로 만들어지는데, 자줏빛을 띤 윤기 나는 꽃처럼 보이기도 하고 생기 넘치는 실버 팁Silver tips을 함유하기도 한다. 세컨드 플러시는 먼저 생산된 퍼스트 플러시와 비교하면 수색이 더 풍부하고 맛은 더 풍성하며 감미롭다.

세컨드 플러시에서 가장 선호되는 속성은 바로 뚜렷한 무스카텔 향으로, 일단 한번 맛을 봐야만 확인할 수 있는 농익은 과일의 느낌이다. 최고급 세컨드 플러시는 의심의 여지 없이 세상에서 가장 복합적인 홍차인데, 다른 어떤 차보다 오래 지속되는 뒷맛을 자랑한다. 우린 잎은 밝은 구릿빛 혹은 자줏빛을 띤다. 세컨드 플러시는 퍼스트 플러시와 비교하면 더 과일 같은 특성이 있고 바디감이 강하며 향이 더 풍부하다. 반면에 기분 좋은 떫은맛은 다소 덜하다.

세컨드 플러시 수확기는 남쪽에서 불어오는 계절풍과 함께 비가 내릴 때까지 지속된다. 다르질링에는 6월 중순부터 9월 말까지 매우 많은 비가 내린다. 그래서 강우량도 인치 단위가 아니라 피트 단위로 측정되는데,

다르질링 세컨드 플러시의 마른 잎과 우린 잎.

16피트(약 5000밀리미터)를 넘길 때도 있다. 10피트 이하로 오는 경우는 드물다. 10월이 오면 날씨가 맑아지고 오텀널 플러시Autumnal flush 시즌이 시작되어 11월까지 이어진다. 이때부터 공기는 서늘해지고 햇빛은 서서히 약해진다.

10월, 11월에 생산되는 차는 외형상 가벼운 구릿빛 혹은 갈색을 띠고, 우린 차는 섬세하지만 힘이 있다. 봄 차나 여름 차와 달리 맛이 상쾌하다. 우린 잎은 구릿빛이 도는 금색의 밝은 톤인데 달콤하고 신선한 향이 난다. 한 계절에서 다른 계절로 이어질 때 나타나는 이런 일반적인 변화 말고도 다르질링 홍차는 훨씬 더 미묘한 단위의 특징들을 갖고 있다.

다르질링에는 약 90군데의 다원이 있다. 미국에서 다원의 이름으로 구할 수 있는 제품은 암부티아, 발라순, 반녹번, 캐슬턴, 차몽, 기엘레, 깅, 굼티, 고팔다라, 중파나, 링기아, 마거릿 호프, 마카이바리, 메리봉, 남링, 노스 투크바, 오렌지 밸리, 풉세링, 푸심빙, 투크바, 푸타봉, 리시하트, 셀림봉, 숨, 숭마, 티에스타 밸리, 통송, 투크다 등이다.

해마다, 계절마다 많은 다원이 자신들만의 독특한 스타일로 맛의 차이를 지속적으로 창조해낸다. 각 다원이 고유의 개성을 드러내는데, 마치 나파밸리에 있는 와인 양조장들이나 메도크 지방의 포도원에서 와인으로 자신들만의 특성을 드러내는 것과 같다. 이런 개성이 얼마만큼이나 다원 매니저에 의해 재배되는지, 또 그런 차나무에 의해 얼마나 좌우되는지를 말하기란 불가능하다. 다원 매니저들 사이에서 펼쳐지는 선의의 경쟁은 다원 노동자들에게까지 영향을 미치는 듯하다.

모든 차 종사자는 여러 세대 동안 전해 내려온 자신들만의 노하우와 각 다원의 전통에 자부심을 가지고 있다. 따라서 어떤 다르질링 홍차도 조립 라인에서 생산되는 규격화된 상품과는 비교될 수 없다.

수수하고 그윽한 성인의 맛, 닐기리

남인도 닐기리(타밀어로 '푸른 산'이라는 의미) 지역의 고지대 홍차는 전 세계에서 생산되는 최고급 홍차의 하나로 손꼽힌다. 콜카타에 사는 영국 관리들이 다르질링 언덕에서 여름 휴가를 보낸 것처럼, 첸나이에 사는 관리들도 우타카문드 혹은 '우티Ooty'라 불리는 닐기리의 고원으로 휴양을 갔다. 이 지역 풍경은 오늘날에도 산안개와 다원의 녹음을 담은 아름다운 영국 엽서에 남아 있다.

코끼리 떼가 다니는 닐기리 열대우림에서 실험적으로 재배한 중국종 차나무는 1835년 이후부터 잘 자랐다. 오늘날 쿠누르 다원이라 불리는 최초의 다원은 1854년 미스터 만이라고 불리는 사람이 만들었는데, 로버트 포천이 가져온 중국종 차나무 씨앗을 심었다. 만의 성공으로 1859년

| 닐기리 다원들은 아름다운 경치로 유명하다.

에는 이어서 둔산달레 다원이 조성되었고, 다른 사람들도 이런 흐름에 자극받아 재빨리 다원을 설립하기 시작하면서 1898년경 총 재배 면적이 12제곱킬로미터 이상으로 크게 늘어났다. 비록 다르질링의 확장보다는 느리고 면적도 적었지만 전망은 밝았다.

아프리카에 면한 인도양을 내려다보는 주위 산악지역에 점차 수백 곳의 다원이 들어서기 시작했고, 이들은 해발고도 300미터에서 1800미터 고지대에 위치했다. 다르질링 지역과 비슷한 고도였다.

닐기리는 차 재배 면적만 놓고 보면 다르질링보다 겨우 40제곱킬로미터 정도 넓을 뿐이지만, 열대지역에 속해 있기에 차 생산량은 약 네 배나 더 많다. 가장 좋은 차는 12월에서 3월 사이에 생산되는데, 이 시기를 차갑고 건조한 '퀄리티 시즌Quality Season'이라고 부른다. 이 시기에 연간 생산량의 3분의 1이 생산되며, 이때 생산된 차를 '시즈널 티Seasonal Teas'라고 일컫는다.

인도 독립 직후 닐기리 홍차는 다른 지역 홍차에 비해 주목받지 못했고, 명성이나 가격 면에서 아직도 원상태를 회복하지 못하고 있다. 남인도의 이 잊힌 홍차는 수십 년간 동유럽과 러시아에서만 팔리다가 최근 들어 다시 서구의 주목을 끌면서 평가받을 수 있게 되었다. 인도에서도 닐기리 홍차는 저렴한 가격 때문에 오랫동안 차이를 위한 블렌딩용으로 쓰였다. 인도인 수백만 명이 밤낮으로 즐기는 차이는 (마살라 차이 혹은 향신료 차이라고도 알려졌는데) 홍차를 기본으로 하여 우유와 향신료를 넣고 오랫동안 끓인 음료다. 아무것도 섞지 않은 본래의 순수한 차와는 전혀 다른 차라고 할 수 있다. 하지만 차이가 가진 전통적인 매력의 일부는 소박한 닐기리 홍차의 맛과 향 덕분이기도 하다.

닐기리 홍차는 부드럽고 떫지 않은 실론 홍차와 여러모로 비슷하다. 하지만 여느 차와는 달리 숲의 향을 머금고 있다. 또한 마시는 법이 전혀 까다롭지 않고, 우려내는 시간이 다소 길어도 괜찮다. 그러나 꼭 알아두어야 할 것은 닐기리 홍차도 생산된 지 1년이 지나면 향이 날아가면서 품질이 나빠진다는 것이다.

최상품은 언제나 정통 가공법으로 만들어진다. 훌륭한 다원에서 생산한 오렌지 페코, 브로큰 오렌지 페코 등급은 세상에서 가장 훌륭한 찻잎으로서 늘 질이 좋고 유념이 잘 되어 있다. 사람들은 닐기리 홍차의 품질에 대해서 그다지 관심을 두지 않지만, 닐기리에도 번사이드, 참라이, 크레이그모어, 둔산달레, 하부칼, 타이거 힐 등 매우 훌륭한 다원이 많이 있다.

닐기리 홍차는 화려할 수도 있지만 마치 소탈한 성인聖人처럼 자신을 드러내지 않기에, 사람들과 마시는 오후의 차로 완벽하다. 일부 다원에서는 한정된 양의 녹차와 우롱차를 생산하기도 한다.

그 외 지역의 홍차

다르질링 인근 지역 어디에나 차 생산지가 있지만, 이들 지역은 다르질링과 가까운 거리임에도 불구하고, 혹은 가깝게 있다는 그 이유로 거의 알려져 있지 않다.

북쪽으로는 시킴 왕국이 있는데, 인도가 얼마 전에 병합했고 테미라는 유일한 다원이 있다. 인도 독립 후에도 남아 있던 영국인 차 사업가 토미 영이 개척한 다원으로, 신기할 정도로 다르질링과 유사하지만 세련됨이 떨어지는 차를 생산한다. 그래도 이름을 기억해줄 필요가 있는 다원이다.

좀 더 북쪽을 향해 시킴 국경을 건너면 네팔이 있으며, 안투 계곡과 피켈일람 다원을 만날 수 있다. 일반적으로 네팔 차는 골든 네팔이라는 이름으로 판매된다. 골든 네팔은 훌륭하지도 않지만 나쁘지도 않다. 이 네팔 차와 전설의 설인이 채엽한다고 알려진 부탄의 차들은 적당히 다르질링으로 분류되는 것 같다.

두어스는 서쪽에 있는 다르질링과 동쪽에 있는 아삼 사이에 위치한 작은 마을이다. 지리적으로 다르질링과 같은 몬순 기후의 영향을 받는다. 두어스 차는 아삼처럼 저지대에서 자라지만 아삼보다는 덜 자극적이고 강도도 약하다. 들리는 말에 따르면 두어스에서 채엽된 찻잎은 트럭에 실려 다르질링으로 옮겨지고 그곳에서 가공되어 다르질링 차로 판매되기도 한다. 그러지 않을 경우는 퍼스트 플러시, 세컨드 플러시, 오텀널 플러시로도 판매되지만 주로 블렌딩에 사용된다. 보통 두어스의 오텀널 플러시가 가장 좋은 품질로 여겨지며, 굿 호프라는 다원이 가장 유명하다.

테라이는 또 다른 작은 마을이다. 이 마을에는 10개 조금 넘는 다원이 있다. 다르질링 정남쪽의 히말라야 산기슭에 위치하는데, 티에스타 강 바로 건너편으로 동쪽에 두어스가 있다. 테라이의 다원들은 대부분 중국종 차나무를 기르며, 따라서 가볍고 달콤한 차를 생산한다. 카말라나 오드 다원 등에서 생산된 퍼스트 플러시는 독일에서 고급 다르질링보다 더 높은 가격을 받기도 한다.

남링 다원은 파라구미아라 불리는 유명한 테라이 다원을 소유하고 있다. 칸그라와 만디는 산악 지대는 아니지만 그래도 고지대로서 갠지스 평원의 북쪽에 위치한다. 이곳에서는 중국종 차나무로 재배한 녹차가 생산된다. 트라방코르 지역의 차는 케랄라 주 고원 남쪽 끝에서 재배된다. 남인도를 통틀어 가장 큰 하이그론이라는 다원이 여기 있다. 트라방코르 지역의 홍차는 모두 CTC 방식으로만 생산되며 인도에서만 판매된다.

차이

인도에서 향신료를 첨가하여 우려내는 달콤한 차의 서구식 명칭으로, 인도에서는 마살라 차이라고 부른다. '마살라'는 힌디어로 혼합된 향신료를 가리키는 말이며, '차이'는 힌디어로 차를 의미한다. 차이는 인도에서 엄청난 인기를 얻고 있으며, 1990년대 초반부터 미국에서도 인기가 높아지고 있다. 마살라 차이를 만드는 데는 정해진 조리법이나 조제 방법이 없다. 모든 차이에 반드시 들어가야 할 재료는 네 가지뿐이다. 차, 설탕, 우유, 그리고 향신료. 차이의 두 번째 의미는 러시아 및 여러 아시아 언어에서 차에 해당하는 단어라는 점이다. 그것은 아마 이 단어가 중국어로 찻잎을 의미하는 '차엽'에서 비롯되었기 때문일 것이다.

9장 | 실론 차

저지대에서 고지대까지

녹색의 작고 비옥한 땅 스리랑카는 아일랜드공화국과 면적이 비슷하며, 약 2000제곱킬로미터가 넘는 땅에서 차가 재배된다. 스리랑카 경제에서 차는 매우 중요한 부분을 차지한다. 지금의 규모만으로 스리랑카는 세계에서 세 번째의 차 생산국이며, 어떤 해는 가장 많은 차를 수출하는 나라가 되기도 한다. 스리랑카 콜롬보에 있는 차 경매장은 세계에서 규모가 가장 크다.

1972년 실론은 원래의 신할리즈Sinhalese였던 나라 이름을 스리랑카로 바꾸면서, 가장 유명한 생산품에는 실론이라는 명칭을 남겨두기로 결정했다. 스리랑카에서 생산하는 거의 모든 차는 홍차로, 대부분 훌륭한 품질을 자랑한다. 아삼, 다르질링, 닐기리에서 생산되는 인도 홍차 간의

| 룰레콘데라 다원.

차이점은 다양한 실론 홍차 간의 차이보다 훨씬 더 선명하고 구분하기가 쉽다.

스리랑카 홍차는 재배지의 고도에 따라 크게 저지대 홍차(600미터 이하), 중지대 홍차(600~1200미터), 고지대 홍차(1200미터 이상)로 나뉜다. 다섯 곳의 차 생산지가 중앙 고지대와 섬의 남쪽 내륙에 집중되어 있다. 한정 수량만 생산되는 빼어난 실버 팁 홍차를 제외하면 습하고 더운 저지대 차는 무성하게 빨리 자라고 다소 뻣뻣하다. 반면 좀 더 시원한 고지대 차는 정반대다.

최북단에 위치한 가장 작은 규모의 생산지는 '캔디'라는 곳으로 고대의 수도 근처다. 이곳 중지대에서 재배되는 차는 강우량이 비교적 적어서 맛과 향이 훌륭하다. 섬의 가장 남쪽인 루후나 지역은 향신료인 시나몬과 사파이어, 루비 같은 보석으로 유명하다. 저지대의 루후나 차는 중동 사람들이 선호하는데, 종종 다른 지역에서 생산되는 고지대 차 가격을 능가하기도 한다. 루후나 홍차는 풍미가 유독 강하고 진하게 우러난다.

하지만 최고급 실론 차는 차나무가 빽빽하게 들어찬 드넓은 산악 지대에서 생산된다. 이는 루후나에서 동북쪽으로 뻗어나가 스리랑카의 중추를 이루는 중앙산맥을 넘어서까지 이어진다. 고품질로 유명한 실론 차의 생산량 40퍼센트 정도는 이 높이 솟은 산악 지역에서 나온다. 부드럽고 기분 좋은, 매우 특별한 향을 지닌 차다.

열대지방에서 생산되는 다른 차들과 마찬가지로 실론 차도 연중 생산된다. 하지만 저지대 및 중지대와 달리 고지대 홍차의 품질은 날씨에 따라 다양하다. 우기나 강우량이 많은 곳에서는 차나무가 맹렬히 잘 자라긴 하지만 특유의 개성을 잃는다. 따라서 가장 좋은 차는 몬순이 오기 전 건조한 계절에 만들어진다.

그 유명한 스리랑카의 주기적 몬순 기후는 과거에 서쪽으론 고대 알렉산드리아, 동쪽으론 인도네시아, 심지어 중국과의 무역을 가능케 해주었다. 스리랑카 뱃사람들이 바람을 탈 수 있도록 시기를 맞추었기에 항해는 순조로웠다. 몬순은 인도양을 가로질러 방향을 바꾸어가며 불었고,

이 두 방향의 주요 폭풍 전선이 인도 끝에 위치한 스리랑카에 영향을 미쳤다.

5월이 되면 습기를 가득 머금은 바람이 서남쪽에서 불어와 2500밀리미터 이상의 비를 퍼부으며 섬의 서남부 구석구석을 흠뻑 적시고, 이 지역을 아시아에서 가장 습한 지대로 만들어놓는다. 서남쪽에서 불어오는 계절풍은 중앙 산맥을 타고 오르면서 두꺼운 구름층을 형성해 억수 같은 비를 뿌린다. 반면에 반대쪽 경사면은 건조한 상태가 계속된다. 애덤스 피크와 해발 2524미터 높이의 피두루탈라갈라 산(페드로 산이라고도 불린다)에 의해 절정을 이루는 이 중앙 산맥은 양쪽 경사면을 양방향에서 오는 몬순으로부터 돌아가면서 막아준다.

스리랑카의 차 농사는 상반된 기후 조건을 충분히 활용한다. 따라서 서남쪽에서 부는 건조한 바람을 받지 않는 섬의 동쪽 면은 그 후 6개월 동안 우기에 접어든다. 이는 시베리아와 티베트 방향에서 불어오는 북동 몬순의 결과다. 이 북동 몬순이 10월부터 12월까지 동북 스리랑카를 흠뻑 적시며 섬의 반대편을 건조하게 하는 것이다. 고지대 차 생산지역에서는 안개와 빗속을 통과해 철도 터널에 들어섰다가 몇 분 후 반대쪽으로 나올 때는 눈부신 햇빛을 마주하는 일이 흔하다. 이러한 기후 조건은 차나무에 커다란 영향을 미친다.

중앙 산맥

스리랑카의 중앙 고원지대는 아보카도 모양을 한 스리랑카 내륙에 있는 씨로 비유되곤 한다. 북에서 남으로 뻗어 있으며, 캔디 및 감폴라의 북쪽 마탈레에서 시작해 누와라엘리야 고원으로 솟아올랐다가 호턴 평원을 거쳐 바랑고다로 향하면서 점차 낮아지는데, 마치 스리랑카 남부에 있는 구릉의 중추를 형성하는 것 같다. 차나무 재배에 대단히 좋은 조건을 지니고 있으며, 세계 최고의 차 산지로 꼽힌다.

• 딤불라

스리랑카의 서쪽 고지대 딤불라는 아마도 실론 차를 논할 때 가장 유명한 이름일 것이다. 딤불라 최고의 차는 서쪽 지대의 퀄리티 시즌인 1월에서 3월 사이에 만들어진다. 이 시기에 차는 서늘한 기후와 낮은 습도에서 자라는데, 이 조건들이 찻잎의 액을 농축시킨다.

딤불라는 가볍고 매우 향기롭다. 다르질링 퍼스트 플러시보다 바디감은 더 있고 꽃 향은 덜하지만, 다르질링 퍼스트 플러시에서 느낄 수 있는 떫은 듯한 아린 느낌은 전혀 없다. 딤불라는 황금빛 수색에 감미로운 풍미와 길게 남는 뒷맛이 특징이다. 브런즈윅, 세인트 쿰스, 케닐워스 등이 가장 이름 높은 다원에 속한다. 케닐워스 다원의 오렌지 페코는 전형적으로 길고 가늘고 빳빳한데, 6~7분까지 우릴 수 있을 정도다.

딤불라는 디코야, 보가완탈라와, 마스켈리야처럼 개성 넘치는 차를 생산하는데, 이들은 딤불라의 중심지에 있는 작은 지역이다. 매우 높게 평가받는 이름들 이지만 일반 소비자들에게는 별로 알려져 있지 않다.

• 누와라엘리야

딤불라에서 페드로 산의 경사를 따라 높이 올라가면 누와라엘리야의 다원들이 나온다. 이 중 몇몇은 스리랑카에서 (그리고 차를 재배하는 전 세

| 페드로 다원. 이곳에서 생산된 홍차는 주로 러버스 립 다원의 이름으로 판매된다.

계 모든 지역 가운데) 가장 높은 고도에 위치한다. 이 누와라엘리야의 다원들은 '실론 차의 샴페인The champagne of Ceylon teas'을 생산한다고 일컬어진다.

1년 내내 1800~2100미터에 이르는 고도에서 생산되는 누와라엘리야 홍차는 두말할 것 없이 세계에서 가장 훌륭한 홍차에 속한다. 진하지 않은 수색에 가벼운 바디감, 약간 떫은 듯한 맛을 지닌 홍차인데, 숲의 향기가 배어 있는 듯한 감미로움이 오래 지속된다. 거친 듯하면서도 섬세한 향으로 충만하다.

몇 가지 이유로 인해 누와라엘리야 다원, 페드로 다원, 러버스 립 다원을 제외하면 누와라엘리야 홍차는 다원 이름으로는 좀처럼 판매되지 않는다.

• 우바

우바는 세계적 명성을 자랑하는 실론의 또 다른 지역이다. 우바와 누와라엘리야 홍차는 경사가 매우 심한 다원에서 생산되기 때문에, 이곳에서는 찻잎을 공장으로 이송하기 위해 공중에 로프로 만든 길이 설치되기도 한다.

저지대에서는 하루에 27킬로그램에 이르는 신선한 잎을 채엽하지만,

고지대에서는 평균적으로 이들의 절반만 채엽해도 행운이다. 우바 홍차는 딤불라 반대편 경사면의 해발 900~1500미터 고지대에서 재배된다. 중앙 산맥의 동쪽 면이 여기에 속한다. 다원들은 동북 몬순의 영향을 받으며, 동쪽의 퀄리티 시즌인 7월에서 9월 사이에 최상품을 생산한다.

이 기간 동안에 찻잎을 바싹 마르게 하는 건조한 계절풍에 의해 우바 홍차의 맛이 만들어진다. 황금색을 띤 붉은 수색의 우바 홍차는 매우 훌륭하다. 좋은 우바는 딤불라보다 다소 진하며 맛도 더 풍부하고 바디감도 더 강하다. 복합적인 맛은 다소 약할지라도 향은 딤불라 못지않다.

우바는 가장 높은 가격으로 팔리곤 한다. 독일과 일본에서는 특유의 강한 맛을 만들어내기 위한 최고급 블렌딩에 우바 홍차가 자주 사용된다.

세인트 제임스, 우바 하일랜드, 아이슬라비 등 3개 다원이 가장 유명하다. 모두 우바의 말와테 계곡에 위치한다.

• 마투라타, 우다푸셀라와, 하푸탈레, 바둘라

그밖의 주요 차 생산지도 동북 몬순의 영향을 받으며 동쪽 퀄리티 시즌 동안인 7월에서 9월 사이에 최고의 차를 내놓는다.

토머스 립턴 경은 하푸탈레 지역에서 첫 번째 다원을 샀고, 뒤이어 다른 지역에서도 다원을 사들였다. 실론 차의 성공에 있어 립턴 경이 한 역

| 우바의 하푸탈레 지역.

할은 스스로에 의해서, 그리고 그가 홍보에 쏟아부은 돈 때문에 과장된 감이 없지 않다. 하지만 그가 오늘날까지도 남아 있는 '실론 오렌지 페코'의 세계 시장을 탄생시켰다는 점은 인정해야 한다.

스리랑카는 다르질링, 중국과 함께 정통 가공법으로 홍차를 생산하는 최후의 지역이기도 하다. 스리랑카에서는 총 홍차 생산량의 10퍼센트 정도만이 CTC 가공법으로 만들어진다. CTC 홍차는 가공하기가 매우 간단하고, 비 올 때의 채엽을 걱정할 필요도 없다.

CTC 기계로는 연중 어느 때 채엽한 잎으로도 차를 만들 수 있다. 하지만 아삼 CTC 최상품과 최하품의 가격 차는 1달러 미만이다. 이런 미미한 가격 차가 결국 품질의 차이도 좁힌다.

아삼 다원의 CTC 홍차 가격은 평균적으로 파운드당 3달러 정도다. 물론 차 가공자들이 좋은 계절에 최고 수준의 다원에서 채엽한 후 전통적인 방법과 기술을 사용하여 실론 차를 생산한다면 파운드당 100달러 이상을 받을 수도 있다. 하지만 정통 홍차는 티백용으로 생산되지 않으며, 또한 최고 수준이든 일반적인 수준이든 정통 홍차를 찾는 수요자들도 점차 줄고 있다.

최근 스리랑카에 닥친 극심한 정치경제적 위기에 이런 문제들이 더해져 차 생산자들은 자신들이 만드는 훌륭한 정통 홍차의 미래를 걱정하고 있다. 많은 사람이 스리랑카 홍차를 세계에서 가장 우수한 차로 인정하고는 있지만, 이런 어려움은 여전히 남아 있다.

10장 | 새로운 차 생산지

인도네시아

인도네시아는 과거 식민지 시절 네덜란드의 동인도라 불렸으며, 1690년부터 간헐적으로 차 재배를 시도했지만 실패를 거듭했다. 20세기 초 이 지역 주요 섬인 자와 및 수마트라에서 마침내 성공적인 다원들이 개발되었다. 서식지 외에서는 중국종 차나무를 재배하기가 불가능하다는 것을 수백 년 동안 경험한 후 결국 아삼종을 도입하면서 이루어진 성과였다.(한편 1835년 암스테르담에서 팔린 자와 차는 중국이 아닌 지역에서 유럽인이 재배한 첫 번째 차였다.)

오늘날 인도네시아의 차 재배 면적은 일본의 차 재배 면적보다 훨씬 넓으며, 세계 홍차 수출의 10퍼센트를 훌쩍 넘는 양을 조달하고 있다. 이처럼 물량이 많은데도 왜 유명한 차가 없을까? 그 답은 명확한데, 인도네시아 차는 잘 만들어봐야 아주 평범한 품질만 나오기 때문이다.

인도네시아 홍차는 거의 전적으로 블렌딩을 위해 사용된다. 다른 차와 블렌딩 하지 않고 단독으로 즐기기에 충분할 정도로 좋은 홍차는 거의 알려져 있지 않다. 탈론 다원은 자와 섬에서 가장 좋은 정통 홍차를 생산한다고 알려져 있다. 수마트라 섬에서는 바 부통 다원이 보다 향이 진하고 보다 강한 홍차를 생산한다. 하지만 두 홍차 모두 평범한 실론 차 수준에도 못 미친다.

인도네시아 홍차는 점점 더 많은 양이 CTC로 생산되고 있다. 한편으론 다행히도 총 생산량에서 차지하는 녹차의 비중이 늘고 있는데, 주로 인도네시아에 살고 있는 중국인들을 위한 내수용이다.

아프리카

재배 면적이 1600제곱킬로미터에 가까운 동아프리카는 많은 양의 홍차를 생산하는데, 주로 영국에서 생산되는 티백에 쓰이거나 생산지가 중요하지 않은 다른 용도에 사용된다. 물론 아프리카 자체에서 소비되는 양도 많다.

아프리카를 선도하는 차 생산국인 케냐와 말라위에서는 1900년 전후부터 차가 재배되었다. 케냐는 세계 1위의 홍차 수출국이며, 케냐 몸바사에 있는 경매에서는 현재 연간 20만 톤이 넘는 홍차가 거래된다. 말라위의 공개 경매장은 최대 도시인 블랜타이어에 있다. 말라위의 총 생산량은 평균적으로 케냐의 5분의 1 수준이다.

이 두 나라 사이에 있는 탄자니아는 국제 무역에서 매우 중요한 위치를 차지하는 세 번째 차 생산국이다. 남아프리카의 줄루 티나 라가티, 케냐 고원 지대의 마리닌 다원 같은 몇몇 예외를 제외하면 (이들은 주목할 만한 '셀프 드링킹' 정통 홍차를 생산하고 있다) 아프리카에서 생산되는 모든 홍차는 CTC 혹은 더스트로 가공되어, 잘 해봐야 다른 나라의 티백 제품에 블렌딩되는 등 보조적으로 사용된다.

아프리카에서 되풀이되는 안타까운 정치적 혼란과 기후적 재난은 이들 국가의 소박한 희망조차 어렵게 만든다. 약 910제곱킬로미터나 되는 차 재배지가 케냐에 있으며, 600제곱킬로미터 남짓의 재배지가 11개 동아프리카 국가, 즉 부룬디, 에티오피아, 마다가스카르, 말라위, 모리셔스, 모잠비크, 르완다, 남아프리카, 우간다, 탄자니아, 짐바브웨에 산재해 있다. 과거에 영국에서 르완다 홍차를 매우 선호했던 적이 있다. 카메룬은 서아프리카에 위치한 유일한 차 생산국이다.

동남아시아

차 산업에서 보면 베트남은 '잠자는 사자'다. 이는 우리가 진지하게 받아들여야 할 현실이다. 프랑스는 1825년 베트남에 최초의 차나무를 심은 것을 자랑스럽게 주장하지만, 이는 전형적인 식민지 사고방식이다. 이 유럽 침략자들은 심한 자기도취에 빠져 있는 듯하다. 옛날부터 차나무는 라오스와 베트남에서 야생으로 자라왔다. 그리고 차는 1000년 전 당나라 시대에 이미 인도차이나 문화의 일부분이었다. 베트남에서 차를 생산한다는 사실이 좋은 기회인 양 최근에야 주목받은 것처럼 생각하는 것은 착각이다.

로스앤젤레스에서 인도차이나 티 컴퍼니를 운영하는 가브리엘라 카르슈(미국에 베트남 차를 처음 수입한 사람)에 따르면, 베트남 최고의 차는 하노이 북쪽, 중국과의 국경을 따라서 재배된다. 나 또한 이 지역에서 생산되는 연꽃 우롱차의 힘과 아름다움에 대해 말할 수 있다.

자본주의적 산업이 공산주의를 점차 대체함에 따라 인도에서 점점 더 많은 기계와 인력이 유입되어 베트남 차 산업을 변화시키고 있다.(1980년대 일본 기업들이 베트남에 상당한 투자를 했지만, 지금은 대부분 철수했다.) 지금까지 외국 자본 개입의 첫 번째 결과는 국내외 판매를 목표로 중국 녹차, 타이완 우롱차, CTC 홍차 등을 모방한 것이다.(이웃한 타이에서도 비슷한 상황이 진행되는 중이다.) 미각 훈련을 받은 사람들은 이 같은 모방 제품들을 식별할 수 있다. 하지만 이 모든 차의 품질은 지속적으로 개선되고 있으므로 전망이 밝다. 베트남의 연간 차 생산량은 2009년 18만 톤 수준이었으며, 앞으로도 계속 증가할 것으로 예상된다.

캄보디아 차나무는 카멜리아 시넨시스 차나무의 주요 품종 세 가지 중 하나다. 세계의 차 애호가들이 캄보디아 차를 맛볼 기회를 전혀 얻지 못한다는 사실은 오늘날 인도차이나 차의 현실을 단적으로 보여준다. 타이는 보통 수준 혹은 조금 더 나은 수준의 타이완 우롱차를 그럴듯하게 흉내 낸 제품을 생산하고 있다. 말레이시아 차는 대부분이 보라는 지역에서 생산되는데, 이는 1929년 쿠알라룸푸르 바로 북쪽에 어떤 영국 관리의 아들이 설립한 다원으로, 과거에 홍차를 의미한 보헤아의 이름에서 따왔다. 말레이시아에서 생산되는 정통 홍차는 중간 품질의 실론 차와 비슷한 수준인데, 거의 완벽한 고도와 기후 조건의 결과이기도 하다. 이들 지역의 차는 모두 전망이 밝다.

러시아, 터키, 이란

지금 말하려는 것은 사람들이 보여주고 싶어하는 자랑스러운 기록이 아니다. 특히 구소련이 한때 멋진 역사와 흥미로운 지리적 조건을 가진 주요 차 생산국이었다는 사실을 염두에 둔다면 말이다.

러시아 차는 차라리 사라지는 것이 잘된 일인지도 모를 만큼 차와 더불어 전통도 죽어가고 있다. 러시아 차에 관한 이야기는 순전히 진혼곡으로 읽어야 할지도 모르겠다. 주요 차 생산지들이 체르노빌 재앙의 여파로 방사능에 오염되었기 때문이다. 한때 러시아 차를 재배했던 캅카스 지역이 최근 전쟁으로 봉쇄되기 전의 일이다.

현재 재배지가 얼마나 남아 있는지를 누가 알 수 있겠는가? 러시아에서 첫 번째 중국종 차나무는 1848년 조지아공화국에 심어졌다. 이곳에

구소련 시절 가장 크고 유명한 다원이었던 차크베가 1892년에 황실의 재산으로 세워졌다. 이어지는 수십 년 동안 러시아는 800제곱킬로미터 이상의 다원을 조성했다. 주로 흑해가 내려다보이는 경사면이었는데, 가끔 눈도 내렸다. 이곳은 세계에서 가장 위도가 높은 차 재배지역이고(혹은 과거에 그랬고), 차와 와인을 동시에 생산할 수 있는 유일한 지역이기도 하다. 아름다운 검은색으로 잘 유념된 러시아 정통 홍차는 우리면 연한 수색을 띠며 바디감이 약해 솔직히 말하면 밋밋한 맛이다.

아제르바이잔은 1995년 1200톤 규모의 차를 생산하며 미미하게나마 회복세를 보이고 있다. 하지만 이 물량은 1988년 4만 톤을 생산한 것과는 비교가 안 된다. 차 전문가들이 기술을 발전시키곤 있지만 러시아, 아르메니아, 조지아 전체의 차 산업은 계속 쇠락하고 있다.

차 생산지로서 캅카스의 미래는 오늘날 동쪽의 이란, 서쪽의 터키에 의존하고 있다. 이란은 홍차를 수출하진 않지만 카스피 해 연안에서 1900년대 이후부터 계속해서 재배해왔다. 이런 사실은 이란에 굉장한 위로가 된다. 왜냐하면 이란은 1200년대 몽골의 침략을 받은 이후 적어도 차를 마시는 사회가 되었고, 마침내 어느 정도 자급자족이 가능해졌기 때문이다.

한편 이란 서부에 살며 터키식 커피를 사랑한 국민은 차를 마시는 사람들로 바뀌었다. 민족 지도자 아타튀르크가 1928년 차 재배와 국내 생산을 지시한 때부터였다. 이웃한 조지아에서 얻은 이 차나무(80여 년 전

조지아에 심어진 작은 잎의 중국종 차나무 후손)는 조지아 국경 바로 남쪽 리제라는 도시 인근에 심어졌고, 이곳에서 아주 잘 자랐다.

현재 터키 정부의 차 독점회사인 차이쿠르는 총 800제곱킬로미터가 넘는 재배 면적에 45곳의 다원을 보유하고 연간 11만 톤의 차를 생산한다. 내 계산으로는 유럽에서 차를 가장 많이 마시는 아일랜드인보다 터키인의 일인당 차 소비가 더 많은 것 같다. 터키의 조세 제도는 수출입에 불리하다. 따라서 (일본을 제외하면) 오직 터키 차 재배자만이 돈을 벌 여지가 있다.

터키식 차이Çay는 완전히 다른 홍차다. 가벼운 색감에 약간 마른 풀 같은 느낌이다. 그러나 이스탄불의 골든 혼과 그 너머 보스포루스 해협을 낀 세라글리오 곶을 앞에 두고 톱카프 궁전의 티 하우스에서 차를 한번 음미해보라. 그러면 터키 홍차가 세계에서 제일가는 차에 속한다는 사실에 기꺼이 동의하리라.

아메리카, 오세아니아

사우스캐롤라이나에서 오스트레일리아까지 영어를 사용하는 사람들은 그들이 머무는 곳마다 차나무를 심어왔다. 특히 아시아와 아프리카에선 더 그랬다. 이들이 고군분투한 이야기는 차 이야기보다 더 흥미롭다. 사우스캐롤라이나에서 만든 차가 어떻게 1904년 세인트루이스 만국박람회에서(이 박람회에서 처음으로 다르질링 홍차가 아이스티에 사용되어 유명해졌다) 금메달을 땄는지, 혹은 뉴질랜드가 어떻게 일본을 위해 녹차를 생산하게 되었는지에 관한 이야기 말이다.

미국에는 유일하게 사우스캐롤라이나와 하와이에 다원이 있다. 또 워싱턴과 캘리포니아에도 시범 다원들이 있다. 미국은 차를 재배하기 위한 기후와 토양 조건은 매우 적합하지만, 비싼 인건비 때문에 차 재배가 경제적이지 못하다.

차가 전 세계에서 생산된다는 사실은 한편으로 제3세계 국가들의 빈곤을 의미하는 슬픈 증거이기도 하다. 왜냐하면 차는 생산자 대부분에게 생계비 이상의 돈벌이가 되어주지 못하기 때문이다.(예외적으로 인도에서는 다원 노동자들이 일반인보다 잘 버는 편이다.) 이런 상황들은 파푸아뉴기니나 아조레스 제도에서 차 재배를 주저하게 만든다.

아르헨티나에서 생산되는 차 맛은 정말 끔찍하다. 아르헨티나는 기계채엽으로 생산성을 2000퍼센트 이상 개선했다. 하지만 품질은 그 어디에서도 볼 수 없는 최하 수준이다. 그럼에도 불구하고 아르헨티나는 미국 차 수입량의 3분의 1 이상을 공급한다.

이웃한 브라질은 나름 괜찮은 홍차와 일본으로 수출할 소량의 녹차를 생산한다. 이론적으로는 안데스 지역 어딘가에서 다르질링의 위대함에 견줄 만한 또 다른 지역을 찾을 수 있을 수도 있다. 이미 안데스 지역인 에콰도르, 볼리비아, 페루는 소규모 고지대 다원을 개발하기도 했다. 쿠스코 지역은 현재 매년 약 2000톤의 차를 생산하고 있다. 새로운 차의 즐거움을 찾고자 한다면 이 같은 고지대로 눈길을 돌려야 할 것이다.

11장 | 정통 블렌딩과 차 브랜드

영국의 사랑스러운 베스트셀러들

• 잉글리시·아이리시·저먼 브렉퍼스트

잉글리시 브렉퍼스트라는 이름은 캘리포니아의 부르고뉴 와인만큼이나 무의미하다. 영국인들은 잉글리시 브렉퍼스트를 의미 있게 만들어보려고 많은 헛수고를 했다.

역사적으로 이 이름은 1840년대 초반 필라델피아에서 처음 사용되었다. 잉글리시 브렉퍼스트는 아침잠을 깨우는 데 좋다거나, 소시지, 베이컨 등을 곁들면 세계의 어떤 부담스러운 아침 식사와도 어울릴 만큼 충분히 강하다고 여겨지기도 한다.

어떤 브랜드들은 '전통적인' 잉글리시 브렉퍼스트가 있다고 주장하는

잉글리시 브렉퍼스트.

데, 기문홍차가 블렌딩에 쓰인다는 이유에서다. 그러나 영국 사람들은 기문을 들어보기도 전 이미 200년 동안 아침식사 때 차를 마셔왔다. 한 영국 기업은 거의 100년 이상 임피리얼 브렉퍼스트 블렌드를 판매해왔는데, 아마도 이는 잉글리시 브렉퍼스트가 아침잠을 깨우는 것만으로 충분치 않다고 생각하는 대단히 애국적인 영국인들을 위해서일 것이다.

전통이라는 측면에서 보면, 아이리시 브렉퍼스트라는 이름으로 영미권에서 판매되는 블렌딩이 더 확고한 기반을 가지고 있다. 아이리시 브렉퍼스트는 항상 몰트 향이 나는 아삼을 높은 비율로 첨가하기 때문이다. 물론 아일랜드 사람들이 언제부터 이런 차를 좋아하게 되었는지는 아무도 모르지만 말이다.(최근들어 아일랜드에서는 아삼 대신 아프리카 홍차가 이 블렌딩에 포함된다.)

아주 진한 수색과 강한 맛을 지닌 아삼은 지금은 고인이 된 내 친구 헬렌 구스타프슨이 언젠가 '저먼 브렉퍼스트'라 불렀던 홍차의 베이스가 되기도 했다. 저먼 브렉퍼스트라는 이름은 우리가 오스트프리젠 스타일이라고 불러야만 했던 홍차를 위한 아주 유용한 이름이 되었다. 북해 연안에서 네덜란드와 국경을 접하고 있는 오스트프리슬란트는 차를 사랑하는 독일 지역으로, 영국보다 더 전통이 깊다. 오늘날 아이리시 블렌드와 오스트프리젠 블렌드는 매우 강하고 우유와 썩 잘 어울리는 홍차를 대표하는 이름이 되었다.

• 얼 그레이

'얼 그레이'라는 홍차는 찰스 얼 그레이라는 영국인의 이름을 딴 것인데 이 사람은 백작이라는 앵글로색슨 족의 옛날 지위를 가지고 있던 그레이 2세다. 그레이는 인간적이고 활력이 넘치는 사람으로, 윌리엄 4세 재위기(1830~1837)에 한동안 수상을 지냈다.

이 차의 기원은 수수께끼다. 가장 터무니없는 이야기는 백작이 중국에서 외교관으로 근무하던 중 한 중국 관리에게서 레시피를 받았다는 설인데, 이것만 논란이 되는 건 아니다. 트와이닝스와 잭슨스 오브 피커딜리는 어느 회사가 얼 그레이 블렌딩의 원조로서 정통성을 갖는가를 놓고 오랫동안 싸웠다.

1931년에 잭슨스 오브 피커딜리를 인수한 가문의 후계자인 조지나 스토너는 다음과 같이 썼다.

"비밀 레시피는 1830년 그레이 경으로부터 조지 찰턴의 손으로 넘어왔고, 조지 찰턴은 잭슨스 오브 피커딜리의 동업자였으며 (…) 잭슨스 오브 피커딜리는 오늘날까지 지켜온 오리지널 제조법의 유일한 보유자가 되었다."

그러나 이 논쟁은 1990년 잭슨스 오브 피커딜리가 트와이닝스에 합병되면서 미결로 남게 되었다. 이후 얼 그레이는 오랫동안 트와이닝스의 베스트셀러가 되었다. 1990년대 전 세계 판매량이 하루에 15톤에 이르는 것으로 추산되었다.

사용된 차의 종류가 무엇이든 얼 그레이를 이토록 특별하게 만든 것은 첨가된 베르가모트 오일이었다. 베르가모트 오일은 천연일 수도, 천연에 아주 가까운 것일 수도, 혹은 합성물일 수도 있다. 어떤 오일을 얼마만큼 사용했는지가 향의 강도를 결정한다. 그리고 향은 브랜드마다 판이하다. 베르가모트는 중국에는 알려져 있지 않다. 북부 이탈리아에 있는 베르가모라는 도시와도 아무런 관련이 없다. 베르가모트는 배 모양으로 생긴 과일에 붙여진 터키식 이름으로, 지중해 인근에서 오랫동안 재배되어왔는데, 주로 껍질에서 오일을 추출해 사용하며 향수 제조에도 쓰인다. 나는 어떻게 해서 이 오일이 백작의 차에 들어갔는지가 늘 궁금했다. 나의 호주인 동료 이언 버스턴이 마침내 그 답을 찾아낸 듯했다.

수 세기에 걸친 방랑생활 동안 유대인은 초막절 의식에 사용하는 시트러스 과일인 에트로그로 베르가모트를 사용했다. 유대인들은 전통적으로 이 과일을 '코르푸'라는 그리스 섬에서 구했다. 나폴레옹 전쟁 시기부터 1848년까지 코르푸 섬은 영국 해군의 지중해 기지로 이용되었다. 차를 사랑한 영국 해군 장교들은 세계적으로 주요한 베르가모트 시장인 코르푸 섬에 주둔했고, 이 기간에 얼 그레이 백작은 런던에서 최고 관직에 올랐다. 분명한 것은 백작이 베르가모트가 첨가된 차를 매우 좋아했기 때문에, 차에 베르가모트를 넣는 유행이 시작될 즈음 백작의 이름이 자연스럽게 회자되었을 것이라는 점이다.(내가 알기로 지금은 이탈리아 시칠리아 섬에서만 베르가모트를 상업적으로 재배한다.)

내가 얼 그레이 홍차에 대해 끊임없이 궁금한 점은, 이 홍차가 도대체 왜 그렇게 인기가 있느냐는 것이다. 도대체 무엇이 이 차를 세계적인 베스트셀러 반열에 올려놓았을까? 얼 그레이가 서양에서 음용된 최초의 가향차이기에 그런 건 아닐까? 서양에서 얼 그레이의 인기는 아시아에서 재스민 차의 인기에 버금간다. 재스민 차는 중국 북부의 얼 그레이라고 보면 된다.

한편 런던데리 자작 부인은 잭슨스 오브 피커딜리에 자신을 위하여 실론과 인도 홍차, 그리고 타이완 차로 블렌딩한 특별한 차를 주문했다. 당시는 1900년 전후로 그가 런던에서 가장 유명한 사교계 인물이 될 즈음이었다. 이 차의 인기와 속물적 매력은 런던데리 자작 부인의 유명세만큼이나 널리 퍼져나갔다.

트와이닝스 사의 퀸 메리와 프린스 오브 웨일스, 포트넘앤메이슨의 더치스 오브 데번셔 등 유사한 유래를 가진 차들에 관한 이야기는 넘쳐난다. 대부분 흥미로우며, 차 또한 상당히 훌륭한 것들이다.

• 다양한 역사를 가진 차 브랜드

하루 중 어느 특별한 시간을 위해 만들어진 차는 브렉퍼스트만이 아니다. 프랑스의 인다르라는 브랜드에는 항상 즐길 수 있는 침실용 차라는 호기심 끄는 설명이 뒤따른다. 잭슨스 오브 피커딜리 같은 영국 회사는 애프터눈 티와 이브닝 티를 판매하고 있다. 차를 즐기는 관습을 최고로 꽃피운 건 지금은 사라진 런던의 한 회사다. 이 회사는 모닝, 런치 타임, 애프터눈, 애프터디너, 이브닝, 드로잉룸 등 여섯 가지 차만을 팔았다.

쓰임이나 관용에 따라 후광효과를 얻기 위해 영국인들이 잘하는 것은 차 이름을 왕실과 연관시키는 것이다. 아무리 사소한 연관이라도 있기만 하다면 말이다. 스코틀랜드 최고의 차 브랜드인 멜로즈는 퀸스 티 Queen's Tea라는 차를 만들었는데, 빅토리아 여왕이 사랑한 밸모럴 성에 여왕이 머물면서 마실 차라는 명분이었다. 이 차는 멋진 다르질링을 기본으로 하여 중국차와 아삼 차, 실론 홍차를 섞은 것이다.

런던에서는 사업가 토머스 리지웨이가 '여왕 폐하의 블렌드Her Majesty's Blend', 즉 HMB라는 차를 여왕에게 공급하기 시작했는데, 이 차는 아직도 판매되고 있다. 리지웨이의 HMB는 기분을 맑게 해주는 홍차로 섬세한 인도, 실론, 타이완, 중국 홍차를 블렌딩한 것이다.

이런 관례는 식민지로도 확산되었다. 브리티시컬럼비아 주의 밴쿠버에서는 머치스 엠프리스 블렌드가 1세기 동안이나 판매되고 있다. 버지니아 주의 노픽에서 1870년대 이후부터 퀸스 블렌드가 판매된 것과 유사하다. 둘 다 빅토리아 여왕의 영광을 기리기 위해 만들어진 차 브랜드로, 새로운 땅으로 이민 온 스코틀랜드인 존 머치의 작품이다. 그는 영국의 멜로즈에서 도제생활을 하기도 했다.

차 역사의 단면은 보스턴 하버 티 같은 상표명에도 간직되어 있다. 이 차는 1777년 데이비슨 뉴먼 앤 컴퍼니로 회사 이름을 변경할 당시(보스턴 티 파티로 피해를 입은 기억을 지우기 위해 회사명을 변경한 것이다—옮긴이) 이미 127년의 역사를 가진 회사의 브랜드로 판매되고 있었다. 1777년은 의미심장한 해인데, 인디언들이 이 회사의 이전 차 수출품을 보스턴 항구의 바다로 내던진 지 겨우 몇 년이 지난 시점이었다.

마크 웬들의 후콰 티는 중국 광둥 성 상인의 이름을 붙인 것으로, 그는 세계적으로도 유명한 장사꾼이었다. 이 광둥 상인은 한 클리퍼선 선장에게 차를 팔았는데, 이 선장의 조카가 보스턴에 있는 지금의 회사를 세운 마크 웬들이다.

아편전쟁 전까지 후콰가 공급하는 차는 품질 좋은 차의 대명사였다. 후콰는 악수만으로 거래를 마무리하는 사람일 정도로 매우 신뢰받았으며, 미국 최초의 클리퍼선 이름도 후콰의 이름을 따서 지어졌다. 후콰가 공급하는 차는 애스터, 퍼킨스, 피바디 같은 초기 미국의 백만장자들이 부를 쌓은 원천이 되었다. 차는 물론 지금도 마크 웬들을 여전히 부자로 만들어주고 있다.

타이푸는 버밍엄에서 식료품 가게를 운영한 존 섬너의 여동생이 소화불량으로 고통 받는 데서 시작된 차다. 존 섬너의 여동생은 작은 잎 실론차가 여기에 효과가 있다는 사실을 체험했거나, 그렇다고 믿었다. 여동생의 말을 믿은 존은 이 차에 타이푸라는 이름을 붙이고 1905년부터 팔기 시작했다. 여동생의 발상에서 나온 환자용 차는 큰 인기를 끌었고, 단기간에 주위 사람들도 타이푸의 신봉자가 되었다. 존 섬너의 회사는 영국 차 시장에서 높은 점유율을 차지했다.

이렇듯 차의 역사에서 어떤 브랜드는 살아남고, 어떤 브랜드는 완전히 사라졌다.

피지 팁스

피지 팁스는 오랫동안 이름이 널리 알려졌으며 가장 대중적인 영국의 차 브랜드다. 인도와 아프리카 차를 강하게 블렌딩한 차로, 1930년에 브루크 본드 사가 '다이제스티브 티'라는 이름으로 시판한 것이 시작이 됐다. 제2차 세계대전 후 라벨 규정상 차가 지닌 효능으로 여겨져온 "소화에 도움이 된다"라는 표현을 상표에 쓸 수 없게 되자, 브루크 본드는 '프리제스트티'로 상표명을 바꾸었다.(소화가 잘 되는 차라는 핵심 요소는 여전히 가지고 있었다.) 이것을 일선 판매원들이 'PG'로 줄여 부르던 것이 굳어져 상점 판매용 포장 상자에까지 표기되기에 이르렀고, 1950년경에 마침내 피지 팁스라는 상표명이 공식적으로 채택되었다. '팁스'는 싹과 그 아래 있는 어린잎 두 장으로 만든 차임을 강조하기 위해 사용한 것이다.

허브 음료는 차가 아니다

차는 카멜리아 시넨시스라는 나무의 이름이다. 동시에 이 나무가 만들어내는 잎을 채엽하여 건조한 것의 이름이면서, 이 잎으로 우려낸 액체를 말하기도 한다. 그 외의 것은 차가 아니다.

언어가 법률로 통제되는 것이 아니기 때문에, '차'는 마리화나의 속어로도 사용되어왔으며, 이따금 비프 티beef tea(환자용 진한 소고기 수프—옮긴이)라는 말처럼 '추출된 것'의 대체어로도 쓰였다.

다시 말하지만, 차는 차나무 잎으로 만들어진 음료다. 차를 고기로 만들 수 없는 것처럼, 다른 어떤 나무로도 만들 수 없다. 차는 차다. 허브 인퓨전은 완전히 다른 것이며, 엄밀히 말해 절대로 차라고 불러선 안 된다.

차의 호칭에 관해서는 미국 차협회와 허브 업계 사이에서 의견이 분분하며, 이 같은 논의는 적어도 1980년 이후 계속되어왔다. 지금까지 진행된 논의에 입각하면, 우리는 다음과 같은 질문과 맞닥뜨리게 된다. 차가 아니라면 허브 음료를 뭐라고 부를 것인가? 프랑스에서는 (차보다 더 인기가 있는) 허브 음료를 티젠Tisanes이라고 부른다. 이 말은 허브 음료를 부르기에 적절하며, 영어에도 적용할 만하다. 티젠은 그리스에서 유래했는데, 껍질을 벗긴 보리로 만든 음료를 지칭하기도 했다. 한편 다른 대체어들은 별로 적절치 않아 보인다. '달인 즙'이라는 의미의 디콕션Decoction은 우려서 먹는 음료가 아닌 '끓인 것'을 의미한다. 반면 우리는 것은 어떤 성분을 단지 담가서 만들어내는 과정이다.

나는 티젠이 허브 음료를 가리키기에 가장 적합한 용어라고 생각한다. 어떠한 이름을 가지든 간에 허브 음료를 결코 가볍게 여겨서는 안 된다. 예르바 마테는 커피보다 더 많은 카페인을 함유하고 있다. 캘리포니아대학교 의과대학의 시걸은 다음과 같이 썼다. "허브 차에 이용하기 위해 상업적으로 구할 수 있는 허브와 향신료는 적어도 396가지다. 이 중 일부는 중독을 일으킬 정도의 향정신성 성분을 포함하고 있다." 더 구체적으로 다음과 같이 밝혔다. "이들 허브 가운데 42가지는 단기간에 행동으로 드러날 정도는 아니라도 정신을 변화시키는 요소를 가지고 있다."

장담하건대 이런 우려의 대부분은 노파심일 것이다. 일부 강장제는 사사프라스*Sassafras albidum*로 알려진 북아메리카 자생 나무의 무해하고 풍미 좋은 껍질 등을 원료로 하여 수 세기 동안 만들어졌다. 1960년 미국 식품의약국이 이 원료의 사용을 금지했지만, 여전히 세계 곳곳에서 이용되고 있다. 사사프라스는 다량을 섭취하면 인체에 영향을 줄 수 있다. 그럼에도 불구하고 우리는 그런 영향에 대해 아는 바가 별로 없다.

겨우살이*Viscum album* var. *coloratum*를 우려서 음료로 만드는 것도 임상적으로 문제가 있음이 드러났다. 옛날에는 이 음료로 친구나 연인을 죽이기도 했다. 이런 목적이라면 투구꽃속*Aconitum*의 식물은 훨씬 빨리 작용한다. 한편 행운일 수도, 불행일 수도 있지만 어떤 사람은 캐모마일 *Chamaemelum nobile* (L.) *All.*에 치명적인 알레르기가 있을 수도 있다.

허브와 향신료의 역사는 차의 역사보다 훨씬 오래되었다. 여기서 이 문제를 언급하는 것은 약초와 독초를 구분하기 위해서가 아니라 차와 허브를 구별하기 위해서다.

루이보스

차나무인 카멜리아 시넨시스가 아니라, 아스팔라투스 리네아리스*Aspalathus linearis*의 잎으로 만드는 허브 티젠(약초 차)을 가리킨다. 성상과 맛이 차와 비슷하며, 차게, 뜨겁게, 우유를 곁들이거나 곁들이지 않고 마실 수 있다. 남아프리카에서만 자라는 루이보스는 아프리카어로 '붉은 덤불'이라는 뜻인데, 가공하면 붉어지는 잎의 색 때문에 붙여진 이름이다. 카페인이 없고 비타민 C와 무기염, 단백질이 풍부하며 녹차보다 항산화 효과가 더 뛰어나다. 이 식물에 처음 주목한 사람은 1772년 스위스의 식물학자 카를 툰베르크였다. 루이보스 잎은 남반구의 하절기 동안 수작업으로 수확한다. 그런 다음 담배 절단기로 잎에 상처를 내고 잘게 자른다. 이 단계까지는 잎 색깔이 녹색을 띤다. 이후 산화과정이 잎을 붉게 변화시킨다. 마지막 단계로 루이보스를 증기로 살균하고 상업용 건조기에서 말린 다음 체에 걸러 포장한다.

| 루이보스 재배지와 가공을 마친 제품.

제대로 된 차 한잔을 위하여

12장 | 차 한잔의 즐거움

12장 | 차 한잔의 즐거움

"인간의 문화와 행복이라는 관점에서 보면, 특히 여가와 우정, 친목, 대화의 즐거움에 빠져선 안 되며 직접적으로 기여한다는 점에서, 인류 역사에서 흡연, 음주, 차보다 더 중요한 발명은 일찍이 없었다."

— 린위탕林語堂, 「차와 우정에 관하여」

물, 찻잎, 시간의 미학

'즐거움'은 가볍게 여길 수 없는 귀중한 것이다. 인간이 좋아하는 즐길거리 중 하나인 차는 일상사라는 폭풍우 한가운데서 바람 한 점 없는 고요함 같은 순간을 가져다준다. 그뿐 아니라 차를 마시는 것은 즐거움을 넘어 궁극의 뭔가를 느끼게 해주는 짧은 경험을 선사한다.

나는 어느 동화책에 등장하는 부엉이의 지혜로운 말을 진심으로 믿는다.

"들어와. 차와 케이크가 이 세상을 훨씬 더 나은 곳으로 만들어준다는 걸 알게 될 거야."

수백만 명의 미국인이 부엉이의 말이 의미하는 바를 이해하기 시작했다. 차가 오트밀 같은 단순한 식품에 불과하다고 믿고 자란 사람들은 이제 차가 와인처럼 문화와 다양성을 가진 음료라는 것을 깨달아가고 있다. 게다가 차는 와인과 달리 하루 종일 마실 수 있다.

차 마시기를 일상으로 받아들이면 차의 영혼이 삶 속으로 들어온다. 그러면서 차는 아침을 맞이할 때 곁에 있는 조력자가 되고, 한밤의 외로움을 위로하는 친구가 되기도 한다. 이를 '차 생활Tea Life'이라고 부른다. 차 사업의 관점에서는 이런 이들이 좋은 차의 꾸준한 소비자가 되는 것이다. 옛 중국 황제들이 다양한 공물 차를 즐긴 것처럼, 현대인들도 자기만의 방법대로 편안하게 차를 즐긴다.

우리는 먹는 것 못지않게 마시는 것에도 영향을 받는다. 건강에 좋다는 것은 사람들이 차에 관심을 갖는 또 다른 중요한 이유다. 암, 심장질환, 콜레스테롤, 뇌출혈, 그리고 여러 가지 사소한 질병 예방책으로 의사들의 어떤 처방보다 차가 건강에 유익한 것으로 증명되면서, 사람들은 동양의 이 오래된 지혜에 존경심을 갖게 된다.

이 모든 것이 사실이긴 하지만 건강에 좋다는 게 사람들이 차를 사랑하는 이유 전부는 아니다. 사람들이 차를 알게 되면서 사랑에 빠지는 것은 복합적이면서 한편으론 단순하기도 한 차 자체의 매력, 즉 물과 찻잎의 신비로움 때문이다. 우리가 차를 사랑하는 것은 어쩌면 차가 항상 우리를 기분 좋게 하고 보다 교양 있게 만들어주기 때문인지도 모른다. 이것이면 충분하지 않은가.

차가 매력적인 것은 우리에게 다른 나라의 생활 방식을 가르쳐주기 때

문이기도 하다. 한 일본 작가는 1829년에 다음과 같이 썼다. "인겐隱元은 화로 위에 있는 찻주전자에서 센차를 처음 준비한 사람이다." 인겐이 누구인지는 알 수 없지만 어쨌거나 그는 중국에서 들여온 최신 유행에 따라 차를 준비하고 있었던 것이다. 그 후 모든 일본인이 이런 방식을 받아들였다. 일본 전통식으로 말차를 만드는 방법은 다도 의례에서나 사용하는 것으로 밀려나게 되었다.

차를 준비하는 과정은 오늘날 하나의 보편적인 습관이 되었다. 하지만 사람들은 시대마다, 문화마다 이를 변용해왔다.

차 준비를 실제로 어떻게 할까? 영국식, 프리슬란트식, 중국식 혹은 카슈미르식으로? 사모바르로 할까? 대나무 다선으로 할까, 자사호로 할까? 그도 아니면 머그잔을 쓸까? 이런 고민을 하다 보면 여러분은 차를 준비하는 수많은 방법을 접하게 된다. 이 모든 방법에는 저마다의 규칙이 있다.

차를 준비하는 방법은 직업이나 차에 대해 얼마나 아느냐에 따라 사람마다 큰 차이를 보인다. 조지 오웰은 뛰어난 수필 중 하나인 「한 잔의 멋진 차」를 이 주제에 바쳤다. 이 작품은 그가 즐긴 진하게 우린 차를 만들기 위한, 교리문답처럼 정확한 방법과 다양하고 상세한 충고를 담고 있다. 그러나 이 역시 그의 방법일 뿐이다. 당신은 당신의 차를 우리는 데 최선을 다하면 된다. 차를 준비할 때는 시키는 대로 하는 것에 그쳐선 안 된다. 조지 오웰이 보여준 것처럼, 차를 준비하는 것은 차 자체가 따뜻한 것처럼 어쨌거나 우리의 마음을 따뜻하게 하는 행위다.

차를 준비하며 발전을 거듭해온 전통적 의식儀式을 논하기 전에, 우선적으로 확인해야 할 몇 가지가 있다.

• 물

차는 물과 찻잎으로 이루어지는데 대부분은 물이 차지한다. 따라서 물이 가장 중요한 요소다. 모든 물이 똑같지는 않다. 어떤 물은 차를 우리기에 부적합하고, 심지어 어떤 물은 최악일 수도 있다. 경수硬水는 아삼을 제외하고 모든 차를 형편없게 만든다. 염소 처리된 수돗물은 차의 향을 해친다. 그다지 좋은 차가 아니라면 물의 영향이 크지 않을 수도 있지만, 육우 시대부터 차 애호가들이 적절하게 주장해왔듯이 좋은 차일수록 샘물이 더 좋을 것이다. 수돗물은 반드시 정수해서 사용해야 하는데, 미량의 염소라도 있어서는 안 되기 때문이다. 또한 산소 함유량이 많을수록 좋다. 이는 너무 오래 끓인 물을 찻물로 쓰지 말라는 충고로도 해석할 수 있다.

또 중요한 것이 있다면 pH 지수다. 수치가 7에 조금 못 미치거나 7에 가까운 물이 좋다.

차에 적합한 이상적인 물을 위해 고려해야 할 또 다른 주요 사항은 미네랄 함유량이다. 총용존성고형물TDS은 미네랄 함유량을 의미한다. 나는 물에 대해서 물 전문가인 데이비드 비먼에게서 배웠는데, 비먼은 물속 TDS의 농도가 차를 우리는 데 얼마나 극적인 영향을 미치는지 증명해 보였다. 다시 말해 TDS 농도가 높으면 차의 맛, 향, 수색이 제대로 발현되는 것을 방해한다. 이상적인 TDS 수치는 10~30ppm이고, 30ppm이 넘으면 차 맛에 영향을 미친다. 미국 수돗물은 15~1000ppm이며, 평균 약 400ppm이다. 확실한 것은 극소수 지역만이 100ppm 이하의 이상적인 수돗물을 공급한다는 사실이다.

어떻게 하면 최고의 물, 아니 적당한 물이라도 찾을 수 있을까? 좋은 차를 위해서라면 생수병 라벨을 잘 보고 pH7, TDS 30ppm 이하로 표시된 물을 찾아보는 것이 좋다. 이 수준을 만족하는 물은 구해볼 가치가 충분하다. 그 물에 우린 차의 맛과 향이 당신의 노고에 몇 배로 보답해주기 때문이다. 일부 지역에서는 병에 들어 있는 생수만이 특정한 차를 즐길 수 있는 유일한 방법일지 모른다. 하지만 당신이 알고 있고 또 즐기는 차의 진정한 맛과 향이 얼마나 감동적일 수 있는지를 경험해보기 위해서라도, 시간이 날 때마다 좋은 물을 찾아보기 바란다. 최근 들어 카페나 티 하우스, 레스토랑 같은 곳에서도 물 전문가에게 조언을 구할 때가 있다.

• 온도

막 끓기 시작하는 섭씨 100도의 물이나 끓은 직후의 물은 홍차나 대부분의 우롱차에 이상적이다. 물론 우롱차 중 산화가 덜 된 것에는 조금 낮은 온도가 더 적합할 수도 있다. 끓는 물은 찻잎 속에 있는 일부 아미노산을 파괴한다. 따라서 백차나 녹차를 우리기에는 너무 뜨겁다. 대부분의 녹차는 끓는점보다 약 15~20도 정도 낮은 80~85도 사이에 우릴 때 가장 맛있는 것 같다. 이 정도 온도에서는 주전자에서 올라오는 김이 기둥 모양으로 곧게 오르지 않고 작은 다발처럼 휘감기며 여유롭게 오른다. 이런 상태를 보고 물 온도가 어느 정도인지 알 수 있다.

중국인들은 끓는점에 다다르는 찻물을 다섯 단계로 구분한다. '새우 눈' 같은 기포가 물 표면에 나타나면 첫 번째 단계라는 표시다. '게 눈' 같은 기포가 나타나면 두 번째 단계이며, 조금 더 지나면 '물고기 눈'에 이어 '줄에 꿴 진주' 모양의 기포가 올라온다. 마지막 단계는 맹렬하게 끓는 '격류' 단계다.

녹차는 '물고기 눈' 단계에서 우리거나 조금 더 식어도 무방하다. 중국인들은 손바닥에 부을 수 없을 정도로 뜨거운 물은 벽라춘을 우리기에 적절하지 않다고 여긴다.

꼭 기억해둘 원칙은 물 온도가 낮을수록 우리는 시간은 길어진다는 점이다. 원칙이 그렇긴 하지만 그것도 아주 짧은 시간의 문제다. 왜냐하면

녹차는 보통 오래 우리지 않고 짧게 여러 번 우리는 것이 일반적이기 때문이다.

주전자가 새지만 않는다면 어떤 주전자라도 상관없지만, 열렬한 차 애호가들에게는 전기 주전자가 매우 편리하다. 차 회사인 아다지오에서 내가 좋아하는 전기 주전자를 판매하는데, 필요한 온도를 설정할 수 있고 안을 들여다볼 수 있는 조그만 창도 있다. 여기에 물을 부을 때 정확한 위치를 잡을 수 있게 타이완 스타일의 주둥이가 있다면 금상첨화다.

• 찻잎의 양

"한 사람당 찻잎 한 스푼, 그리고 마지막 한 스푼은 찻주전자를 위해서One teaspoon of tea per person and one for the pot"라는 원칙이 어디서나 적용되는 건 아니다. 여러분 스스로 차의 강도를 결정할 수 있다. 나는 찻잎을 너무 적게 넣지 않을까 늘 신경을 쓰는 편이라, 조금 강해질 우려가 있더라도 많이 넣는 쪽을 택한다. 보통 물 150밀리리터에 찻잎 약 2~3그램을 넣는다. 다르질링처럼 바디감이 약한 차는 좀 더 넣기도 하고, 강하게 우러나는 작은 찻잎을 우릴 때는 조금 적게 넣기도 한다.

찻잎 양을 섬세하게 조절하기 위해 내가 터득한 유일한 방법은 찻잎을 준비할 때 쓰는 디저트 스푼을 잘 활용하는 것이다. 항상 같은 계량 스푼을 사용하면 자연스럽게 정확한 감이 생기기 마련이다.

찻잎 양을 계량할 때 한 가지 조심해야 할 점은 부피와 무게가 비례하지 않는다는 사실이다. 작은 찻잎 한 스푼은 수북이 쌓여 있는 듯 보이는 솜털 많은 백차보다 무게가 더 나갈 가능성이 높다. 녹차와 우롱차를 개완에 우릴 때는 차를 충분히 준비하는 것이 유일한 방법일 듯싶다.

• 시간

타이머를 이용하라. 어떤 홍차는 우리는 시간에 전혀 융통성이 없다. 30초 차이가 다르질링을 매우 맛있게도, 심하게 떫게도 만들 수 있다. 찻잎이 큰 닐기리나 실론 홍차는 우리는 시간에 비교적 영향을 덜 받으므로 적당한 시간보다 몇 분 정도 더 우려도 맛에 크게 영향을 주지 않는다. 대부분의 홍차는 이런 두 극단 사이에 있다. 하나의 원칙은, 일반적으로 우리는 시간이 짧을수록 향이 더 풍부하다는 것이다. 우리는 시간을 결정하는 가장 중요한 변수는 찻잎 크기다. 찻잎이 클수록 오래 우려야 한다. 찻잎이 작으면 더 많은 면적이 물에 노출되어 차의 좋은 성분과 함께 쓴 성분도 빨리 추출된다. 여러 번 집중적으로 실험해보면 자신이 마시는 차를 우릴 최적의 시간을 알게 될 것이다. 실수를 해가며 이 과정을 거치면 조만간 여러 종류의 차에 대한 자신만의 기준을 찾게 될 것이다.

• 카페인

카페인에 대해 내가 알고 있는 바는, 어떤 사람은 카페인에 예민하고 어떤 사람은 덜 예민하다는 것이다. 더 많은 정보가 필요한 사람은 위키피디아에서 카페인에 관한 내용을 찾아보는 것이 좋겠다. 하지만 차가 긴장을 완화해주고 진정시키는 성분을 가지고 있다는 것도 반드시 기억할 필요가 있다. 숙면에 도움을 주는 차의 비밀은 충분히 오래 우려낸 차에서 추출되는 데아닌 성분에 있다.

디카페인 차

디카페인 차는 여유로운 차 한 잔을 즐기면서도 카페인은 원치 않는 사람들에게 뛰어난 대안을 제공해준다. 미국의 '디카페인' 차에 대한 산업 표준은 보통 한 잔 분량인 170밀리리터당 약 4밀리그램에 해당한다. 디카페인 가공은 말 그대로 차에서 카페인을 추출해내는 것이다. 시판되는 홍차의 카페인 추출 방법으로 통용되는 것은 아세트산에틸이나 염화메틸렌을 이용하는 용제 추출법과, 초임계 이산화탄소를 이용하는 고체 추출법인데, 최근에는 이산화탄소를 이용하는 방법이 더 선호되는 추세다.

홍차

잉글리시 애프터눈 티 스타일로 차를 준비하는 것은 홍차에 적당한 방법이며 여러 사람과 함께할 때 어울린다. 핵심은 신선하고 많은 양의 차를 가능한 한 뜨겁게, 가능한 한 오래 유지시켜야 하고, 찻잔에 다시 보충하기 쉬워야 한다는 점이다. 시간 조절에 실패하더라도 마실 수 있도록 무난하고 까다롭지 않은 차를 사용하는 것이 좋다. 왜냐하면 나도 경험상 이런 상황에서 차를 우릴 때 실수를 많이 하기 때문이다.

통상적으로 사람들은 물을 끓이고, 찻주전자를 예열하고, 찻잎 무게를 달고, 찻잎을 찻주전자에 넣는다. 이런 일반적인 방법으로 차를 우리면 잘못된 결과를 그냥 넘기거나 무시하게 될 때도 있다. 즉, 찻주전자가 비었거나 거의 비어갈 때, 혹은 찻주전자에 남아 있던 차가 너무 오래 우러나 진해졌을 때 끓인 물이나 끓지도 않은 물을 더하기도 한다. 이론적으로는 두 번째 우린 차가 처음 차보다 못할 이유가 없지만 마셔보면 맛이 없다.

까다로운 차 음용가들은 차가 가장 맛있게 우러난 시점에 미리 예열되어 있던 두 번째 찻주전자로 옮겨 붓는다. 여러 사람에게 제공할 많은 양의 뜨거운 물을, 도와주는 이 없이 혼자 취급하기가 벅찰 수도 있다. 하지만 친밀한 모임이라 할지라도 차를 우리고 따르는 동작은 어느 정도 우아해야 한다. 힘들어하는 것 같거나 위험하게 보여서는 안 되는 것이다. 홍차 자체가 음식이나 대화, 그리고 함께하는 사람들과 친밀감이 느껴지는 우정보다 더 중요한 건 아니다. 차는 일반적으로 지나치게 신경 쓰지 않아도 되는 것으로 여겨진다. 있으면 좋고 없어도 큰 문제는 안 된다. 진하게 우려 설탕과 우유를 넣고 마시는 전형적인 '노동자 차'를 제공한다 하더라도 그렇게 큰 실례는 아니다.

전통적이진 않지만 색다른 방법도 있는데, 이 방식으로 하면 항상 진정 훌륭한 차를 즐길 수 있다. 마른 찻잎을 예열된 찻주전자에 바로 넣는 대신, 나중에 쉽게 제거할 수 있도록 거름망에 넣는 것이다. 볼이든, 백이든, 머그컵용 여과기든 어떤 종류라도 상관없다. 나는 쉽게 꺼낼 수 있는 거름망이 함께 들어 있는 찻주전자를 주로 사용한다. 이렇게 하면 다 우러난 찻잎을 주전자 바닥에 가라앉힌 채 차를 따르는 것이 아니라, 찻잎을 제거한 뒤 더 진해질 걱정 없이 균일한 차를 마음껏 즐길 수 있게 된다. 무거운 찻주전자를 들고 차를 따르지 않아도 되고, 힘들이지 않고 찻주전자에서 거름망만 꺼내 옆에 있는 용기에 두면 되는 것이다. 뚜껑이 있는 용기라면 이 실용적인 거름망이 눈을 약간 괴롭히는 것까지 막을 수 있다.

옛 일본의 차 명인들이 이미 알고 있었던 것처럼, 여러분이 사용하는 어떤 용기라도 다구가 될 수 있다. 다만 사용할 다구를 선택할 때 기억해야 할 것은 기능뿐 아니라 미적으로도 즐거움을 줄 수 있어야 한다는 점이다.

녹차

명나라 초기인 1300년대 후반, 중국에서 발명된 기발한 물건이 있는데, 이것은 잎차를 즐기는 가장 단순하고도 만족스러운 방법을 제공해주었다. 이는 녹차를 마실 때 가장 큰 즐거움을 얻을 수 있는 최고의 방법이다. 다른 차를 우릴 때도 이 방법을 쓰긴 하지만, 녹차를 위해 개발된 방법이기에 녹차를 마실 때 가장 큰 만족을 얻을 수 있다. 내가 지금 말하려고 하는 것은 '개완'이라고 불리는 뚜껑 있는 잔이다. 이 잔은 우리는 용기이자 마시는 잔의 역할을 한다. 잔 받침, 잔, 뚜껑이 일체가 되어 기능한다.

개완은 이제 미국에서도 쉽게 볼 수 있고, 일단 사용하는 법을 익히면 개완 없이 차를 우리는 일은 생각하기 어려울 정도다. 개완은 종이나 인

쇄술, 자기 등과 어깨를 나란히 하는 중국 발명품 중 하나다. 하루 중 언제라도 차를 우리고 즐길 수 있는 가장 간편한 도구다. 어떤 개완이든 한두 번 사용해보면 평생 사용해온 것처럼 익숙하게 느껴질 것이다.

간단히 말해, 잔 속에 약간의 찻잎을 넣고 물을 부어 찻잎이 우려지는 것을 지켜보기만 하면 된다. 뚜껑은 찻잎을 움직이기 위해 사용되는데 차를 마실 때 찻잎을 뒤로 밀어주는 필터 역할을 한다. 잔을 덮어 차가 식는 것도 막아준다. 계속 마시면서 찻잎에서 맛이 우러나오는 한 계속 물을 더해주면 된다. 이제 이해가 되었을 테니 이들 각 단계의 정교함을 충분히 납득할 수 있을 것이다. 잔 바닥에 수북이 쌓인 찻잎이 자기의 흰색과 대비되어 아주 잘 보일 것이다. 한번 자세히 보라. 우리기 전, 우리는 동안, 그리고 우린 후의 찻잎 모양이 중국인들에게 그토록 중요한 이유가 있음을 알 수 있다.

개완에 차를 우릴 때는 찻잎에 직접 물을 붓는 것이 아니라 개완 옆면으로 부어서 잔 속에서 소용돌이를 일으킨다. 그러면 찻잎은 빙빙 돌면서 천천히 물을 흡수하고 가라앉으면서 잔 바닥에 흔들리는 숲을 형성한다. 찻잎들이 발레하듯 움직이며 뿜어내는 액으로 수색을 변화시키는 과정을 천천히 지켜본다. 개완을 다루는 방법은 설명하는 것보다 한번 보여주는 것이 더 낫다. 잔과 잔 받침은 반드시 함께해야 한다. 오른손잡이라면 잔 받침을 오른쪽 손바닥에 놓는다. 잔 받침의 테두리를 엄지손가락으로 지탱하면서 잔이 움직이지 않게 한다. 뚜껑은 찻물을 휘젓는 도구로 사용한다. 잔 바닥에 있는 찻잎을 흔들어 차를 잘 우러나게 하기 위함이다. 마실 때는 뚜껑을 바깥쪽으로 약간 기울인다. 그렇게 하면 찻잎을 잡아주는 역할을 한다. 이렇게 뚜껑을 약간 기울게 잡으면서(왼손의 엄지와 집게손가락으로 뚜껑의 둥근 손잡이를 잡는다) 오른손에 있는 개완을 입까지 들어 올린다. 그러고 마신다. 이 과정이 내가 묘사한 것처럼 그렇게 복잡하지는 않다. 사용법은 금방 익힐 수 있다. 이제 곧 여러분의 동작은 우아하고 품위 있어질 것이다.

첫 번째 잔을 다 비우기 전에 물을 더 부어줘야 하는데, 이렇게 해야 차가 계속 우러나 찻잎에 남아 있는 맛과 향을 더 많이 추출해낼 수 있다. 세 번째부터는 우러난 찻잎 위로 직접 물을 부어도 되며, 이렇게 하면 소용돌이가 아니라 찻잎에 직접 닿는다. 중국차는 일반적으로 여러 번 우린다. 음용자들은 두 번째, 세 번째, 네 번째 차가 첫 번째 차와 비교해서 어떤 미묘한 차이가 있는지 음미해볼 수 있다. 첫 번째 우린 차는 가장 향기롭고, 두 번째 차는 가장 달고, 세 번째 차는 가장 진하다는 것이 중국 사람들의 일반적인 평가다. 이 과정은 찻잎이 맛과 향을 내는 한 계속 되풀이할 수 있다.

녹차와 백차를 우릴 때는 섭씨 80~87도의 물을 사용하는 것이 매우 중요하며, 섬세한 차라면 더 낮은 온도가 적합하다. 내가 덧붙이고 싶은 것은, 중국을 제외한 나라의 차 전문가들은 녹차의 모든 성분을 추출해 보려는 호기심 때문에 끓는 물로 우린 녹차를 맛보다가, 쓴맛에 개의치 않도록 훈련되었다는 것이다. 너무 뜨거운 물에 우리면 수색이 연한 노란색을 띠는데, 이것은 찻잎의 감로가 우러난 것이 아니라 아예 찻잎을 삶아버렸다는 증거다. 섬세한 녹차라면 첫 번째 우리는 시간은 1분 전후가 적당하며, 그다음 우릴 때는 조금 더 길어도 된다.

좋은 녹차로 손님들에게 최상의 차를 대접하고자 한다면 각별히 신경을 써야 한다. 차가 잘 우러난 적절한 순간에 작은 숙우熟盂에 다 따를 수 있는 한 개의 개완을 사용하는 것이 현명하다. 이 방법을 쓰면 뚜껑을 기울여서 따르는 동안 뚜껑이 찻잎을 잡아준다. 그리고 숙우를 이용해 조그만 잔을 채우면 된다.

일반적인 녹차는 각자 자신의 개완에 마시고, 접대하는 사람은 필요할 때 개완에 뜨거운 물을 채워주기만 하면 된다.

홍차, 우롱차 혹은 보이차를 우릴 때는 먼저 세차洗茶를 해야 한다. 개완에 찻잎을 넣고 뜨거운 물을 반절 이상 부은 즉시 다시 버리는 것이다. 이렇게 찻잎을 씻은 후 개완을 코에 대고 뚜껑을 열어 찻잎이 내뿜는 신선한 향을 맡아보라. 차향을 깊이 맡은 후에는 찻잎에 다시 물을 부어 우린다. 녹차나 백차는 세차과정을 생략하고 뚜껑을 덮지 않은 채 우린다. 이때 물 몇 방울을 찻잎에 떨어뜨려 향을 발현시켜서, 우리기 전에 맡을 수 있게 한다.

홍차, 우롱차, 보이차는 팔팔 끓는 물을 사용하고, 뚜껑을 덮어 비교적 오랫동안 우린다. 이런 종류의 차들은 찻잎이 우러날 때 모습이 그리 아름답지 않을 뿐더러 뜨거울수록 맛있다.

우롱차

본래 술이나 물을 담는 용기에서 변화된 것으로 추정되는 초기의 찻주전자는 1430년 이전부터 중국 자기 생산의 중심지인 징더전에서 만들어진 것으로 여겨진다. 1500년 이전에 도기 생산지인 이싱에서도 자사호가 이미 생산되고 있었고, 곧 가장 비싸고 모든 사람이 갖고 싶어하는 다구가 되었다. 이싱 자사호는 공부차를 위해 개발된 것으로 명나라 때부터 내려왔으니 500년 이상의 역사를 간직하고 있다.

중국 남부의 우롱차 전문가들은 맛이 탁월한 차를 우려내기 위해 자사호 사용법을 우아하고 완벽하게 가다듬었다. 공부차를 만드는 의식은 그 자체로 하나의 즐거움이기도 하다. 공부는 무예에 속하는 '쿵푸'를 의미하는 동시에 '기술과 연습', '시간과 노력', '끝없는 수련'를 의미한다.

또 무술처럼 어떤 기술을 익히는 데 요구되는 인간적 요소를 의미하기도 한다.

조금만 연습해서 이싱 자사호로 차를 우리게 되면 여러분의 공부차는 친구들에겐 놀라움이 되고, 스스로에게는 변치 않는 즐거움이 될 것이다. 당연히 여러분이 우린 차는 매우 훌륭할 것이다. 향은 강하고 차 또한 농축되어 작은 잔에 마시는 브랜디나 리큐어처럼 조금씩 맛을 음미할 수 있다. 여섯 잔에서 열 잔 정도를 연속해서 신중하게 맛을 감상하면서 마시고 나면 뒷맛이 30분 혹은 그 이상 지속되기도 한다. 우롱차에 대한 전반적인 느낌은 극장에서 근사한 저녁 시간을 보낸 것 같은 기분이다. '어떻게 이토록 놀라운 즐거움을 만들어낼 수 있을까?' 하는 기분 말이다.

공부차의 기본 개념은 농축된 차를 우리는 것이다. 끓는 물을 채운 차선에 작은 자사호를 놓고 그 속에 찻잎을 수북하게 넣는다. 이렇게 하면

100도에 가까운 온도를 유지할 수 있다. 높은 물 온도는 찻잎에 담긴 모든 맛과 향을 추출하는 데 아주 중요한 요소다.

이제 처음부터 살펴보자. 우선 잔과 자사호를 끓는 물로 헹군다. 이 단계를 위해서는 물을 버릴 그릇이 필요하다. 다음은 찻잎이다. 마른 찻잎을 자사호의 2분의 1 혹은 3분의 2 정도 채운다. 찻잎을 뜨거운 물로 세차하고 즉시 물을 버린다. 다시 물을 채우고 우린다. 네 번 혹은 다섯 번의 느린 호흡 후에 이제 작은 숙우나 잔에 직접 우러난 차를 따르면 된다. 공부차 준비하는 방법을 제대로 익히고 싶다면 1년 동안 하루 한 번 정도 이 방법으로 우롱차를 우려보라.

자사호를 오랫동안 사용하다 보면 오래된 친구처럼 느껴지고, 중국인들의 말에 따르면 심지어 찻잎이 없어도 차가 우러난다. 자사호의 재질인 흙 성분은 흡수력이 뛰어나기 때문이다.(자사호에 같은 차를 계속 우려 그 맛과 향이 배면 뜨거운 물만 부어도 차처럼 우러난다는 의미다.—옮긴이) 이싱 자사호는 평생을 두고 감상하고 사용하는 또 하나의 즐거움이다.

공부차 의식을 완벽하게 수행하기 위해서는 다양한 도구가 필요하다. 중국인들은 버려지는 물을 담는 퇴수기의 용도로 가운데가 텅 빈 차 그릇을 만들었다. 또한 차선이 있는데, 자사호를 놓기 위해 만든 깊은 쟁반처럼 생긴 도기 그릇이다. 이 안에 찻잎이 우러나고 있는 자사호를 놓고, 자사호 위에 뜨거운 물을 부어 가능한 한 온도를 유지하면서 동시에 그 물로 차선을 채우는 것이다. 작은 잔(잔 받침이 있을 수도, 없을 수도 있다)

여러 개와 대나무로 만든 두 개의 도구도 필요한데, 하나는 뜨거운 잔을 잡기 위한 집게, 또 하나는 우린 후 찻잎을 찻주전자에서 꺼내는 숟가락이다. 이런 도구들은 비싼 제품도 있고, 선택에 따라 저렴한 제품도 있다. 매우 아름다운 다구들도 있긴 하지만 시작 단계에선 유명한 장인이 만든 수천 달러나 하는 이싱 다구는 별로 필요하지 않다.

이제 전체 과정을 다시 한 번 차근차근 살펴보자.

탁자 앞에 앉아서 다구를 배열한다. 오른손잡이라면 주전자는 오른쪽에, 나머지 도구들은 왼쪽에 둔다. 당신 앞에 놓인 다반茶盤에 차선과 작은 숙우, 잔들을 둔다. 잔 받침이 있다면 앉아 있는 손님들 앞에 둔다. 자사호와 잔은 차선 속에 넣어둔다.

첫 번째 순서는 도구들을 헹구고 데우는 것이다. 끓는 물로 자사호를 채운다. 자사호의 물로 다시 잔을 채운다. 그런 다음 이 물을 숙우에 버린다. 뜨거운 잔을 들거나 비울 때는 핀셋처럼 생긴 대나무 집게를 사용한다. 물론 조심한다면 손으로도 할 수 있다.

자사호에 찻잎을 가득 채우기 전에 손님들로 하여금 당신이 준비한 찻잎을 살펴보게 한다. 이 단계를 위해서는 찻잎을 작은 쟁반에 둘 수 있고, 자사호에 든 찻잎을 구부러진 대나무 막대로 부드럽게 휘젓게 할 수도 있다. 나는 때로 종이를 사용하기도 하는데, 나중에 깔때기처럼 만들면 자사호에 차를 넣기가 쉽기 때문이다. 어느 방법이든 좋다. 다만 천천히 하라. 동작을 천천히 우아하게 하면 공부차 의식에 익숙해지고 차분한 분

위기가 만들어진다.

끓는 물로 자사호를 가득 채워 찻잎을 헹군다. 헹군 물을 곧바로 작은 잔이나 숙우에 따라낸다. 이 물을 다시 다른 퇴수기에 버린다. 이제 자사호를 다건茶巾(차 수건—옮긴이)에 놓고 뚜껑을 연 채 두 손으로 전달해 모든 사람이 차 향을 맡을 수 있게 한다.

이제 차선 속에 놓여 있는 자사호에 뜨거운 물을 붓는데, 이때 가운데뿐 아니라 찻잎 전체에 골고루 붓도록 신경을 쓴다. 물을 부은 후 즉시 뚜껑을 닫고 자사호 표면에 뜨거운 물을 더 부어 차선에 물을 채운다. 차가 우러나는 동안 자사호를 뜨겁게 유지시키는 것이다.

자사호 속에 아주 많은 찻잎이 들어 있기 때문에 시간은 분 단위가 아니라 초 단위로 계산해야 한다. 느린 호흡을 대여섯 번 한 다음 차를 따를 수 있다. 두 손을 이용해서 자사호 손잡이와 뚜껑을 잡고 원 모양으로 돌리면서 차선 가장자리 둘레를 따라 자사호 바닥으로 한두 번 긁어준다. 이렇게 하면 자사호에 있는 찻잎을 움직여 저어주는 동시에 자사호 바깥에서 떨어지는 물을 제거할 수 있다.

숙우에 차를 따르고, 숙우에 있는 찻물을 잔에 채운다. 숙우를 거치지 않고 잔에 찻물을 직접 따르는 것을 선호한다면 잔들을 일렬로, 혹은 다 같이 놓아야 한다. 그래야만 연속해서 잔에 따를 수 있기 때문이다. 이때 각 잔은 처음엔 절반만 채우고 다시 반대 방향으로 되돌아오면서 가득 채워준다. 이렇게 해야 잔마다 차맛이 균일하다.

잔을 손님 앞에 있는 각각의 잔 받침 위에 놓는다. 혹은 손님들 자신이 각자 잔을 들 수도 있다. 차가 제공되면 손님은 흔히 손가락으로 탁자를 가볍게 두드리면서 "감사합니다"라고 말한다. 차를 대접하는 주인은 손바닥을 위로 향하는 동작을 취하면서 "드십시오"라고 말한다. 정중한 동작들은 말이 필요 없게 한다.

물이 끓고 있는지 확인하면서 앞서 설명한 방식을 되풀이하며 차를 우리는데, 뒤로 갈수록 우리는 시간을 조금씩 늘린다. 좋은 우롱차는 세 번에서 여섯 번 정도 우리고 나서야 맛과 향이 눈에 띄게 약해지기 시작한다. 우리기를 반복하는 중에는 매번, 다른 방법으로는 알 수 없는 미묘한 맛과 향의 차이가 난다. 여러번 우리다 보면 차가 얼마나 감미롭고 풍부한지, 그리고 얼마나 강력한 맛과 향을 갖고 있는지에 놀랄 것이다.

다건은 차를 우리고 마시는 내내 주위에 떨어지는 물방울을 닦는 데 사용한다. 새로 우린 차가 준비될 때까지 다 마시지 못한 차는 버린다. 적절한 횟수를 우리고 난 후 굽은 대나무 막대를 이용해서 찻잎을 자사호에서 건져낸다. 그러고 잔을 헹군다. 자사호는 씻는 것이 아니라 헹구는 것이다. 미세한 숨구멍이 있는 자사호는 사용될 때마다 향을 흡수한다. 그래서 어떤 자사호는 한 종류의 차만 우려야 한다. 가령 재스민 차나 보이차를 공부차 방식으로 우리고 싶다면, 우롱차를 우릴 때 사용하는 자사호를 써서는 안 된다.

도기로 만든 새 자사호는 길들여야 한다. 우롱차를 우리는 용도로 사용할 거라면 솥에 자사호와 우롱차를 함께 넣어 끓이고 나서 몇 시간 동안 그대로 담가두면 새 자사호의 흙냄새가 제거된다.

여러 번 우려내기

같은 잎을 반복해 우려내는 것으로, 횟수가 거듭될 때마다 시간을 조금씩 더 늘리는 것이 일반적이다. 홍차를 제외한 모든 차는 여러 번 우려내기를 할 수 있으며, 우려내는 횟수는 기호와 차의 종류 및 상태에 따라 2회에서 20회까지 가능하다. 다만 첫 우려내기에서 마지막 우려내기까지 서너 시간을 넘지 않도록 해야 한다.

옮긴이의 말

차 애호가를 위한 바이블

요즈음 한국엔 잔잔한 홍차 붐이 일고 있다. 이것이 미풍으로 끝날지 태풍으로 나아갈지는 알 수 없지만, 분명한 건 국내뿐 아니라 전 세계적으로도 지난 몇 년간 홍차에 관한 관심이 급격히 커졌다는 사실이다. 오랜 전통의 유수한 홍차 브랜드들이 다원 차를 포함해 홍차의 종류를 다양화하는가 하면, 새로운 홍차전문점들도 꾸준히 생겨나 매장을 늘리고 있다. 그중 가장 상징적인 이슈는 2012년 약 300개의 매장을 갖고 있던 미국의 홍차전문점 티바나를 스타벅스가 약 6500억 원에 인수한 일일 것이다. 인수한 지 3년도 채 되지 않아 북미 지역의 티바나 매장 수는 1000개를 넘어섰다. 일부 아시아 지역에도 이미 티바나 브랜드가 진출한 가운데 2016년 9월부터는 차의 나라 중국에서도 티바나가 판매될 예정이다. 이렇게 되면 우리나라에 들어오는 것도 시간문제다.

사실 세계적인 홍차 붐은 이미 1980년대 초반부터 시작됐다. 물론 서구에서 홍차를 수백 년간 마셔온 것은 맞지만, 서구인의 홍차 사랑이 우리가 막연히 알고 있는 것처럼 그때부터 지금까지 열광적으로 이어져온 것은 아니다. 제2차 세계대전 이후 서구에서도 홍차 음용의 쇠퇴기가 있었다. 당시에는 다르질링, 아삼, 우바, 기문 같은 여러 종류의 홍차가 뭉뚱그려져서 그냥 '홍차'라고 불렸다. 그러다 1980년대 초, (현재까지도 차 전문가로 활동하는) 제인 페티그루가 런던에 티타임이라는 홍차전문점을 열었고, 젊은 타이인 키티 차 상마니는 오랜 역사의 마리아주 프레르를 인수하면서 파리에서 새로운 도약을 시작했다. 비슷한 시기에 미국에서는 우리에게도 잘 알려진 차 회사 하니앤선즈가 설립되었다. 이 책 『홍차 애호가의 보물상자』 초판이 세상에 나온 것도 바로 그 무렵이다.

『홍차 애호가의 보물상자』는 차에 무지한 미국인을 위해 쓰인 최초의 차 소개서이자, 오늘날 전 세계적으로 전개되는 홍차 붐의 선대 신호탄으로 평가받는다. 30주년을 기념하여 재출간된 이 책은 그동안 여러 번의 개정을 거치면서 수정·보완된 다채로운 내용을 담고 있다.

미국 최고의 차 전문가인 저자 제임스 노우드 프랫은 차의 역사, 홍차의 역사, 차의 장점, 홍차 생산지, 차와 관련된 다양한 에피소드를 매우 자세하고 친절하게 소개한다. 제임스 프랫은 원래 와인 전문가였다. 그는 차에 대해 전혀 몰랐지만, 새로운 호기심과 누구보다 뜨거운 열정으로 진지하게 차를 공부한 뒤, 이 책을 집필했다. 덕분에 기존의 유럽 차 전문가들과는 다른 관점에서 편견 없이 차에 접근할 수 있었다.

치밀한 조사와 탐구의 결과로, 이 책은 그동안 출처와 근거가 분분했던 홍차에 관한 많은 정보를 비교적 정확하게 서술하고 있다. 그중에서도 얼 그레이의 기원에 관한 논리적 설명, 보스턴 티 파티에 관한 정확하고 구체적인 자료 제시, 당시 차를 운반하던 클리퍼선에 대한 세밀한 묘사 등은 이 책만이 지닌 커다란 장점 중 하나다. 1980년대 이후 현대 미국의 차 역사에 관한 해설도 다른 곳에서 찾아보기 어려운 귀한 자료다.

알고 마시면 그 풍미가 훨씬 더 깊어지는 것이 홍차다. 홍차에 관한 제대로 된 지식과 정보를 갈망하는 많은 홍차 애호가에게 이 책이 마침맞은 도움을 주기를 바란다.

인명

지명

다원 이름

차 이름

제호 및 작품명

기타

홍차 애호가의 보물상자

1판 1쇄 2016년 6월 28일
1판 3쇄 2020년 1월 23일

지은이 제임스 노우드 프랫
옮긴이 문기영
펴낸이 강성민
편집장 이은혜
편집 박은아
마케팅 정민호 김도윤 고희수
홍보 김희숙 김상만 오혜림 지문희 우상희
독자모니터링 황치영

펴낸곳 (주)글항아리 | 출판등록 2009년 1월 19일 제406-2009-000002호
주소 10881 경기도 파주시 회동길 210
전자우편 bookpot@hanmail.net
전화번호 031-955-2663(편집부) 031-955-2696(마케팅)
팩스 031-955-2557

ISBN 978-89-6735-337-7 03570

글항아리는 (주)문학동네의 계열사입니다.

이 도서의 국립중앙도서관 출판시도서목록(CIP)은 서지정보유통지원시스템 홈페이지(http://seoji.nl.go.kr)와 국가자료공동목록시스템(http://www.nl.go.kr/kolisnet)에서 이용하실 수 있습니다. (CIP제어번호 : CIP2016014887)